陸航 建軍史話 II

目錄

陸航建軍大事記要摺頁
高序 — 4
董事長推薦序 — 6
作者感言 — 8

陸航的定翼機中隊 - 觀測連絡中隊 — 9
- 整合定翼機部隊 — 9
- 台灣沿海巡邏及大銀幕演出 — 12
- 沉睡的海狸 — 16
- 招牌的編隊五彩煙幕 — 20
- 定翼機的尾聲 — 27

陸軍航空第 2 大隊 — 35
- 航 2 大隊大隊部 — 35
- 第 22 空中機動中隊 — 39
- 空中戰鬥搜索分隊 — 50
- OH-6A 與觀測連絡分隊 — 53
- 航 2 大隊的蛻變 — 59

陸軍航空指揮部的前期回顧 — 68
- 航指部的成軍 — 68
- 改隸空降特戰司令部 — 75
- 制度與佈署的調整 — 85
- 0503 事故與 UH-1H 的增補 — 92
- 基勤中隊與本部中隊 — 102
- 航指部前期各類演訓支援照片 — 104
  - 國慶日空中分列 — 104
  - 民國 70 年代的「僑泰演習」 — 107
  - 中科院靶機回收 — 110

飛修大隊及陸航的保修體系 — 111
- 飛行修護保養大隊的起源 — 111
- 陸航部隊的保修分工 — 116
- 地勤保障 - 航空兵的堅實後盾 — 120

「新鋒計畫」及金、馬分遣隊的歸建 — 123
- 逐漸縮小的偵巡航線 — 123
- RO-1 與「新鋒計畫」 — 127
- 金、馬分遣隊的歸建 — 134

航指部空中運輸分隊 — 136
- 出乎意料的軍售案 — 136
- 接收 B234 的準備 — 138

- 商用版的軍售模式 　140
- 空中運輸分隊的成軍 　146
- 「龍馬四號」演習 　149
- B234 救援友機 　156
- 登山涉水的性能 　160
- B234 的專機任務 　165
- 馬博拉斯山搜救 AT-3 　173

飛鷹專案 -A、O 機種能教官赴美訓練　177
- 陸航武裝直升機的演進 　177
- 逢迴路轉的戰鬥直升機採購案 　183
- 「飛鷹專案」- 艱鉅的接裝任務 　188
- 成為奇歐瓦的戰士 　192
- 飛行、偵搜與攻擊 　194
- 超級眼鏡蛇換裝訓練 　199
- AH-1W 交機儀式 　205
- 陸戰隊的部隊訓練 　208

TH-67 教練直升機的換裝　215
- TH-55 時期的航訓中心 　215
- 換裝 TH-67 教練直升機 　220

國土防衛的關鍵戰力　225
- 航空督察與基地訓練 　225
- 飛鷹計畫組織調整 　230
- 「飛鷹演習」- 李總統視導 　238
- 漢光及長泰演習 A、O 機出擊 　245
- 空用武器射擊與 A、O 機組合戰術 　257
- 「精實案」- 空中騎兵旅 　261

附錄 1 前國安會秘書長高華柱先生談 1227　267

附錄 2 除役旋翼機編號序號資料　271
- OH-6A 機號序號資料 　271
- OH-13 機號序號資料 　272
- TH-55 機號序號資料 　273
- UH-1H 機號序號資料 　274

附錄 3 陸航建軍史話勘誤表　279
- O-1/L-19 機號序號資料補充 　280
- U-6A 機號序號資料補充 　280

感謝芳名錄　281

高序

　　陸軍航空部隊於民國45年獲得美國軍援，在南、北軍團成軍，以砲兵觀測支援的任務為主，建軍初期，O-1狗鳥式觀測機就已協同金門砲兵參加823砲戰，槍林彈雨中，航空排被指派擔任8吋砲目標觀測及射擊修正的重要任務，這場戰役驗證了陸軍航空部隊的協同戰力不容小覷，並加深陸軍與美軍顧問團的交流，更奠定陸航建軍的基礎。

　　曾經赴美深造多次的于豪章上將，於民國58年晉任陸軍總司令，留美期間深切體認地空整體作戰是陸軍未來現代化的重要基石，因而對陸航部隊建軍的擘劃獨具慧眼，任內爭取UH-1H直升機撥交陸軍，編成機動中隊及航空大隊，配合陸軍部隊構建立體戰力、整合保修及飛行人員之訓練資源成立陸軍航空訓練中心，更排除困難成立陸軍航空官科，短短5年內對陸軍航空部隊的組織、訓練、人員和制度無不以步步踏實，劍及履及的態度積極推動，是陸軍建立旋翼機部隊的重要推手，對陸軍航空的發展有極大的貢獻，也為後續的壯大紮下深厚的根基。

　　民國63年12月27日，正值本人擔任 于總司令侍從官期間，隨侍總司令搭乘飛機視察「昌平演習」參演部隊，直升機起飛後遭遇天氣遽變，雖經飛行員努力保持飛行狀態，最終仍無法挽回失事的命運，墜地瞬間隨機門震脫跳離機艙，本人雖身負重傷雙腿折斷，然職責所在，心繫總司令及其他長官之安危，乃忍受劇痛奮力爬向路邊呼救，始得民眾援助攔車前來營救總司令及機上倖存人員，回顧往事歷歷，仍感無限感慨。為追念事故殉職的長官袍澤，警惕部隊對飛行安全的重視，陸軍航空特戰指揮部特於601旅龍潭龍城營區建

立1227昌平演習陣亡將士紀念碑，本人亦於民國100年12月27日率各級官兵碑前致意以慰殉職忠靈。

「陸航建軍史話」蒐蘿早年史蹟，呈現諸多成軍初期不為人知的故事，先進前輩夙夜匪懈、胼手胝足的戮力過程，值得細細品味，鑑往知來，定能帶來深刻體悟。隨著時代的變遷及戰爭型態的改變，為確保國家的安全，國防部積極調整建軍方針，採購阿帕契AH-64E攻擊直升機、黑鷹UH-60M直升機及CH-47SD運輸直升機等裝備後，陸航部隊的整體作戰能力獲得空前的提升，從早年的支援角色躍升成為主力打擊部隊，可謂是一日千里，期勉弟兄同袍在未來建軍的道路努力不懈，堅持到底、持續為國家永續發展提供堅實後盾，也為陸軍航空部隊開創璀璨的新頁。

前國安會秘書長

高華柱

中華民國114年4月12日

董事長推薦序

　　個人官校畢業後留任陸軍官校任入伍生連排長，後來因機緣考入陸航部隊，民國71年懷著既惶恐又驚喜的心情到陸航歸仁基地報到，接受為期1年的飛行軍官班24期飛行訓練，這是我接觸陸航部隊的開始，在這之前，我從來不知道陸軍還有飛行部隊；至於進入陸航部隊以後的軍旅生涯會變成甚麼樣子也從來沒有預期，因為對我而言這一切都很陌生；至民國109年，個人在國防部總督察長職務任內退伍，這是我從軍以來都未曾想像過的機遇，若再回頭看看服役這39年來的軍人生涯，我真正看見了陸航部隊從原來的陸軍空中勤務支援部隊，轉變到戰鬥支援部隊，再轉型成為陸軍甚至是國軍最具有戰力的精銳部隊，這段期間的點點滴滴都是我最珍貴的回憶。

　　在這段時間裡，我看到的是陸軍與陸航部隊一直同步在成長，也就是說陸軍因為陸航部隊的擴大與戰鬥直升機的加入，真正從傳統的地面作戰形態，轉變成為真正立體作戰的型態，而陸航部隊也因為陸軍現代化建軍的需求而開始不斷壯大；尤其是各型攻擊直升機的加入，讓高山、河流天然地障，都不再是陸軍戰術運用的限制，夜間精準接戰、空中快速機動打擊，讓陸軍真正進入到現代化的領域，有了攻擊直升機，陸軍已能獨力打擊數百公里以外的地面目標，甚至還可以運用空用響尾蛇飛彈接戰入侵敵軍中、低空的各型戰機，這是傳統陸軍從來未曾可以想像到的場景。

　　相較於陸軍其他兵科，陸軍航空部隊是成立最晚的單位，後來還包含在民國101年才成立的銳鳶無人機部隊，但是因為直升機不受天候影響和可以跨越地障限制的特性，再加上精準的對空和對地攻擊能力，已經是國軍戰力最堅強的作戰部隊之一，也是在台澎防衛作戰中，唯一可以擔任全天候對地偵蒐與攻擊的作戰部隊；換一個角度來說，戰力堅強就代表任務特別繁重，陸航部隊不同於陸軍其他部隊，有作戰地境線責任區的劃分，只要航程所及都是她的任務範圍，所有國軍各軍種的戰訓任務都無役不與，就連民間維護社會治安的警備任務都有參與，個人在民國78年任職航一大隊觀測連絡中隊飛行官職務時，在當年縣市長選舉投開票期間，就曾奉令攜帶對空無線電機，進駐臺北市政府警察局中正第二分局(南昌路派出所)擔任前進聯絡官，其他空中機動中隊的UH-1H直升機，則與特戰部隊混編成快速反應部隊進駐松山基地待命以為應變，當然還有每日都必須執行的臺灣本島西岸沿海空中偵巡任務。

　　在這種多重戰備任務負荷下，還要維持數量龐大的新進飛行員、保修人員訓練，以及部隊飛行員的各種精進訓練，所以陸航部隊的戰訓任務負荷是非常重的，不同於其他兵科部隊戰力可以快速累積，一位新進的飛行員從不

會飛行訓練到可以單獨安全的執行任務，至少都要6-7年以上的時間，這種艱困的部隊成長過程，更凸顯出陸航部隊到今日戰力成長的不易。

還記得在民國105年個人擔任航空特戰指揮部指揮官期間，有一次到陸軍司令部參加主官會議，會後在司令部餐廳一起用餐時，時任司令的邱國正上將就曾在當眾鼓勵航特部，他還打趣的鼓勵我說「航特部真的不簡單，有在天上執行任務的，也有在陸地上執行任務的，還有在水裡執行任務的，而在天上的還分有人飛的和無人飛的（銳鳶機），以及從天上跳下來的，在陸地上的也分為在城鎮裡跑的和在叢林高山地區攀岩作戰的，在水裡的又分在水面上的和水下作戰的，再細分還分在海裡的和在河裡作戰的；這麼寬廣的作戰領域，航特部簡直跟參謀總長掌管的作戰領域一樣寬，所以航特部執行任務時，一定要特別重視所有官兵的安全」，這番話就能充分展現出航特部隊的困難程度，在這麼複雜的任務執行環境中，任務協調合作和計畫作為之複雜程度，遠非其他兵科或單一軍種可以想像，也可以讓所有人體會出這個單位所有成員願意共同一心、建軍衛國的艱辛困苦。

「陸航建軍史話II」是銜接前一本「陸航建軍史話I」的陸航部隊建軍歷史，兩本書完整的蒐錄了我國陸軍陸航部隊從民國45年到民國88年空騎旅成立，這段時間的完整歷史紀錄，從單一機種擴大到多種機型，從單一任務改變到三軍聯合作戰複雜任務，這支部隊戰力之堅強，是三軍各部隊中絕無僅有的傳奇部隊，也是當今世上各國無法忽視的高戰力部隊，更是美軍與我國各部隊中，願意持續合作訓練的單位，這是所有曾在這個這部隊服務過，和正在各單位服務中的飛行、特戰、保修、地勤等人員，大家共同的榮耀與驕傲。

黎明文化公司為了替國軍留下並向國人介紹這支菁英部隊的艱辛建軍歷史，特別邀請「陸航建軍史話I」的作者徐仲傑先生，一起合作完成這本新書，當我們向所有陸航前輩發出這個訊息時，就不斷收到非常多的前輩，提供大量的資訊以及接受專訪，還留下許多非常珍貴的照片，所以這本書裡所蒐整的的照片圖像故事特別多，精彩內容絕對值得擁有，是值得所有國人，尤其是關心和愛好陸航部隊的讀者收藏的一本好書，個人也特別向所有國人推薦。

黎明文化公司董事長　黃國明　新北、新店

中華民國114年4月27日

作者感言

2022年6月底,「陸航建軍史話」正式付梓上架。隨著這本書的出版,許多長官與前輩紛紛建議應該繼續撰寫下去。經過仔細思考後,決定將前次的出版定義為軍團航空隊時期的歷史,後續則還有陸軍航空指揮部及陸軍航空特戰指揮部的發展可供探討。而這次的出版就是以陸軍航空指揮部時期的歷史為核心,定名為「陸航建軍史話 II - 航指部篇」。

航指部於民國65年成立,經過十數年發展,終於在獲得戰鬥直升機後,從支援部隊蛻變為戰鬥部隊。本書主在呈現此時期的重要歷史,並涵蓋空中運輸分隊及攻擊、戰搜直升機的建軍過程。由於篇幅有限,很難面面俱到,特別感謝熱心協助的前輩們,若無各位的投入,就無法呈現的更正確完整,另外也在此對任何的疏漏說聲抱歉,個人的能力還是有侷限的。本書提供了兩張摺頁,簡要呈現陸航建軍歷程發生的重要大事。其中民國44~64年的記要就是與「陸航建軍史話」內容呼應的,可藉此摺頁快速掌握重要事蹟。本書的內容則大量採用了照片來呈現歷史,因為再多的文字,都不及一張照片來的直觀。

最後,特別感謝陸軍司令部及航特部,在「陸航建軍史話」出版後,邀請家父及本人於民國111年8月26日回到龍潭基地,深入了解第一線裝備與基地建設,並前往龍城紀念公園,向殉職的陸航將士致敬,讓家父在人生的最後階段得以了卻一樁心願。深感榮幸!

民國114年3月29日
於台北市

徐紳傑

陸航的定翼機中隊 - 觀測連絡中隊

▲這是觀測連絡中隊編隊中的 U-6A 機群，這款觀測連絡機是在韓戰爆發的前幾年，因為美國軍方招標 O-1 的下一代選型時出線的機種，當時加拿大迪哈維蘭公司的 DHC-2 在性能上擊敗了賽斯納公司推出的 Cessna 195，贏得了美軍的訂單，後來美國陸軍於 1962 年正式為其更名為 U-6A，1972(民國 61)年開始，共有 17 架 U-6A 從美國軍援到中華民國的陸軍及海軍陸戰隊來服役。海軍陸戰隊空觀隊獲得其中的 2 架，其餘的 15 架則是交給了陸軍航空部隊使用。（黃國明將軍提供）

陸軍航空部隊開始接收 UH-1H 直升機後，陸續成立機動中隊與航空大隊。1975（民國 64）年，陸總部航空處依據空軍航發中心交付 UH-1H 的進度，計畫於 2 月成立航 2 大隊的 21 中隊，隨後再成立航 2 大隊的大隊部。同時，也對既有的定翼機單位進行調整。因此，4 月 1 日，在航 1 大隊之下成立了「觀測連絡中隊」，該單位即為航指部旗下唯一的定翼機中隊，所有軍團時期成軍的航空單位則同步解編。隨著陸軍航空的發展邁入旋翼機時代，後續進入戰鬥直升機的採購建軍時期，定翼機的角色逐漸淡出。最終，觀測連絡中隊於民國 82 年 6 月 30 日解編，將員額轉至其他直升機部隊，以支援新機種的建軍需求。

整合定翼機部隊

大約在 1972（民國 61）年中，陸軍航空部隊從美軍獲得超量軍用物資的 OH-13 直升機後，又接到通知將獲得一批 U-6A 定翼機。民國 61 年底，位於歸仁基地的陸軍飛機保養廠開始組裝這批 U-6A。當時，陸航所使用的同等級機型為 U-17A，分別配屬在松山機場的陸軍總部航空隊、龍岡的一軍團航空隊，以及衛武的二軍團航空隊，各單位均編有兩架（請參閱「陸航建軍史話」第 79 頁『航 1 期與陸軍航空訓練班』章節）。其中位於松山的總部航空隊基本上可視為陸軍總部的「迷你專機隊」，負責陸軍高級長官的行政專機任務。民國 54 年，總部航空隊由隊長唐昌明率隊進駐松山機場開始運作；民國 56 年起，配備了兩架具備商務化內裝的六人座定翼機 U-17A，專門執行專機任務，事實上，當時 U-17A 在一、二軍團及總部航

陸航的定翼機中隊-觀測連絡中隊

空隊的主要任務幾乎都是當成小客機來飛專機,但與直升機執行的專機任務性質不盡相同,因為只能是機場到機場的航程。民國60年,剛從航訓4期畢業的巫滬生飛行官被指派至松山機場的總部航空隊報到。當時,第10空中機動中隊已開始接收UH-1H直升機,相當多的軍團定翼機飛行員正在轉入機動中隊或進行OH-6A的換裝訓練,巫滬生卻好像註定就是要飛定翼機的,直接就被指派至總部航空隊,擔任定翼機的飛行任務。他回憶在民國61至62年間,陸軍獲得了15架U-6A觀測機,最先組裝完成的8011與8012,就是優先交付給松山機場的總部航空隊使用,後續出廠的則個別分配到二個軍團以及航訓中心。當時,總部航空隊的隊長劉讓辭直接透過同駐在松山機場的美軍顧問團協助,完成了U-6A的換裝訓練,後續再建立陸航的U-6A教官能量,到了民國64年,U-6A早已完成交付,U-17A也已在一年前由美軍顧問團轉交給泰國使用。此時,陸航接收UH-1H的進度已進展至第四個機動中隊的建軍,航2大隊亦即將成立,因此無論是人員、編制或基地資源皆須進行調整。同年4月1日,航1大隊的「觀測連絡中隊」正式在龍潭成立,同步解編了一軍團航空隊、二軍團航空隊及總部航空隊。其中,一軍團及總部航空隊的地面裝備與可用資源由觀測中隊接收,而二軍團航空隊的資源則由當日同步成立的航2大隊接收,觀測連絡中隊成立時的成員大多來自總部航空隊,首任隊長就是總部航空隊的末任隊長劉讓辭。

陸航所接收的第一架U-6A 8011,在民國64年觀測連絡中隊成立後,從總部航空隊移轉到觀測中隊,這是民國65年在龍潭機場落地的8011。

▶ 觀測中隊的成立,象徵軍團航空隊時期的正式結束,航指部的年代則方興未艾,筆者蒐整軍團航空時期歷史時,在12年前經由航訓1期的紀念冊看到一、二軍團航空隊的隊徽,但直到2024年才看到了總部航空隊的隊徽,不但是巫滬生教官的珍貴收藏,該徽誌也是當年他請人設計的,G.H.Q.就是總部的英文縮寫。

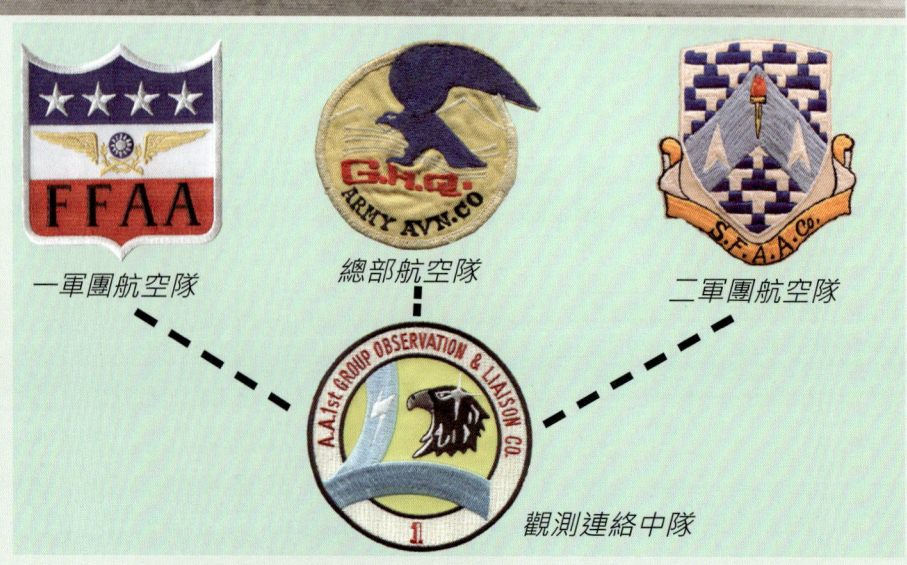

一軍團航空隊　　總部航空隊　　二軍團航空隊

觀測連絡中隊

陸航的定翼機中隊：觀測連絡中隊

航訓 11 期的馬傑教官大約在觀測連絡中隊成軍半年的時候，成為中隊的一員，這是馬教官民國 64 年在航訓 11 期訓練時，與支援航訓中心的兩架觀測中隊 U-6A 拍下的照片，根據馬教官的回憶，8020 有執行儀器飛行需要的完整配備。(馬傑教官提供)

由於觀測連絡中隊成立時，整合了總部航空隊的人員與松山機場駐地，因此松山機場成為觀測中隊的駐地。中隊成軍後，從龍潭派出了一個由少校分隊長帶隊的分遣隊進駐，兵力為三架 U-6A。陸航松山基地的所在位置，大略是當年從撫遠街穿過水門，有一個衛兵站崗的小門，從該門進入後，距離陸航的營舍非常近，位置就在 28 跑道頭滑向停機坪的滑行道旁，緊鄰空軍的場站。如今，該區域應已整併為空軍松山基地的棚廠。當時松山機場是北部唯一的國際機場，航班尚不密集。曾擔任觀測中隊隊長的杜勳民將軍，早年就是利用在國防部受訓期間，申請直接於松山接受 U-6A 的換裝訓練，他回憶，當時正值總部航空隊的末期，他的換裝訓練教官正是總部航空隊最後一任隊長劉讓辭，訓練的課目包括夜航、目視飛行及基本儀器飛行等。由於松山機場同時有民航與空軍飛機起降，U-6A 在返航降落或實施觸地再起飛 (Touch & Go) 等課目時，常常會因為有起降航情，而被塔台指示先在附近空域待命，避讓其他航機，這也成為練習待命航線的機會。因此，杜將軍的 U-6A 飛行資格並非來自航訓中心的換裝班，而是直接在松山基地獲得。馬傑教官曾經被派駐該分隊，並在台北市的空域進行過訓練，甚至利用松山寬敞的跑道執行過 U-6A 雙機編隊起飛，夜航時，還能欣賞台北的夜景。

除了松山的駐地，觀測連絡中隊常態性的在台南歸仁部署了兩架 U-6A，除了支援航訓中心的基本儀器訓練。這些 U-6A 也是提供給分流到定翼機的飛行學員在完成 O-1 初級訓練後進行換裝使用。至於教官的部分，在民國 62 年的時期，航訓中心就已經有包括劉傳集、曾枝初、林傑西、林乾銀、吳晶榮及衣復國等教官可以帶飛 U-6A。因為這兩架飛機常駐在歸仁，觀測中隊必須要提供一般的機務維護，當飛機累積的飛行時數達到必須進行週檢、階檢或其他中隊級保養時，便會送回龍潭的中隊部進廠保養，更換飛機，以確保駐在航訓中心的 U-6A 是在妥善的狀態，能夠持續支援訓練。

陸航的定翼機中隊 - 觀測連絡中隊

台灣沿海巡邏及大銀幕演出

　　觀測連絡中隊成立後，金、馬前線的任務仍由兩個任務編組的分遣隊，以O-1定翼機執行。但是馬祖分遣隊的成員大多由觀測中隊派遣，主要原因是北竿機場地形較為複雜，飛行條件具挑戰性。為降低任務風險，遂由觀測中隊的定翼機飛行員擔任該任務。除了這項特殊任務，觀測中隊也以U-6A全面接替了軍團航空隊例如砲兵觀測、通訓兵學校空中照相、ACT地空通聯、無線電中繼、專機運輸及空中巡邏等任務。此外，原先由空軍負責的台灣本島沿海偵巡，因執行多年後，部分機型已不適合該任務。因此在民國64年5月底，開始規畫將全台灣沿海之巡邏任務重新分配，範圍還包含了南、北海域兩個正在探勘的油井，這項計畫定名為「台灣本島近海沿海巡邏及護油任務實施計畫」，經過空軍作戰司令部規劃，決定由陸軍航空部隊負責新竹鳳山溪口經三貂角、花蓮至台東的巡邏區域，任務代號為「H」（Hotel）。

　　具體而言，巡邏區域分為三條航線：G航線自新竹出海，經基隆至三貂角；K航線為三貂角至花蓮海域；H航線則涵蓋花蓮至台東。尤其台東鄰近海域為中科院測試場地，時常出現不明船隻，使巡邏任務顯得格外重要。經陸軍總部協調後，決定由UH-1H與U-6A輪流執行巡邏任務。由於這項任務的分派就在觀測中隊剛成立不久，隊長劉讓辭親自駕駛U-6A測試了整個巡邏航線，計算油料消耗與飛行時間，為該任務建立基礎。到了民國64年中，巡邏任務正式展開。每日清晨06:00，觀測中隊的任務機在起飛後，從新竹鳳山溪口出海，以距海岸3至5浬的範圍內巡邏。若當日任務機由松山分隊派遣，則會於天亮前從松山機場起飛，先飛往龍潭做一個衝場向塔台報到出發，隨後才沿鳳山溪出海，經基隆、三貂角飛往花蓮空軍基地降落。抵達花蓮後，正駕駛將巡邏過程中使用機上配備的大型拍立得相機拍攝的可疑目標照片交給空軍作戰單位，副駕駛則協調空軍基勤單位為飛機加油。之後，飛行員繼續執行花蓮至台東航線，最終降落於空軍志航基地。志航基地特別為陸航友軍提供了一間小屋，供飛行員休息。

▶ 民國64年7月初，國防部對空軍總部呈報的沿海巡邏分配計畫在最下方欄位提出回覆，其實計畫內容還有一部份是海軍艦艇被分配到的巡防任務，可見這個沿海巡邏的範圍是很大的，表格中雖然定義沿海巡邏的範圍是海岸線1000~2000公尺，但根據陸航教官的回憶，實際執行時，距離有到3~5浬。

隔日清晨，巡邏機沿原航線反向執行巡邏，返航至龍潭或是向塔台回報後，最後飛回松山原駐地。該任務執行方式亦可靈活調整，例如飛至台東後加油，隨即反向執行巡邏，直接返航原駐地。此外，若途中天候不佳，亦可能滯留花蓮或台東，任務的備降機場則是設在早期日軍在宜蘭建造的機場。該項偵巡任務初期由觀測中隊與駐紮在中壢龍岡的航2大隊21中隊輪流執行了大約半年之後，經過檢討，於民國64年10月發展出進駐花蓮空軍基地的巡邏模式。（請參閱「陸航建軍史話」第179頁『本島沿海偵巡』章節的相關說明）

◀正從龍潭機場跑道起飛的觀測中隊U-6A，不管是松山分隊還是在龍潭的中隊本部，在執行本島沿海偵巡的「H」任務時，任務機都要以龍潭機場為起點，再從新竹的鳳山溪口出海開始巡邏，後來派遣飛機進駐花蓮空軍基地後，任務的執行模式才有了改變。

▲這是已故空軍教官黃君燦拍攝的U-6A 8012，這張照片有好幾段故事：第一、這張照片正是民國64年間，觀測中隊執行沿海偵巡任務飛到台東志航基地的畫面，而且背景那間屋子就是志航基地提供給陸航人員休息的小屋，儘管這張照片流傳很久，但這是第一次真正知道照片拍攝的地點以及背後的故事。第二、8012於民國67年5月3日在苗栗失事，這張照片因為前幾年8012的部分殘骸被登山朋友找到而一時成為新聞熱點，因為這是目前為止，8012唯一的一張照片。第三、陸航的金治平教官和空軍的黃君燦教官分別從不同軍種轉入華航，在1992/12/29華航747貨機發生萬里空難，2人正是該航班的正副駕駛，與其它3位機組人員全數往生，不勝唏噓。　　（黃君燦教官拍攝）

陸航的定翼機中隊－觀測連絡中隊

民國 64 至 66 年間，中影製片拍攝了許多抗日時期的電影，當時觀測中隊的 U-6A 是導演們最青睞的「日機」，因此經常支援電影的拍攝。在電影《八百壯士》中，六架漆有日本徽誌的 U-6A 分為兩個三機梯隊，演出轟炸上海的戲碼，並且有大量鏡頭，甚至還拍攝了投彈的畫面。而在電影《英烈千秋》中，U-6A 則扮演日機，對張自忠將軍的部隊投下毒氣彈，畫面中還可以清楚看見兩架投彈的日機，其中一架編號為 8017。杜勳民將軍回憶，他曾支援拍攝由狄龍、姜大衛和陳觀泰等人主演的《八道樓子》。當時劇組在成功嶺後山取景，劇情最末段安排了三架 U-6A 裝扮的日機來轟炸國軍防線。杜勳民駕駛其中一架 U-6A，擔任轟炸的角色。為了追求更好的電影效果，導演希望投彈能夠準確命中地面搭建的一個堡壘建築，然後直接在地面同步引爆，使畫面一氣呵成（備份計畫則是透過剪接將投彈與爆炸畫面合成）。由於陸航並沒有炸射訓練，杜勳民只能自行判斷投彈時機，沒想到竟然精準命中，地面爆破同時引爆，成功拍攝了一個無須剪接的完美鏡頭。這次經歷成為他飛行生涯中難忘的「大銀幕演出」。

民國 65 至 66 年間，中影大手筆拍攝《筧橋英烈傳》，分別在岡山空軍官校、空軍屏東機場及陸航歸仁基地取景。陸航除了提供基地支援外，也派出飛機與穿著抗戰時期服裝的飛行員和地勤人員協助拍攝。觀測中隊共出動九架 U-6A 編隊南下，前往已改造成南昌機場的空軍屏南機場支援拍攝。部分的 U-6A 被改裝成雙翼機來充當霍克三，負責地面滑行及停機坪列隊的鏡頭，編號 8020 的 U-6A 則抹去「陸軍」字樣及陸軍軍徽，演繹空軍飛機進行空中飛行拍攝。該部

電影《八百壯士》中，6 架 U-6A 改裝成日機正在投彈的照片，真是非常罕見。

航 1 大隊財務官施及人在龍潭機場停機坪的照片，觀測中隊的 U-6A 怎麼會使用 2101 這個編號？其實這是民國 66 年，支援拍攝《筧橋英烈傳》擔任停機坪或地面滑行角色的 U-6A，2101 是空軍 4 大隊高志航大隊長麾下 21 中隊霍克三使用的編號，而 2101 則是 21 中隊隊長空戰英雄李桂丹的座機。　　　　　　（施及人教官提供）

陸航的定翼機中隊─觀測連絡中隊

電影的導演特別相中歸仁基地老塔台及塔台旁棚廠的「年代感」，因此選擇這邊的棚場與塔台進行改裝，拍攝高志航在周家口機場殉國的場面。但是導演可能不清楚，歸仁基地周圍在拍攝當年已成為大規模的養雞場地，導致蒼蠅成災。拍攝最後一幕時，原本計畫特寫高志航中彈後的畫面，但因假血（可能是以食材調製）吸引大批蒼蠅，導致無法拍攝近景，怎麼驅趕都無效，只能放棄近距離的特寫鏡頭。拍攝期間，劇組人員在歸仁基地的餐廳一起用餐，也深受蒼蠅困擾，當時擔任航訓中心教官的金治平靈機一動，想出了一個妙招：他用一張能完全覆蓋餐盤的紙，僅在上方挖一個小洞，進食時只需將洞口對準要夾取的菜餚，其餘部分都被覆蓋，避免蒼蠅沾染。這個方法讓所有在場的人都讚嘆：「真是妙！」。U-6A 絕大部分的大銀幕演出都是在民國 64~66 年拍攝的，後來這類需要日機的電影逐漸減少，取而代之的是需要陸航直升機支援的軍教電影。

◀ 民國 66 年，已經成為觀測中隊飛行官的馬傑南下到屏東支援《筧橋英烈傳》的拍攝，這是與改裝成雙翼機的 U-6A 合影，經過這樣改裝過的 U-6A，只能拍滑行跟停機坪列隊的畫面，可以清楚的看到機身和主翼原有的「陸軍」字樣以及直尾翅上的編號及陸軍軍徽都已經暫時被塗消了。
（馬傑教官提供）

▶ 馬傑教官（左一）在空軍的屏北機場，穿上抗戰時期空軍飛行服站在 1:1 霍克三模型前的畫面，這個道具霍克三在拍攝時，螺旋槳可以轉動，飛行員們跑向飛機就可以拍攝出緊急登機的鏡頭，馬教官回憶他穿這套戲服還在岡山空軍官校擔任過「任務提示」的臨時演員，真是軍旅生涯中很難得的經歷。
（馬傑教官提供）

陸航的定翼機中隊－觀測連絡中隊

沉睡的海狸

　　1976（民國65）年6月，陸軍航空指揮部於歸仁成立。同年10月國慶，航指部派出大規模兵力，參與國慶日下午於淡水河舉行的戰技操演。其中，包括由27架UH-1H組成的空中分列式，以及水中爆破大隊的兵力投送等課目。翌年國慶，航指部再度參加了淡水河畔進行的戰技操演，實施了多達18架UH-1H的空中分列式。在這兩次大型任務的前期訓練時期，航1大隊特別對編隊訓練進行了空中的拍照，以留下影像紀錄。觀測中隊則在民國65~66年間，因為隊慶以及拉煙幕的任務，也在龍潭演練時以相同的方式拍攝了一些照片，這幾張照片在多年以後顯得格外珍貴。

　　民國66年中，輪到航2大隊22中隊進駐花蓮空軍基地，輪值台灣本島近

觀測中隊的U-6A 8017、8015、8011、8020及8018在民國65~66年間的編隊空拍照，這個40多年之前的編隊任務到底由哪些隊員執行已不可考，但這是8018和8015少有的入鏡照片，8018後來被叛逃者李大維飛到大陸，8015則是在竹山失事墜毀。（施及人教官提供）

在龍潭附近的空域所拍攝的另一張U-6A編隊照片，當時航1大隊財務官施及人已經是有參加過攝影比賽的攝影好手，大隊部的長官特別商請他上飛機替UH-1H及U-6A的編隊進行攝影。　　　（施及人教官提供）

陸航的定翼機中隊－觀測連絡中隊

海沿岸巡邏。但在一次運補花蓮進駐分隊的任務中，發生了嚴重的飛行事故，造成了 8 人殉職，導致整個 H 任務暫時停止執行。隨後，上級決定將該任務完全交由觀測連絡中隊，用定翼機來執行此任務。也就是從這個轉變開始，觀測中隊變成有松山、花蓮、歸仁及龍潭四處常態的駐地，除了要安排人員輪調進駐花蓮和松山，另外也有飛行員需輪調至金門、馬祖分遣隊執行沿海偵巡任務，幾位校級軍官多半駐守於中隊以外的地點，而且勤務分隊的飛機保修工作也充滿挑戰，機務人員必須確保對所有駐地的機務狀況了然於心，當然也包括支援航訓中心的兩架飛機，才能順利推展維修與飛行紀錄管理作業。

民國 67 年，甫自金門航空分遣隊完成隊長任期的巫滬生少校，獲任命為觀測連絡中隊的輔導長。然而，他的職務尚未全面展開，即接獲一項機密任務－「新鋒計畫」，開始了以 O-1 安裝偵察用相機的飛行測試工作（詳見 123 頁『新鋒計畫及金、馬分遣隊的歸建』章節）。雖然該計畫並非直接由觀測中隊支援，但所有參與計畫的成員，包括後來接受過空軍訓練，熟悉相機操作的種子教官等，皆來自觀測中隊。此外，當該計畫正式啟動後，凡支援金門、馬祖分遣隊的觀測中隊人員，均曾執行過偵照任務。

民國 67 年 5 月 3 日下午，觀測中隊共排了 4 批飛行訓練，包含本場訓練與空域訓練。當日下午 15:21，編號 8012 的 U-6A 從龍潭起飛，執行蓋罩基本儀器訓練，由副隊長劉傳集（航 2 期）擔任教官，帶飛觀測中隊的飛行官陳高才（航 10 期）。訓練空域位於關西偏苗栗一帶。據當日下午在 8012 後一批起飛的馬傑教官回憶，他起飛後在關西的小人國附近

▲民國 66 年因為金門沿海偵巡累積的戰分，獲得國軍英雄殊榮的巫滬生少校（中），當時還被安排上了奮鬥刊物的封面，在回到觀測中隊之後，他隨即參與了「新鋒計畫」的初始飛測。

◀民國 67 年 5 月 3 日 8012 在苗栗南庄的山區失事，這是 8022 在山區飛行的照片，8012 當天面臨的雲高是 2500 呎，向天湖的標高正好接近 2500 呎，一旦在附近進入雲中就非常的危險。

陸航的定翼機中隊－觀測連絡中隊

時，雲高大約是 2500 呎。據失事調查報告所述，約 15:40 左右，8012 飛抵後龍與關西的交會點。當時，由劉教官示範操作，陳高才參閱航路圖；由於飛機的擋風玻璃有一半因為訓練課目被蓋罩，對外的視線只剩下教官那半邊，當兩人專注於課目執行時，飛機進入低雲籠罩的山區，不久之後就觸及山坡，當下飛機並非正面撞擊山體，而是像剃頭般擦撞山坡與樹林兩次後停下。失事地點位於苗栗南庄鄉的向天湖附近（向天湖標高約 2421 呎，跟當時雲高相仿），處在新竹縣與苗栗縣交界附近，進入苗栗地界再一段距離的位置。(本段落特別感謝馬傑教官提供的資料) 在 8012 之後起飛的馬傑及羅嘉生教官，評估當時 2500 呎的雲高要執行原訂的課目並不是很理想，遂更改為其他的目視課目。大約下午接近五點左右準備返場落地時，塔台通報 8012 失聯，馬傑立即協助塔台呼叫 8012，並與空軍戰管、新竹塔台，甚至航管的區管中心聯絡，詢問有無 8012 報到或報離的紀錄，但都沒有結果。落地後，馬傑在前往空勤餐廳的路上碰到副大隊長林正衡，除了 8012 失聯外，還得

知副大隊長以為馬傑也在 8012 上面。就在此時，大隊部作戰組接到新竹憲兵隊的電話通知，確認 8012 在南庄失事。很快的，11 隊中隊長姚鑫華奔向龍潭基地當天的搜救待命機，迅速開車準備起飛；隨後，他與林正衡副大隊長及該機的機工長在終昏時分起飛，直奔南庄。大約接近 19:00 時，天空傳來休伊的旋翼聲響，那架去救援的直升機已經飛返基地，停在大隊部前的停機坪。馬傑教官立刻衝上前，看到擔架上的陳高才，從昏暗的光線中看出其雙腳應該有疑似骨折的情形。當場一見面，馬傑想詢問現場狀況；陳高才說出「劉傳集」幾個字後，便因為打了嗎啡而昏了過去。隨後，總部派出的救護車立刻將其送往醫院救治。姚鑫華和林正衡兩位都是曾經幾度留美的資深飛行員。當年並沒有 GPS 這種裝備，而且到達南庄時基本上已經天黑，僅憑電話中提供的位置，他們便迅速翻查地圖，尋找省道、縣道，以確定賽夏族人約定的國小操場降落場地，整個過程的難度是非常高的。當時，賽夏族的山地青年已用飛機的機頭罩布製作簡易擔架，將陳高才從山上搬運至約定的降

▶ 在沉睡了近 42 年後，被山友爬山時發現的 8012 失事現場，這是機身與右主翼的狀況，右主翼前緣也有明顯的撞擊損毀痕跡，左半邊的主翼以及直尾翅都因為撞擊已經與機身分開，機身上原本漆有 8012 字樣的位置都被用打洞的方式將數字隱蔽。
（何漢嘉先生提供）

落場地。副隊長劉傳集則是在現場已經殉職。陳高才送醫的同時，觀測中隊值星官、飛安官、政戰官張英亞還有馬傑及董佳保等人迅速組織隊伍，連夜搭乘一輛3/4軍車趕赴現場。到達時已經是第二天的清晨，飛安官依職責用相機現場拍照紀錄，發現8012左邊主翼被撞斷，副隊長所在的左座遭受較大的撞擊，U-6A的V字型操縱系統及座椅都脫離了原本固定的位置，可見雖僅擦撞山坡，但撞擊力道極大。到達現場的人員陸續完成致敬、拍照記錄並完成副隊長大體的妥善處理，機務人員則是將飛機的通訊、導航等重要部件拆除，由於當時沒有很好的裝備可以將整架飛機的殘骸完整的運下山，觀測中隊後續派遣了幾次人手上山，將飛機的重要零部件拆回，並將8012編號及序號的位置予以破壞以避免機號資料外露。這架飛機剩餘的殘骸就此靜靜的躺在失事的地點。

民國107至108年間，有山友在南庄發現了8012的殘骸。隨後，航空攝影家何漢嘉及淡江大學教授包正豪等人陸續前往8012事故現場，並透過網路發佈照片，進一步查證失事過程。由於劉傳集副隊長當年服務的航1大隊為601旅的前身，國防部隨即指示航特部601旅成立「8012專案小組」。時任旅長張台松少將親往現場勘查，擬定後續的處理方案，並率領所屬人員偕同劉傳集烈士的遺孀與家屬上山，前往四十餘年前家屬無法抵達的失事地點進行祭拜，迎回忠靈。隨後，601旅與桃園市政府協調，將劉傳集烈士入祀桃園忠烈祠，曾在民國61年獲頒國軍英雄殊榮的劉傳集副隊長得以安息，家屬也了卻多年心願。

此外，張旅長另組專案人員，將早年受限於交通和設備無法處理的8012殘骸全數運送下山，整理後保留具有象徵意義的部分，納入601旅隊史館作為永久典藏文物。為感謝當年協助救援的賽夏族人，601旅除了致贈感謝狀表達最高敬意，亦在當地賽夏族民俗文物館旁捐贈一架1:4比例的U-6A模型機，並附上說明牌「沉睡山中的海狸」，述說已故飛官劉傳集少校的英勇事蹟。

▲ 照片中著迷彩服的就是當年的601旅張台松旅長，他親自到8012殘骸的現場進行勘查，後續安排家屬上山祭拜，並完成殘骸的妥善處理。

▶ 這段42年後發展出的後續處理過程，請讀取QR code觀看「國防線上」的影片整理。

陸航的定翼機中隊－觀測連絡中隊

招牌的編隊五彩煙幕

觀測連絡中隊的飛行員主要來自飛行軍官班分流至定翼機的學員。在每一期開訓時，若觀測中隊有缺額，航訓中心定翼機教官組的教官會從學員中挑選適合分流至定翼機組的人選。通常，會先詢問是否有學員自願飛定翼機，若自願人數超過需求，則由教官進一步篩選。分流至定翼機的學員需在航訓中心完成100小時的O-1初級飛行訓練，合格後再進行100小時的U-6A換裝及儀器訓練。結訓後，即前往觀測中隊報到，並接受部隊訓練，完成部訓後才能成為合格的副駕駛，以搭配正駕駛執行任務。

民國72年初，因台南歸仁基地的主跑道進行翻修，為避免影響航訓中心的定翼機訓練，所有正在接受O-1定翼機飛行訓練的人員被安排轉場至龍潭基地繼續訓練，並暫時進駐觀測中隊。這批轉場受訓的人員主要包括幾名即將從機動中隊輪調至外島擔任隊長或飛行官的人員。他們原本執飛UH-1H直升機，但都有定翼機的飛行時數，因為要暫時轉為飛定翼機執行沿海偵巡任務，必須先回航訓中心接受O-1的複訓。另一批學員則是包含黃國明在內的4名航24期學員，他們是分流至定翼機的學員，未來結訓後將加入觀測中隊擔任飛行官。這批轉場的學員於民國72年2月1日開始在龍潭展開為期4個月的訓練。航訓中

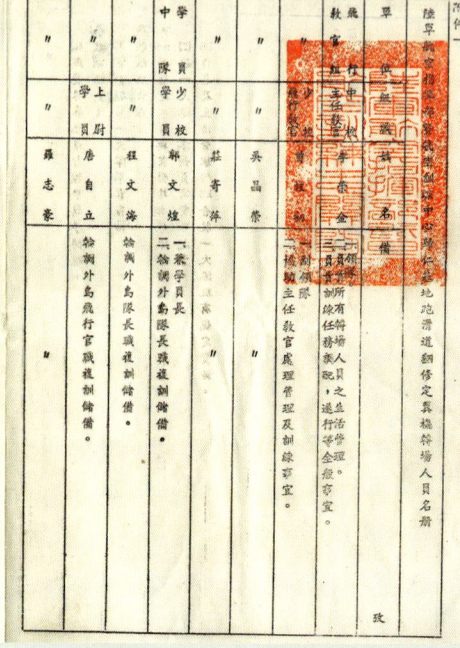

▶民國72年2月從歸仁基地轉場到龍潭實施定翼機飛行訓練的人員名單，其中李榮金、曾初枝、吳晶榮和莊寄萍四位教官都是陸航的資深定翼機教官，6位參加O-1複訓的飛行官則都是來自UH-1H的機動中隊，因為要輪調外島執行O-1的任務，因此要再熟悉一下O-1的飛行技能，4位24期的學員是從24期開訓的20位學員中分流到定翼機組的學員。

▶照片為航訓中心的O-1機群，因為跑道翻修的原因，都轉場到龍潭，據航指部民國72年的資料，當時O-1的數量是11架，金、馬分遣隊各有兩架之外，其餘的7架O-1都在航訓中心，從這份轉場公文及「新鋒計畫」的資料，可以推斷當時還在役的11架可能就是下面這些編號：507、509、510、512、517、518、601、602、603、604、605。

心派出了定翼機主任教官及 3 位資深教官至龍潭實施訓練,並調派 7 架編號分別為 507、512、601、602、603、604 及 605 的 O-1,加上 14 名來自歸仁基勤中隊的機務人員前往龍潭支援。訓練按計畫展開之後不久,便發生了民國 72 年 4 月 22 日的觀測中隊分隊長李大維叛逃事件。事件發生後,觀測中隊進駐花蓮的分隊立即撤回龍潭,沿海巡邏任務亦中止執行。所有隊員隨即接受密集的調查,但這批從歸仁轉場受訓的人員因為原本就不屬於觀測中隊,因此無須接受調查。李大維因賭博負債累累,鋌而走險,他的叛逃直接或間接影響了許多人的軍旅生涯。事件發生後,包括觀測中隊及其他空勤單位,凡被認為生活不檢點的人員,皆被要求離開航空部隊。因此,從航訓 25 期開始,定翼機飛行官的需求反而提升。航訓 25 期的傅煥祥教官回憶,在他們 25 期開訓時,觀測中隊需要 6 名飛行員,舉手自願飛定翼機的人超過 10 名,最終他與其他 5 人被選中。但是這 6 員在定翼機初級訓練階段就被淘汰了一半,最後僅 3 人成功進入觀測中隊。這些飛行軍官雖已累積 100 小時的 U-6A 飛行時數,但仍須完成部隊訓練後,方能正式與正駕駛搭配執行任務。

◀▼ 航指部成立之後對各項訓練都積極建立標準化的教材,這本就是 U-6A 的訓練程序,所有相關的訓練都有清楚的定義,下面這一頁則是教材中有關部隊訓練課目的一部份內容。

▲ 李大維叛逃之前,觀測中隊花蓮分隊的人員也會在花蓮當地利用休假到處走走,由左至右分別是薛遇安、季國熊及曾文智三位飛行官。0422 當天,季國熊時任馬祖分遣隊的隊長,8018 叛逃的途中經過馬祖被掌握到,季國熊隨即奉命在非常惡劣的天候下駕駛 O-1 升空去尋找李大維的蹤跡,但因為雲層太厚沒有能夠找到,用無線電呼叫也沒有回答。(薛遇安教官提供)

三、陸軍 U-6 型定翼機部隊戰備訓練學科課目時間配當表

課目編號	課 目 進 度	配當時間	累計時間	備 考
一	戰管作業現行程序	2:00	2:00	
二	航管作業現行程序	2:00	4:00	
三	現行各種戰備規定	2:00	6:00	
四	沿海偵巡作業規定	1:00	7:00	
五	陸軍航空器現行管制辦法	1:00	8:00	
六	正(副)駕駛之責任	1:00	9:00	
七	戰術編隊飛行實施要領	1:00	10:00	
八	AN/ARC-54 FM 無線機之調頻 AN/ARC-44 歸航	1:00	11:00	
九	空中砲兵射彈觀測修正技術	2:00	13:00	
十	空中觀察 (1)空中及地面路線偵察 (2)降落地區及場地之選擇 (3)夜間偵察技術 (4)偵察記述(錄) (5)作戰(作業)地區之偵察	1:00 1:00 1:00 1:00 1:00	18:00	
十一	空中照相作業	1:00	19:00	
十二	無線電機作業	1:00	20:00	
十三	空投(帶傘與不帶傘)作業	1:00	21:00	
十四	低空飛行技術 (1)低空觀測技術 (2)低空航行技術 (3)低空進場技術 (4)超低空飛行技術	1:00 1:00 1:00 1:00	26:00	
十五	夜間戰術飛行	1:00	27:00	
十六	迴避敵火飛行技術	1:00	28:00	
十七	機內(外)裝(吊)載及救護吊掛作業	1:00	29:00	

陸航的定翼機中隊－觀測連絡中隊

0422案後，觀測中隊由衣復國接任隊長。衣隊長曾於數年前擔任過觀測中隊的隊長，此次回任的主要任務是穩定軍心，以便盡快能夠恢復正常的任務執行，並在過渡期後將指揮權交接給林傑西隊長。隨著航訓24~26期飛行員的補充，觀測中隊的戰力才得以逐漸恢復。

民國74年4月，航訓26期飛行員業已完成部訓，飛行人員逐漸充沛的觀測中隊期待有更多的展現機會，以重振隊員與長官的信心。而該中隊擅長的U-6A編隊拉煙幕表演就在該年重返舞台。當年，中隊參與了雙十國慶代號「成功演習」的總統府前空中分列式，以及9月底至11月初舉行的「僑泰演習」，共執行超過10次以上預演與正式操演。此外，10月26日，在彰化八卦山縣立體育場舉行的區運開幕式上，觀測中隊於運動員繞場時施放五彩煙幕，為活動增添色彩。同年，中隊亦於屏東空特司令部為來訪外賓執行空中分列式操演。整體而言，民國74年對觀測中隊是相當充實的一年。在繁忙的任務中，隊員展現了高度的團隊戰力。另外，陸續接收來自及空軍和陸戰隊撥交給陸航的O-1，加上翌年金門、馬祖分遣隊的歸建使觀測中隊建立了O-1的機隊，並於民國75年國慶日總統府前以分列式亮相。此舉不僅展現陸航定翼機依然寶刀未老的實力，也重新建立了中隊的信心。

◀在執行民國74年的各項拉煙幕操演之前，觀測中隊先測試煙幕彈的顏色以及可以與U-6A粗壯的機身線條適配的煙幕粗細，這是測試時的照片，煙幕彈的數量不單是影響煙幕的粗細，同時也影響顏色的呈現，機務人員最終按照測試所得到的最好結果，打造了如右下照片中機翼單邊可以裝上8枚煙幕彈的架子。
（黃國明將軍提供）

▶這是民國74年國慶總統府前分列式拉煙幕的畫面，U-6A兩邊的主翼下方安裝了煙幕彈之後，將正、副駕駛艙門上的玻璃窗打開一節，啟動煙幕彈的拉環用繩索牽引經由窗的空隙拉進機艙內，長機下令啟動煙幕時，從機艙內利用牽引繩索同時將兩邊的煙幕彈拉環拉開就開始釋放煙幕。
（尖端科技雜誌）

任務機已經進入跑道，將進行最後的起飛前檢查及發動機試車，接著飛機陸續起飛，在空中完成隊形的編成後，由領隊帶領按計畫執行操演。（黃國明將軍提供）

◀ 執行民國74年「僑泰演習」的觀測中隊U-6A機群正在龍潭機場的停機坪進行開車前的各項檢查，從完成所有陸航參演單位的聯合任務提示，到U-6A開車，中間還有近1小時的時間要完成安全查核、煙幕彈和煙幕架檢查等，過程是很繁複，但為了確保任務的順利，這些程序都要確實執行。

任務機從龍潭機場陸續起飛，他們起飛後會利用轉彎航線的大小在空中完成隊形的集合，進入待命航線等待操演開始。（黃國明將軍提供）

陸航的定翼機中隊－觀測連絡中隊

▶民國74年的「僑泰演習」中，陸航的空中分列式由觀測中隊U-6A擔任第一梯隊，這是正在通過操演區的畫面，由於定翼機梯隊與旋翼機梯隊的編隊空速差異，U-6A的梯隊是在旋翼機梯隊快要進入時，攔截在其前方組成大編隊再通過操演區的。
(薛遇安教官提供)

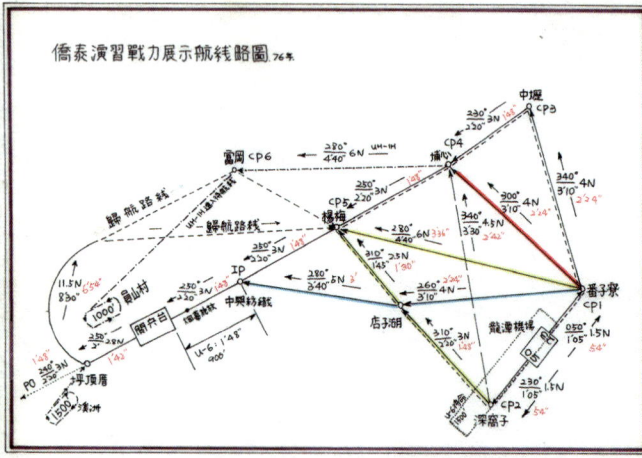

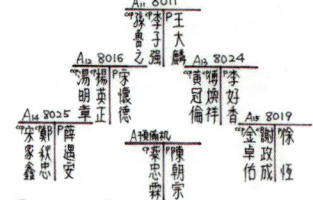

▲這可以說是觀測中隊的重要歷史文物，「僑泰演習」的航線規劃、人機編組以及任務細節，甚至還有所有預校的日期都寫在這一張A4大小的紙張上，以便隨時都可以拿出來參考，每架飛機上除了正、副駕駛，另外還有一位飛行員，釋放煙幕時，負責將牽引煙幕彈拉環的繩索拉扯來啟動煙幕彈。　(李子強教官提供)

▲從這個角度可以看到後面的小黑點就是27架UH-1H編成的旋翼機梯隊，U-6A的空速相較之下是比較快的。　(薛遇安教官提供)

▲這是裝甲運兵車正在通過司令台的畫面，遠方還可以看到陸續要進入的自走砲及坦克車隊伍，聲勢可以說是非常浩大。(薛遇安教官提供)

陸航的定翼機中隊－觀測連絡中隊

◀民國74年10月26日區運當天，U-6A機群釋放五彩煙幕通過運動會場的畫面，此時「僑泰演習」還沒有結束，可以想像觀測中隊當年的忙碌程度。
（黃國明將軍提供）

▼這是在執行區運會分列式任務時，編在同一個機組的黃國明與簡福陸兩位飛行官在機艙內的合影。
（黃國明將軍提供）

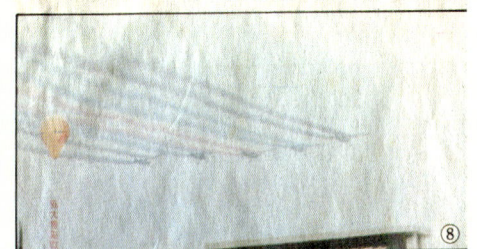

▲民國74年10月27日民生報的區運會報導中刊登的U-6A分列式照片。
（黃國明將軍提供）

◀執行民國74年空特部外賓來訪空中分列式時，部分的任務成員在大武營的合照，由左至右簡福陸、宋懷德、周立行、范金門、黃國明、盧明佑、李建明、薛遇安、江振清、萬銘輝及李子強。其中著草綠服的李建明是因為要接受前進管制官及美軍野戰導航班的訓練，必須先完成傘訓，所以正好也在大武營。簡福陸後來在民國77年的TH-55事故中殉職，萬銘輝則是在民國75年U-6A 8015事故中殉職。
（黃國明將軍提供）

▲ 民國 75 年雙十節，觀測中隊再度執行了空中分列式，這次則是採用了 O-1 來執行任務，這批 O-1 定翼機分別是民國 74 年及民國 75 年初來自友軍及金門、馬祖分遣隊歸建而撥交給觀測中隊的，這是編隊通過總統府前的畫面。

▼ 執行國慶分列式的 O-1 在龍潭機場的四邊，正要轉五邊衝場，9310 後方遠處就是龍潭機場的位置，據黃國明將軍回憶，民國 74 和 75 年的雙十節任務他都有參與，而且飛兩種不同的機型，是非常值得懷念的回憶。(黃國明將軍提供)

定翼機的尾聲

就在觀測中隊人員逐漸補足，重拾信心，忙碌充實的經過了民國74年後，1986（民國75）年3月31日，編號8015的U-6A在南投竹山附近失事，造成機上四人殉職。當天，這架飛機與另一架U-6A編隊前往南部執行中科院的「銳鋒演習」任務。過去，一聽到中科院的任務，大家通常認為一定是出動UH-1H，但實際上，有時也會有定翼機參與。據曾執行過中科院任務的觀測中隊教官回憶，他們的職責主要是目視執行任務中的UH-1H，以便隨時可以對落海人員投擲U-6A機上的自動充氣救生筏以保障安全。但是，8015此次「銳鋒演習」的具體任務內容，已不可考。當時8015擔任兩機編隊的僚機，由朱龍科分隊長擔任正駕駛，萬銘輝擔任副駕駛，還搭載了航1大隊作戰組情報官王興鶴及檢驗士官長蔡跋桂，編隊進入南投竹山附近時，遭遇天氣變化，為了保持目視飛行，飛行高度因雲層影響逐漸下降，進入山區時，飛行高度已低於附近山脈。此時，長機突然在雲層下發現前方即將撞山，立即壓大坡度迴轉，僚機雖然也跟著反應，但就差了一點點反應的時間，必須以更急的迴轉閃避山脈，結果坡度太大導致失速墜毀，機上四人不幸殉職。

當天中午，航2大隊大隊長杜勳民正在用餐，突然接到指揮官林正衡的來電，指示航2大隊趕往現場支援善後處理。當他驅車趕到現場時，只見飛機已經

編隊右邊第二架就是8015，這幾張民國66~67年左右拍的照片是現在唯一還可以找到的8015照片了。（施及人教官提供）

◀ *這是編隊飛行中的8017和8015照片，在陸航的飛安紀錄裡面，8015總共有三次的飛安事故，分別在民國63年，民國67年以及最後也是最嚴重的民國75年撞山事故，航特部特別在601旅龍城紀念公園中立碑記述這一場事故及殉職人員以緬懷他們為國家的奉獻與犧牲。*

陸航的定翼機中隊－觀測連絡中隊

解體，但機號仍清晰可見，正是8015，這讓杜大隊長回想起民國67年4月19日，他擔任航訓中心主任教官時，曾與吳晶榮（航3期）駕駛8015，後座搭載莊寄萍（航6期）及一位機工長，執行從水湳到歸仁的任務。當時，他們送一架O-1至水湳維修後，準備駕駛8015載回飛O-1過去的人員。起飛後約300呎，仍保持起飛姿態，尚未收襟翼，突然引擎發出異常聲音，螺旋槳停止轉動。立刻建立下滑姿態，盡速完成迫降準備，因為仍在跑道上空。左側是未遷走的墳墓，右側是車流繁忙的中清路，再往前以飛機的狀況也到不了，只有選擇稻田迫降，一塊比籃球場大一點的稻田，最少風險較可控，意識到在稻田的泥沼內將無法正常滾行，杜勳民決定用尾輪先著地，以減少機體損傷。就在這一瞬間的思考過程，稻田邊的民房都已經比飛機高了，立刻對操縱桿做出適當的動作以使飛機按自己的想法尾輪先掉進稻田。

最終，飛機猛烈衝擊田埂，翅膀與螺旋槳擦地，才終於停下，但飛機還在冒煙，迅速完成關車等程序，並嘗試脫離機艙。但一側機門因撞擊受損無法開啟，所幸另一側仍可使用，全員成功撤離。附近的農民聽見聲響後趕來查看，見機上人員平安，竟不約而同地拍手慶祝。在迫降前，杜勳民已向水湳塔台通報狀況，因此救援車輛迅速抵達，並立即用帆布覆蓋飛機（當時的標準處置方式）。後來人員被接送至新社，指揮官鄭廣華則親自搭乘UH-1H抵達台中，並在迫降地點上空盤旋察看，隨後對他說道：「杜主任教官，您還真行！」沒想到多年後，已升任航2大隊大隊長的杜勳民，會在這樣的情境下，以令人惋惜悲痛的狀況再次見到8015。民國75年8015失事機上的四位長官，其中有三位在筆者服役時曾有相當的接觸。此事故就在筆者退伍後2個多月發生，不僅令人感到突然，更深刻體會到人生無常。

▲ 這是民國74年在支援屏東空特部外賓來訪任務的另一張合影，當時U-6A是從空軍屏東基地起飛執行任務，人員則進駐在大武營，後排最右就是8015失事殉職的朱龍科分隊長，後排最左則是殉職的飛行官萬銘輝，後排左邊第3位則是觀測中隊的隊長林傑西中校。　　　　　　　　　（薛遇安教官提供）

陸航的定翼機中隊：觀測連絡中隊

陸軍航空部隊在馬登鶴與林正衡兩位指揮官任內，積極導入野戰部隊的作戰元素，包括戰備整訓、山區疏散與野營等各種相關的訓練，並以更貼近野戰部隊的方式進行實訓。雖然觀測中隊是操作定翼機的單位，但是U-6A和O-1皆具備野戰場地短場起降的能力。定翼機可能會讓訓練與考核的想定略有不同，

◀這是民國74年間，觀測中隊進行野營訓練時的照片，這個帳篷應該是隊部的所在，參訓人員胸口繡有藍色的布條，照片中的布條有飛行官、機工長以及保養士的字樣，後排左4的朱龍科少校則是繡著分隊長的軍銜，這個時期還不需要戴鋼盔。(薛遇安教官提供)

▲為達到訓練的目的，即便是定翼機，也被拖到龍潭機場跑道後方的小叢林區域進行野戰保養及戰力保存的課目。注意8017主翼上方的ㄇ字型天線(據說是對準下滑道導引用的天線)。

▶背負著槍械彈藥以及防毒面具之下，觀測中隊的地勤人員仍要能夠對飛機進行野戰的保修工作，如果平時不進行演練，真的到了戰時難保不會手忙腳亂。

陸航的定翼機中隊－觀測連絡中隊

民國78年，航指部在歸仁成立基訓中心。初期構想為各飛行中隊輪流進駐歸仁，暫時放下戰備與任務，進行類似陸軍部隊「下基地」的訓練。但由於飛行部隊在基地訓練期間，飛行課目與航訓中心的訓練空域會有使用上的衝突，最終調整為基訓中心的考官前往各單位其餘部分與機動中隊的訓練大致相同。

▶▲民國79年基訓中心督考官前來觀測中隊測考，最左是黃國明分隊長，分隊成員測考成績對分隊長是有影響的，當時觀測中隊已由張魯之設計了機種臂章，U-6A圖案，但是有海狸與O-1狗鳥英文字樣，這是陸航首開先例的機種臂章。

▲除了飛行之外，基訓也包含了體測等課目，這是觀測中隊全副武裝，舉起戰鬥旗實施行軍的畫面，照片右邊走在第一位的就是黃國明分隊長。（黃國明將軍提供）

▶陸航野戰化的演變，從筆者民國73年服役時，基地自衛戰鬥需要拿槍，一直到後期基訓及戰備訓練已經是全副武裝，可以說變化不小，這是基訓期末考野營時的照片。（薛遇安教官提供）

陸航的定翼機中隊：觀測連絡中隊

駐地進行督導與考核。

同時，航1大隊與航2大隊也在0422案之後重新承擔台灣本島的沿海巡邏任務。與以往不同的是，執行偵巡任務的飛機皆直接從駐地起飛，完成任務後亦直接返航駐地，不再以分隊形式進駐非陸航的基地，其中航1大隊輪值的這部分偵巡任務全部指派觀測連絡中隊執行。航2大隊的偵巡任務則是由機動中隊與獨立分隊以UH-1H來執行。這個

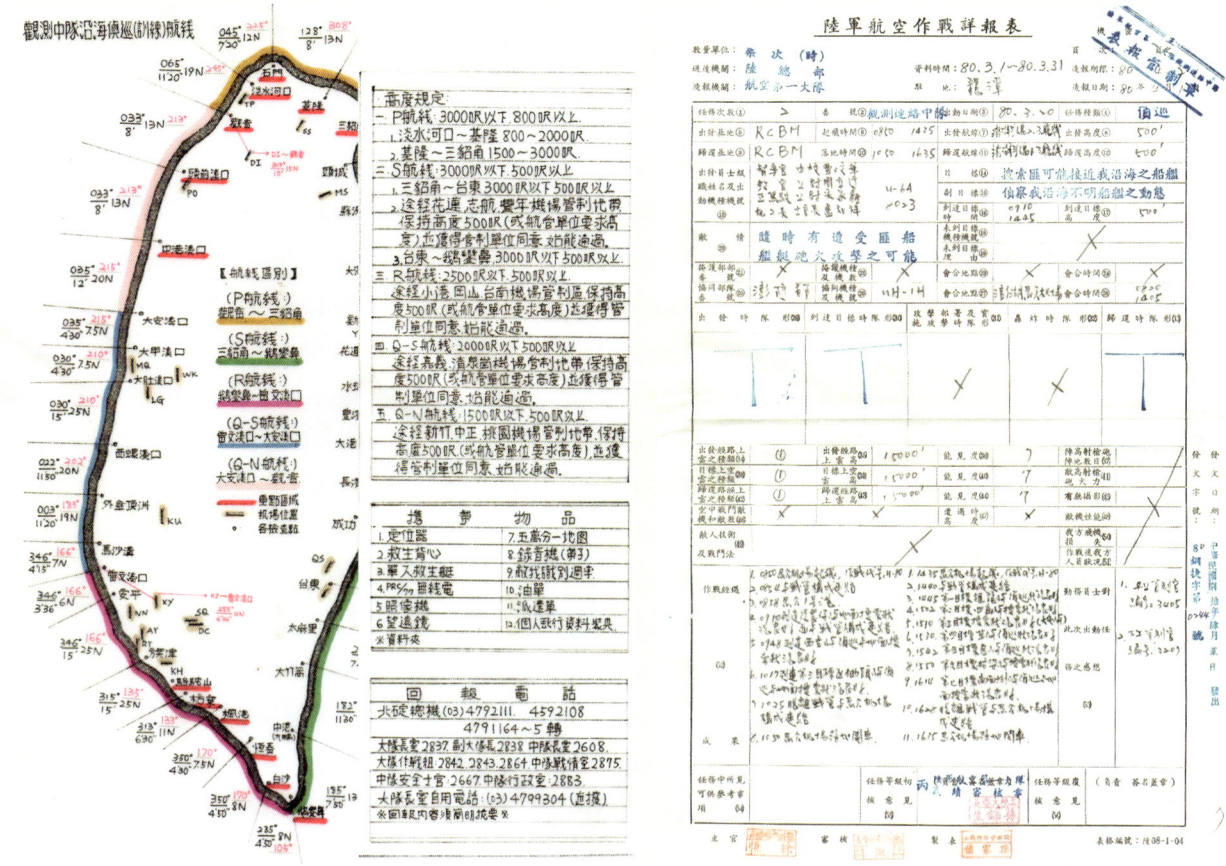

▲ 觀測中隊重返本島沿海偵巡後，李子強教官特別製作了任務資料卡，這是其中部分的內容，根據作戰報表顯示，當時執行的航線主要是觀音到大安溪口，大略是永安漁港出海到台中梧棲。

▲ 民國80年3月20日偵察澎湖海域無人島的任務報表，早上與下午各飛一次，但因為任務的性質，要在馬公機場過夜，所以還有機工長及中校督導官曹汶華同行、這也是0422後的措施。

民國80年期間，在台灣天空執行任務的U-6A 8022，隨著陸航建軍的方向一步步邁向旋翼機的時代，定翼機繼續服役的日子已經不多了。（黃國明將軍提供）

陸航的定翼機中隊－觀測連絡中隊

時期，觀測連絡中隊的沿海巡邏任務主要集中在台灣西岸，範圍介於永安漁港至台中梧棲之間的海域。民國78年9月下旬，觀測中隊接到一項特殊的沿海偵巡任務，奉命對台灣東海岸進行重點巡邏，以防範特定政治人物偷渡回台。

薛遇安與李子強等幾位教官回憶，當時的命令應該是在半夜下達的，因為隊長王大麟在深夜把數名飛官直接挖起床，馬上開始制定飛行計畫。任務的內容是對台灣東部海岸線進行偵巡。由於0422案之後，已無法進駐空軍在東部的基地，因此當時的飛行計畫是趁著拂曉前從龍潭起飛，經桃園觀音附近出海，沿海巡邏三至五浬範圍，經過三貂角後降落花蓮加油。補充燃油後再度起飛，巡邏至台東大竹溪出海口（接近台東大武），然後折返北巡至花蓮，再次降落加油，起飛後往大竹溪再巡邏一次。之後才依原航線飛返龍潭，當然途中在花蓮還是需要補充一次燃油，這個任務從天還沒亮就起飛，當飛機返回龍潭時，已是夜間超過七點了，沿途以夜間目視返航進場降落。最終，該名政治人物並未成功

U-6A 如果把翼尖油箱也加滿，續航力可以達到6個小時，內文所述民國78年的特殊巡邏任務對飛機並不算考驗，但是對飛行員來說，連續飛一整天是非常挑戰的。

這是民國76年拉煙幕的任務，8025正準備開車，面對鏡頭微笑的是執行任務的黃國明飛行官。

登陸，而是在高雄的一艘漁船上，被查緝走私的緝私船當場逮獲。這項連日奔波的巡邏任務也隨之告一段落。民國81年，吳盛茂中校被任命為觀測中隊的隊長，成為該中隊最後一任隊長。因為在民國81年，美國方面同意出售AH-1W與OH-58D直升機，整個戰鬥直升機建軍計畫從一開始建立兩個攻擊直升機中隊擴編為攻擊與戰搜各兩個中隊，為了整合人力與資源，必須進行組織調整。觀測中隊也因此將面臨解編的命運，中隊的飛行人員面臨兩個選擇：一是辦理退伍，憑藉定翼機的飛行時數轉入民航業界；二是換裝旋翼機，跟隨建軍的腳步，繼續軍旅的生涯。

民國82年4月下旬，黃國明分隊長駕駛編號8014的U-6A，再次執行台灣西岸沿海偵巡任務。這次任務就是陸航定翼機的最後一次飛行。自此之後，所有定翼機走入歷史，只是在還沒確定後續的安置計畫前，仍會定期執行發動試車以維持飛機的狀況，同年6月底，觀測中隊正式解編，結束了定翼機在陸軍航空服役長達37年的歷史。當時大部分的U-6A仍維持良好的妥善狀態，但並未尋得更好的出路，部分的U-6A被轉交給國內相關學術單位作為展示研究的用途，航指部則保留了數架，分別陳列

這是民國81年吳盛茂隊長(後排右5)與觀測中隊的隊員在龍潭停機坪的合影，此時觀測中隊距離解編已經開始倒數。

剛剛完成開車的五架U-6A，將要起飛執行編隊的任務，觀測中隊並沒有編制空勤的機工長，所以照片中拿著滅火器的機工長通常是不用跟著一起上飛機出任務的。

觀測連絡中隊成立十八週年紀念 82.4.1

▲民國82年觀測中隊18週年隊慶,邀請了不同時期的隊長齊聚,由於這是解編前的最後一次隊慶,當然會想要合影紀錄,當時黃國明分隊長就被指派負責攝影,拍攝後立刻沖印並加上下面的說明以便留念,不料黃分隊長專注在錯別字的檢查卻沒看到日期被寫成了80.4.1,後來照片發出後被念了一頓,如今終於有機會改正這個錯誤,這是經過筆者用繪圖軟體修正後的版本。(黃國明將軍提供)

▶8023轉交給中正理工學院的任務是由李經緯士官長執行的,接獲命令後,與即將解編的觀測中隊人員做最後一次試車,幾天後清晨5點,李士官長開著拖車,將飛機拖往中正理工學院,沿路由憲兵交管,行人與車輛都停下觀看,拉到定位後,拍下這張照片,對U-6A做最後的紀錄!
(李經緯教官提供)

於歸仁與龍潭,以見證陸航的發展歷程。

成立超過18年的觀測中隊,共經歷了劉讓辭、蔡勵雄、謝深智、杜勳民、衣復國、巫滬生、林傑西、吳晶榮、季國熊、王大麟、徐恆、吳盛茂等十餘位隊長。其中,謝深智與杜勳民先後擔任過航指部指揮官;觀測中隊成員張性竹則在陸航改編為航特部後,晉升至少將旅長的指揮級職務。當年的黃國明分隊長,日後不僅出任航特部指揮官,更曾擔任陸軍副司令及國防部總督察長,成為目前為止,航空兵出身晉升至最高職務的將領,為獨具風格的觀測中隊增添不少光彩。由於年代久遠,要呈現該中隊的歷史殊為不易,僅能以有限的篇幅還原這個特殊定翼機部隊的歷史軌跡。

陸軍航空第 2 大隊

▲ 航 2 大隊第 22 空中機動中隊於 1976（民國 65）年 1 月在龍岡機場成立，為陸航編制的第五個，也是最後一個成立的機動中隊。中隊編成後，持續接收來自空軍航發中心出廠的 UH-1H。畫面中是 22 中隊的 UH-1H 直升機正以跟蹤隊形朝龍岡機場 08 跑道進場。跑道右側為直升機停機坪，而塔台則位於右前方風向袋旁。龍岡機場於民國 48 年成立，原屬一軍團航空隊 O-1、U-17A 及 U-6A 的使用機場，自民國 64 年 4 月起調整為旋翼機專用機場，通常至少駐紮一個機動中隊執行各種任務。

陸軍航空第 2 大隊原預定成軍後駐紮於新社基地，但因基地工程延遲，不得不與六軍團協商，暫借原本供美軍顧問團在龍岡使用的部分營舍。1975（民國 64）年 4 月，航 2 大隊正式成軍，其轄下的 21 中隊已在兩個月前於龍岡機場成立。但實際上整個航 2 大隊的組織是直到民國 65 年 7 月後才完整編成，此時陸軍航空指揮部也已成立。與 2 年前已成軍的航 1 大隊相比，航 2 大隊轄下的飛行單位有些許不同，且分散駐紮於多個地點，管理上極具挑戰，後來在民國 72 年秋，頭嵙山基地啟用之後，駐地分散的情況進行了大幅的調整。

航 2 大隊大隊部

1975（民國 64）年 2 月，陸軍航空第 2 大隊第 21 空中機動中隊於龍岡機場成立。同年 4 月 1 日，航 2 大隊的大隊部也隨之在龍岡成軍，首任大隊長由空官 33 期的冀孝寬上校擔任，航 2 大隊建軍的模式基本上遵循航 1 大隊的模式，當時第 11 空中機動中隊先於龍岡機場成立，待龍潭基地的建設達到一定程度後，才正式設立大隊部，11 隊隨後進駐龍潭。然而航 2 大隊實際遭遇的情況則不盡然相同，在大隊部準備成立時，原訂進駐的新社基地工程進度仍然落後。

事實上，當年的基地建設並不需要 100% 完成才進駐，礙於經費有限，也不可能靠包商來達到多高的完成度，只要基本運作條件達成，便可以先行啟用，後續再靠進駐的人員來逐步完善。在無法進駐新社之下，總部航空處遂與軍團協商，借用位於現今龍岡路三段與龍門街 T 字型路口轉角的美軍顧問團招待所，因為龍岡機場的營舍實在不足以容納一

陸軍航空第 2 大隊

個機動中隊再加上大隊部、勤務中隊及補保中隊這麼多的人員，可見航 2 大隊創立初期，面臨著許多大大小小的問題，中隊長乃至大隊長為了要使部隊的戰訓能夠順利運作都要煞費苦心。

由於 21 中隊比航 2 大隊成立的早，因此初期是直屬陸總部航空處，（請參閱「陸航建軍史話」第 168 頁『21 中隊與本島近海偵巡』章節），在大隊部成立後改為隸屬於航 2 大隊，這個時期陸軍航空指揮部尚未成立，航 2 大隊與航 1 大隊均暫時隸屬於陸軍總部航空處。1976（民國 65）年元旦，隸屬於航 1 大隊的第 10 空中機動中隊（請參閱「陸航建軍史話」第 96 頁『第 10 空中機動中隊』章節）與在龍潭成軍的 20 中隊互換隸屬正式生效，航 2 大隊調整為下轄第 10 和 21 兩個機動中隊，同一天，第 22 空中機動中隊在龍岡成立，此時，航 2 大隊管轄的 3 個機動中隊都已成編，其中的兩個中隊被安排駐紮在龍岡，還好 22 中隊成軍初期飛機數量不多，機場仍勉強可以容納，但隨著接收的飛機數量日增，UH-1H 逐漸從跑道邊的停機坪放到棚廠前的停機坪，再放到以前車輛土堤掩體前面的草地，甚至最後也有停到籃球場上的，可以說是停滿了直升機，7月1日，航 2 大隊轄下的空中戰搜分隊及觀測連絡分隊奉令分別在龍岡及台北松山成軍，至此航 2 大隊的所有組職編成完畢，但是龍岡機場不可能容納那麼多單位，7月底，新社機場的建設終於達

◀ 航 2 大隊的隊徽，雖然在「陸航建軍史話」出現過，但當時沒有詳細說明航 2 大隊的建軍過程，在這本書的篇幅呈現顯得更適切。

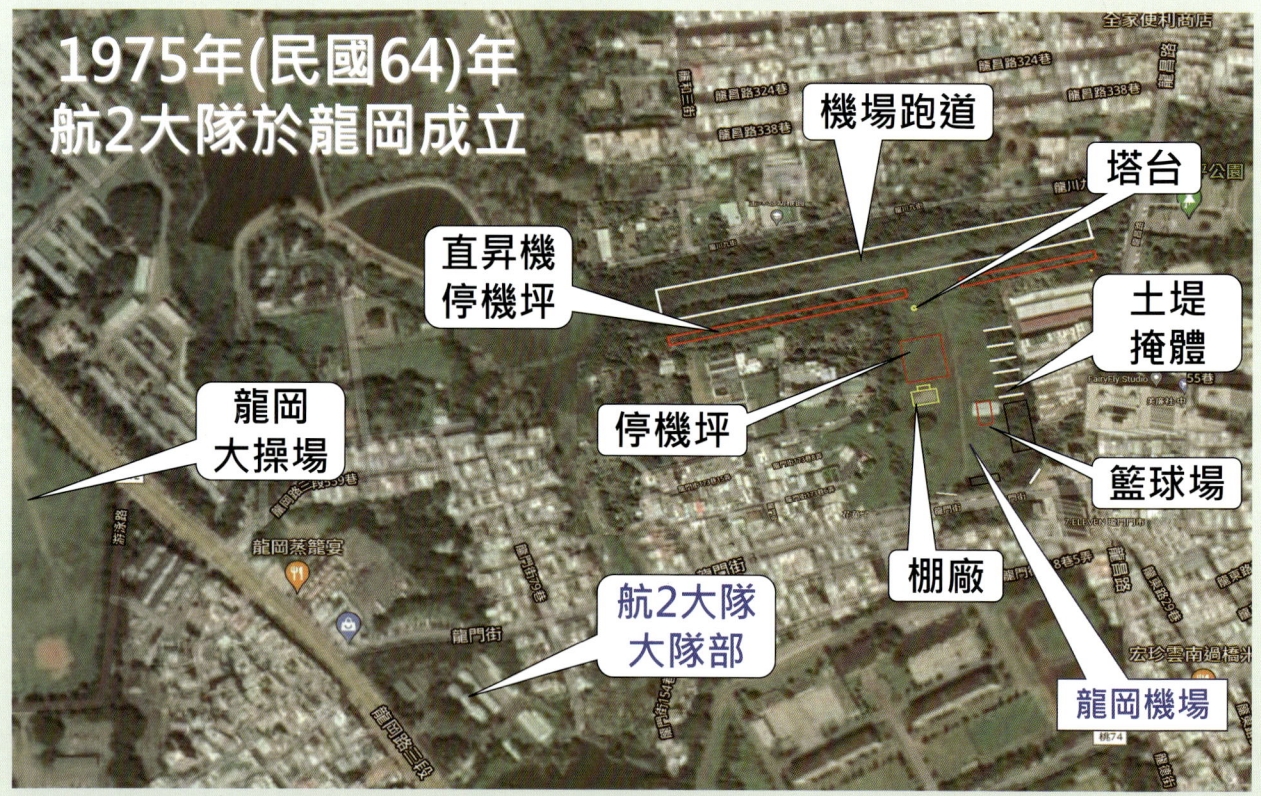

▲ 透過這張 Google 實景地圖加上標記，希望讓讀者更清楚龍岡機場的樣貌，本章節開始的照片就是 UH-1H 從龍岡大操場往跑道方向降落的景象，對照這張圖就可以大略知道龍岡機場的佈局，從民國 48 年開始，龍岡機場進駐過一軍團航空隊、總部航空隊、11 隊、21 隊、22 隊以及空中戰鬥搜索分隊，在陸航成長茁壯的歷史上有其不可抹滅的重要地位，由於現址已經被徹底剷平，特藉此圖說明，當時的航 2 大隊大隊部則是位在機場出來的龍門街與龍岡路三段轉角。（圖源:Google Map）

到可進駐的標準，航2大隊隨即執行「龍翔演習」移防到新社（當年龍岡機場又稱為龍翔機場），大隊部與勤務中隊於8月1日執行，8月4日與8日則分別由21中隊和補保中隊實施，共分成空運、車運及鐵路運輸三種方式移防至台中新社。恰逢陸軍航空指揮部於同年6月1日正式成立，在進駐新社時，陸軍航空第2大隊的上層指揮單位也已由陸軍總部航空處改成了陸軍航空指揮部。

◀民國65年2月12日，航2大隊21中隊慶祝成立週年的活動照片，當天上午總部航空處王夢書處長蒞臨龍岡機場校閱部隊，下午則利用美軍顧問團招待所的場地，也就是航2大隊大隊部的暫時棲身之地，邀請眷屬一起來同慶，左至右分別是大隊長冀孝寬、航訓中心指揮官唐昌明、龍可宗隊長、副大隊長王勵軍。在航指部尚未成立之前，航訓中心指揮官可說是陸航實際運作部隊的最高職務。
（龍可宗教官提供）

陸軍航空第2大隊-1976(民國65)年

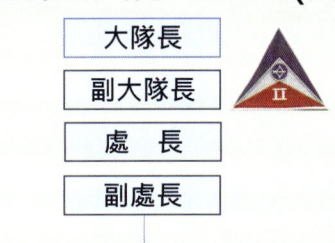

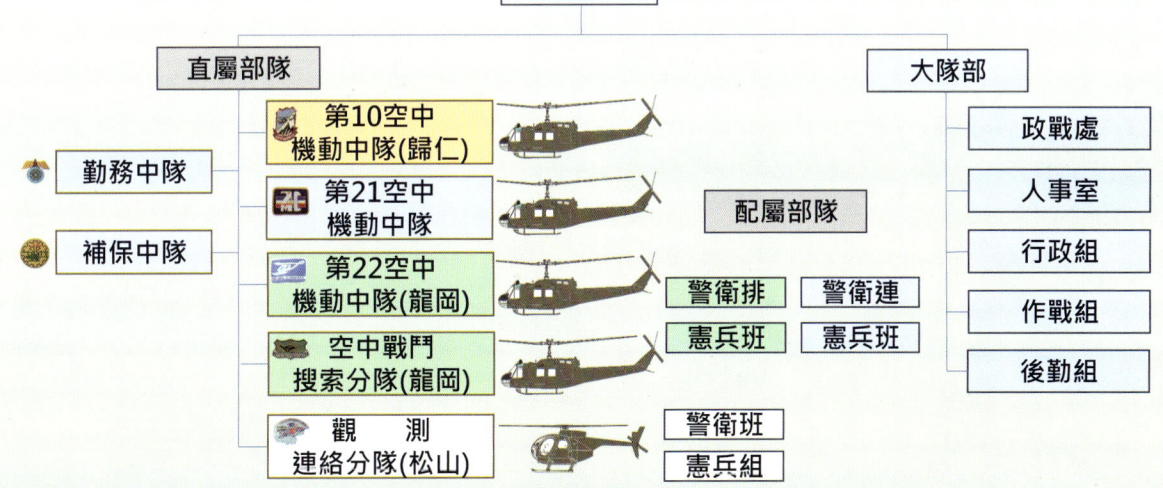

▲民國65年8月，航2大隊進駐新社後的組織駐地概況，當時所有轄下單位均已成軍。航空大隊設有4位主官，分別為正、副大隊長及正、副政戰處長。當年政戰處長為空勤職缺，副處長則由具政戰專長的長官擔任。勤務中隊負責基地日常運作的工作，包括車輛保養、塔台管制、氣象資料、跑道維護等。補給保養中隊則負責各飛行單位的裝備三級保修。與航1大隊不同的是，航2大隊並沒有定翼機，但擁有OH-6A直升機。此外，多個飛行單位的駐地不在本場，幅員非常的廣大。

民國62年，航1大隊第11空中機動中隊於龍岡機場成軍，是第一個在龍岡進駐的機動中隊，此時塔台與棚廠間仍停放著軍團航空隊的定翼機，編號8015的U-6A正好入鏡。跑道邊直升機停機線及草坪上則是11隊的UH-1H。隨著航1大隊於7月在龍潭基地正式成立，11隊於8月也進駐龍潭。

▶ 民國64年秋，航2大隊21中隊開始定期與航1大隊輪流進駐花蓮空軍基地執行本島近海偵巡任務，這是21中隊馬國驊教官結束花蓮進駐數月後駕駛379號機返防龍岡機場落地關車後的留影，379所停放的草地停機坪在以前軍團航空隊時期是擺放O-1定翼機的位置，此時則是21隊一部分飛機的停機地點。後面小山丘地形是停放車輛的土堤掩體。（馬國驊教官提供）

▲ 這是21隊394機工長的照片，背景正好是棚廠與塔台間的水泥停機坪，這個機坪大約可以停放5~6架的定翼機，加上草地的停機空間對軍團航空隊的運作來說是綽綽有餘，但停放旋翼機後因為旋翼的安全迴旋距離，沒辦法容納太多數量。

▲ 民國65年22中隊成立後，接收新飛機的數量陸續增加，最後連籃球場都被充當停機點，而小時候到機場賞機時，擺放在籃球場的飛機是最佳的看點，因為直接從旁邊的福利社就可以近距離看飛機，憲兵不會過來干涉。（吳盛茂教官提供）

第 22 空中機動中隊

根據中美合作生產 UH-1H 直升機的產量評估，民國 65 年 1 月底即可完全補足 21 空中機動中隊的編制數量 22 架。隨後陸續出廠的直升機，則需要編成另一個機動中隊來接收。1975（民國 64）年 12 月 23 日，陸軍總部以「最速件」呈報「航 2 大隊第 22 空中機動中隊編成實施計畫」，經國防部批准，於翌年元旦正式編成。這支部隊成為陸軍航空的第五個空中機動中隊。該計畫特別提到，22 中隊的駐地設於台中新社機場，但附註說明：「在新社機場未整建完成前，暫駐龍岡機場。」因此，22 中隊的成軍地點實際上為龍岡機場。

22 中隊的首任隊長常進範畢業於陸軍官校 30 期，民國 52 年前往美國陸軍航校接受飛行訓練，隨後成為陸軍航空的一員。他與同期同學郭難華、龍可宗等人相繼於民國 64~65 年間晉升為第 20、21、22 空中機動中隊的隊長，成為航 2 大隊成軍的核心幹部。中隊成立約三個月後，已接收 6~7 架直升機，到了 6 月下旬，又陸續接收 8 架 UH-1H，導致龍岡機場的空間趨近飽和。尤其是在 7 月 1 日，航 2 大隊的戰鬥搜索分隊也在龍岡機場成軍，幾乎等於整個大隊都擠在龍岡，幸運的是，新社機場的整建工程終於告一段落，大隊部、第 21 中隊、勤務中隊及補保中隊於龍岡暫駐約一年半後，順利移防至新社。此後，龍岡機場便交由 22 中隊與戰搜分隊使用。

從編制來看，航空大隊之下設立的勤務中隊主要負責基地設施的維護與運作，包括跑道、塔台、氣象資料等飛行相關事務；補保中隊則負責飛行單位的三級保修作業。在大隊部等單位遷往新社後，22 中隊必須獨立運作整個機場，但機動中隊的編制並沒有做特別的調整，仍維持隊部、三個飛行分隊以及一個負責飛機野戰保養、油料補給及中隊車輛管理的勤務分隊。而且在中隊成立初期，飛行分隊的組建是根據接收飛機數量與報到飛行官人數逐步完成，更不會有多

▲ 民國 61~62 年間，曾當選國軍英雄的航訓中心教官們佩掛國軍英雄徽章與航訓中心指揮官柏隆鑣合影，由左至右，邱天瑞、杜勳民、金治平、李漢忠、柏指揮官、常進範、龍可宗、劉長海、劉禮賢及武子傑。龍可宗與常進範後來就是從航訓中心的職務調任航 2 大隊 21 和 22 中隊的隊長，這張照片中共有 5 位 (邱、杜、常、劉長海及武) 後來擔任過航 2 大隊的大隊長。　　（龍可宗教官提供）

陸軍航空第2大隊

餘的員額,所以這些運作機場需要的專業人員,只能靠隊長自行想辦法解決。

陸航部隊早年的運作模式:成軍後並沒有太多的緩衝時間就已經開始執行任務。所以一個剛成立的機動中隊要兼顧戰備與訓練及部隊的順利運作,隊長的職務非常的不容易。民國65年6月,原本由21隊執行的沿海偵巡任務因該隊即將移防新社,遂改由22中隊接手。此任務需進駐花蓮,22中隊當時才成立半年就要調度每次3架UH-1H直升機執行駐外場數月的偵巡任務。以現今的標準來看,這樣的部署時機或許過於倉促,但以當時的軍事運作方式並不意外,因為那個年代多採「邊走邊調整」或「兵來將擋」的方式和態度來面對各種挑戰。

民國65年底,22中隊發生了UH-1H 416空中引擎停車事件,該機由上尉飛安官李自龍及少校分隊長李榮金駕駛,自龍岡起飛到台南歸仁實施長途飛行訓練,於12月31號10點45分在距離台南新市東南方大約5浬位置因發動機空中停車緊急迫降成功人機均安,這起事故經過調查發現416號機於當年11月26號才自空軍航發中心出廠,發動機總時間才32小時,航發中心出廠時試飛就佔了其中的20小時,22中隊從接收該機後僅使用12個小時,距離該機第一次25小時之定期檢查尚未到期,因此研判發動機出廠裝配的問題可能性較大,該機飛行員李自龍以及李榮金還有機工長張天增上士則獲頒了獎金來獎勵他們「於飛行中顧慮週詳、檢查確實,能及時發現引擎故障,而堅毅、勇敢、機警、沉著,且因對該機之緊急操作程序熟練得以轉

▶ 對一個剛成立才半年的中隊,編裝及人員都還沒有到位,就要派出3架UH-1H進駐花蓮,除了要選擇隊上相當層級的幹部去帶隊,同時也影響訓練的能量及其他戰備任務的妥善飛機數量,更不用說還要維持整個龍岡機場的順利運作,首任隊長常進範的任務可以說是非常的挑戰。

▲ 民國66年6月7日,415從22中隊駐地龍岡機場起飛,在翻越山脈後往宜蘭的飛行途中因機件故障在礁溪附近失事,由於這個沿海偵巡任務需要定期換防運補,陸航的直升機經常要往返花蓮與龍岡之間,飛抵花蓮之前需要沿目視航線先定向宜蘭,其實與2020年1月2日參謀總長沈一鳴失事的專機都是走差不多的路線,像照片中這樣突然在山彎出現雲層覆蓋是難免會碰到的。

危為安,迫降成功,保全了國家寶貴的人員生命財產,表現優異,足堪嘉許」。但是開始執行本島沿海偵巡任務約一年後,在一次運補花蓮進駐單位的任務中發生嚴重事故,詳見「陸航建軍史話」第184頁『22中隊415重大失事』章節,由於在該版面未能列出完整正確的殉職人員名單,特此補正,以告慰忠靈。此次事故造成中隊8名成員犧牲,包括:

少校輔導長 周本明
上尉作戰官 許江輝
士官長機工長 林憲章
上士保養 林為進
中士保養 蘇明府
中士保養 鍾樟福
下士保養 陳桑海
上兵 陳文華

415事故為陸航建軍以來因機件故障導

◀ 這是22中隊編號397的UH-1H正在執行沿海偵巡的場景,任務的目標包含防止敵人進行滲透或情報收集、打擊走私、偷渡等等不法犯罪以及保護在台灣東北的鑽油平台,陸航負責的範圍則是從新竹的鳳山溪出海口一直沿著海岸線到東部的台東。

▲ 沿海偵巡任務需要具有船艦識別的基礎,有時候也會看到友軍的船隻,必須要能清楚的分辨,這是從空中拍攝到的海軍大漢號遠洋拖船(ATF-553),她是海軍大同級遠洋拖船的三號艦,不過已經在2020年11月1日除役,曾參與過海研五號船難在內的多項海上救難行動。

陸軍航空第2大隊

致傷亡最嚴重的一次意外。事故發生後，陸航部隊訂定更嚴謹的安全準則，要求只要直升機傳動系統的滑油溫度、壓力或金屬屑警告燈號亮起，機組人員必須立即就近擇場降落，待問題排除後才能再次起飛。此外，義務役官兵若需登機，必須確保任務必要性並通過安全查核。另外，22中隊的花蓮進駐任務取消，改由航1大隊觀測聯絡中隊的U-6A執行，不久之後，22中隊由王連勝中校（空軍官校40期）接任隊長。王隊長個性活潑，飛行技術精湛，拿起吉他就能自彈自唱。在他的帶領下，22中隊進行信心的建設。據了解，當時部分飛行官一度對飛行產生抗拒，整個中隊當時飛行的時數多少有受到415事故的影響，還好經過一段時間的努力，重拾飛行的信心，最終讓中隊恢復正常的戰力。

大約在民國68年5月，航訓4期的周雪黎中校接任22中隊隊長。周隊長是UH-1H 2.75吋火箭射擊的高手，陸軍官校正期畢業，對於管理中隊也很有辦法。當時，擔任塔台管制的一位資深士官長周班長已經申請退伍，中隊向上層申請的塔台管制接替人員遲遲沒有下文。尤其是中隊原本並未編制這類專長人員，進駐在龍岡機場就只能以兼任或支援的方式來因應。但當下實在沒有更快速的

▶22中隊部分成員與周雪黎隊長在龍岡的合照，右至左，張重玖、分隊長武德勝、潘其岳、李偉強、邱正治、楊龍發、周隊長、黃弘光、分隊長黃漢生、劉林傑及林耕煜。民國68年10月，航指部改隸陸軍空降特戰司令部，草綠服上佩掛的名牌階級等都改採空特部的方式變成繡在軍服上。
（蘇文台先生提供）

飛行任務結束後，這架22中隊的309正通過跑道邊停機坪，循著以前定翼機的滑行道滯空滑回草地的停機坪，龍岡機場駐有一個班的憲兵，負責飛機的放行管制，隱約可以看到飛機通過的邊上有一位憲兵把守，他身旁的水泥崗哨則已經被漆成迷彩的顏色，這個迷彩是22中隊進駐後才漆上的。

▲22中隊連同軍旗在棚廠前面的停機坪集合接受長官視導，後面就是已經被漆成迷彩的機場塔台，筆者小時候曾經上過這個塔台幾次，它的最底層放置的是塔台運作的電力設施，主要是能確保外電源中斷時也要可以正常運作，義務役的蘇文台就在這裡工作，真是前所未有的難得經歷。

◀這就是當年負責基地消防的T-9消防車，它是專門為航空消防設計的消防車，自身是一個大的水箱，還有裝載泡沫供滅火使用，筆者曾在歸仁基地的塔台邊親眼見證它頂上威力強大的水柱。可惜找不到更清楚的照片，這是歸仁機場的T-9消防車正在進行消防演練。

辦法，偏偏這個職務對中隊飛行任務的執行是不可或缺的，因此，周隊長自行設法，從中隊的大專兵中挑選語文能力佳、反應靈敏的人員來擔任。適逢68年底報到的蘇文台符合這些條件，因而被周隊長選中，在其指導下開始接受塔台管制的訓練，花了一些時間研讀原文技令及相關文件，進行了在職訓練後正式擔負起塔台管制的工作。

此外，當時陸航各機場均開始配置全新的T-9消防車。這款大型消防車不僅可直接駛入火場，從底盤噴出滅火泡沫，還能利用車頂的噴嘴遠距離噴射高壓水柱。曾有一次，在歸仁附近發生民宅火災，T-9消防車前往馳援，高壓水柱一噴出，竟將房屋的牆壁瞬間擊倒，足見其威力驚人。實際上，無論是塔台管制、氣象觀測還是消防勤務，在大隊管轄的機場，這些工作都是由勤務中隊負責，甚至有空軍氣象官進駐協助。22中隊只能從現有的官士兵中尋求人才來解決，這回中隊又從義務役士兵中挑選了周再旺來接受專業訓練，以便能夠操控這台龐大的消防車負責基地的消防工作。

蘇文台每天早點名後，便需聯絡新竹及桃園空軍基地，取得相關天氣與航情資料，並且要到軍官待命室參加每一次的任務提示，提供飛行官必要的資料，為了順利達成任務，他與空軍基地聯絡時，都必須要冒充是龍岡機場的氣象

陸軍航空第 2 大隊

「官」，不說出自己的士兵階級，以免產生不必要的麻煩。當年，陸航在陸軍編制中屬於支援部隊，經費相對有限，周隊長希望對機場進行一些小規模的修繕與建設，時常面臨經費短缺的壓力，為此，他任命了一名義務役士兵，於機場內圈出一塊區域，利用每日用餐的廚餘養豬生財，真的是做到人盡其才，物盡其用的境界。此外，若遇到三級保養或需要大隊層級支援的事項，則多仰賴鄰近的航 1 大隊協助，商請航 1 大隊補保中隊協助飛機的保修需要。龍岡機場是一個連部隊用餐都須分批的地方，但機場運作仍需各項功能齊備，方能確保任務的順利執行。對部隊長而言，既是一個可獨立作業的理想地點，同時也是鍛鍊管理靈活度與應變能力的最佳環境。

民國 70 年，22 中隊由航訓 4 期的戴力軍中校接任隊長的職務。雖然該中隊駐紮於龍岡，但曾奉令多次執行位於

▶ 據了解這是民國 69~70 年間的「莒光月」訓練，難得見到航空隊出基本教練，後面白頂的房舍是福利社兼餐廳，右邊則是軍官待命室及主官的寢室和辦公室，其他有限的空間就是士官兵的宿舍，空勤人員則在外營區龍門街龍岡路的美軍顧問營舍住宿。
（蘇文台先生提供）

▲ 這是在民國 70 年戴力軍隊長任內，航 2 大隊大隊長武子傑要來龍岡視導前，部隊在籃球場集合，值星官正在宣達注意事項的畫面，背景是龍岡機場唯一的棚廠，因為空間有限，進駐在龍岡的機動中隊在面臨颱風威脅時，停放於棚廠之外的飛機都會執行防颱任務飛往新竹或桃園空軍基地避風。

左營高雄附近的「海馬演習」（海上垂直運補操演）及陸戰隊的協訓任務。當年雙十國慶舉行的「漢武演習」國慶閱兵大典則反而因為龍岡的地緣關係，由戴力軍隊長率領 10 架 UH-1H 直升機，與龍潭航 1 大隊的 11 及 20 兩個機動中隊整合，組成 27 架大編隊執行閱兵的空中分列式任務。其他如師/旅對抗、高空跳傘比賽、支援中科院、空降部隊協訓等任務都是中隊年度的例行任務。

民國 72 年 4 月 22 日，發生「0422 李大維叛逃案」，張台生中校於該事件

◀ 這張照片中站在 C 位的就是 22 中隊的戴力軍隊長，成員的飛行衣都繡有 22 隊的隊徽（如右上角），在戴隊長左邊身穿 21 中隊飛行服的則是曾任 21 隊隊長的居敏中校（航 1 期）。右 2 的陳皇綿及左 1 的潘其岳在後來的軍旅生涯都升上了將軍。

▲ 在龍岡機場跑道上完成列隊的 22 中隊機群和人員，準備好接受陸軍總部長官的視導，大隊長武子傑也從台中新社前來陪同長官視導，航 2 大隊飛行單位駐地分散在歸仁和新社以及位於北部的另外兩個機場，還好自身就是飛行部隊，不然光是要視導各個據點就要花很多時間在路程上了。

陸軍航空第2大隊

戴力軍隊長正陪同長官檢閱部隊，武子傑大隊長就走在後面不遠處，很可惜的是，這兩位陸航的長官在他們軍旅生涯前景大好的時候分別因病離世。

▶ 總部長官前往勤務分隊的每日工作區域視導，通常會對工具裝備的放置及表報的填寫進行審視，透過這張照片可以看到棚廠內部的樣貌，因為棚廠的紅磚牆面並沒有再粉刷水泥，其實只消大一點的風雨，就會從磚牆滲水進來。

▼ 22中隊的UH-1H正在山區編隊飛行，那個時代專業相機很貴，這樣的照片雖然畫質沒辦法很好，仍忠實的記錄了那個時期的歷史

▲ 這是22中隊412、405等共4架UH-1H在支援師對抗演習中，按照指揮所的命令執行空中機動作戰的任務，全副武裝的官士兵正跑步奔向直升機，準備在起飛後投送到指定的戰略位置，空中機動在裁判官的計算中是以投送兵力及武器乘上特定的倍數來計算勝負的。

◀ 龍岡機場的任務提示室，也是隊上舉行各類活動的場地，從民國48年啟用直到20年過去，這些營舍並沒有經費做大幅的修建，台上李偉強分隊長正在做軍紀教育月相關的報告。

▼ 空中機動作戰到達著陸區後，直升機保持滯空，飛機上的人員循機身兩側艙門躍出飛機投入戰鬥，注意正要下機的這位班兵，手上攜帶的應該是60迫擊砲，有時滯空的高度比較高，抱著這樣的裝備躍下是非常容易受傷的。

陸軍航空第2大隊

◀22中隊前往高雄左營附近海域執行「海馬演習」的照片，從民國61年第10中隊開始與海軍進行協訓之後，該演練就變成年度例行訓練，目的在建立各中隊對船艦垂直補給的任務能量，也同時訓練艦艇上人員對直升機進入的管制引導及作業技能，另外透過歷年不斷的演練制訂完善的兵艦垂直整補規範。

▶民國72年9月，22中隊奉令執行「翔平演習」從龍岡機場移防到頭枓山機場，照片右4就是當時率隊移防的張台生隊長，這張照片是進駐頭枓山之後拍攝的，張隊長曾在21隊輔導長任內執行專機任務時經歷過一次驚心動魄的機件故障事故。
（蘇文台先生提供）

▼22中隊執行支援中科院任務，這是靶機回收作業，UH-1H已經從海面吊起了靶機，朝向釋放靶機的目標區前進，當時支援中科院的任務也很頻繁。

之後不久接任22中隊的隊長，在發生此事件後，陸航決定對兵力的部署進行一些調整。22中隊奉令移防，經過縝密規劃後，於9月17日進駐台中頭枓山機場，代號為「翔平演習」（頭枓山機場就是在這個時候啟用的）。據張隊長回憶，當時部隊分別透過空中、鐵路與公路等方式進行移防，其中難度最高的莫過於T-9消防車的遷移，除了要規劃適當的路線，還必須事先勘查沿途是否有障礙物，連要經過的高速公路涵洞都派人丈量尺寸，

以確保這個大號的消防車能夠順利通過。22 中隊離開之後，陸軍航空部隊不再使用龍岡機場，改由六軍團暫時接管，直到後來在民國 84 年正式解除該機場的使用需要。據筆者蒐集的資料，曾擔任過 22 中隊隊長職務的還有劉年崇、王湘洲、蔣鑫耀、黃一鵬、井延淵等人，中隊於民國 75 年曾移防至歸仁。民國 82 年，陸航進入戰鬥直升機成軍階段，資源及人員需要重新做分配，航空大隊的組織也進行調整。22 中隊於當年 6 月 30 日解編，結束了 17 年的歷史。但是早年駐紮龍岡時的隊友們至今仍保持聯絡而且常常聚會，回憶當年的光榮歲月。

◀ 龍岡機場跑道上檢閱部隊的畫面，如今已成歷史。甚至龍岡機場的原址，也因規劃成萬坪公園而將機場建物全部剷除。所幸，仍能找到當年第 21 與第 22 中隊成軍時期在龍岡的照片，記錄這段珍貴的歷史。

陸軍航空第二大隊廿二中隊解編紀念

▲22 中隊黃一鵬隊長曾率領 7 架 UH-1H 直昇機前往台南虎山支援電影「異域」的拍攝任務，特別利用這張剪影製作成中隊解編的紀念卡，列出了參加任務的人員及其無線電呼號 (黃一鵬教官提供)

陸軍航空第2大隊

空中戰鬥搜索分隊

陸軍航空第2大隊除了編制了三個空中機動中隊外，最特殊的是另外設有兩個獨立分隊，分別是戰鬥搜索分隊以及觀測連絡分隊。關於這兩個分隊設立的原因，現在已經很難找到明確的文件可供查證，但從陸軍當年採購 UH-1H 直升機的數量來推測，可以大略的說明戰搜分隊成立的背景。1973（民國62）年12月19日，航發中心與貝爾公司簽約合作生產的第一批50架 UH-1H 直升機全數完工出廠，隨後又追加第二批68架的生產合約，使得這個建軍案總數量達到118架。按照當時每個機動中隊編制22架計算，這批 UH-1H 足以組建五個機動中隊，並額外剩餘8架。於是這8架便被編成一個獨立分隊，亦即是戰鬥搜索分隊。然而在實際交機過程中，部分的直升機在出廠時或是出廠後不久即被撥交空軍救護中隊等單位（據資料顯示，編號319、320、321、322撥借給救護隊，335則可能是被徵調至松指部，執行萬鈞計畫任務），導致戰搜分隊正式成軍時，僅剩航發中心生產的最後兩架 UH-1H（417與418）可供分配。

1976（民國65）年7月1日，航2大隊空中戰鬥搜索分隊於龍岡機場正式成軍。儘管同年7月底，新社機場已達

◀ 民國65年12月14日，UH-1H 418 在空軍航發中心出廠，負責生產的介壽一廠廠長李家驥少將特別率一級主管合影留念，左起周定猷上校、何定一上校、趙傳臚上校、李廠長、朱恩元上校、汪楫熙上校、周漢文上校、尹全義中校。（李適彰老師提供）

▶ 民國67年5月17日，戰搜分隊從龍岡進駐到新社，這張照片大約是民國70年左右，418在新社機場與特戰部隊協同訓練繩梯下降時所攝，這架418有一個特徵，在它機艙頂上的 UHF/VHF 天線（呈魚鰭形狀）跟其它航發出廠的同型機顏色不同，是唯一被噴成白色的。（孫文得教官提供）

同樣是在民國70年左右，戰搜分隊的417正與特戰部隊訓練繩梯下降的照片，雖然戰搜分隊主要擔任火箭攻擊的武裝機角色，飛行員還是需要針對不同的作戰任務進行訓練。（孫文得教官提供）

◀▼這是民國68~69年擔任戰搜分隊長的張大偉少校，當時陸航所有公發的飛行衣都是橘色的，只有他有一件獨一無二的灰綠色飛行衣，據他說是某一次出任務時空軍的長官送給他的，飛行衣的右胸前繡的就是如下面的戰鬥搜索分隊隊徽。

（張大偉教官提供）

可進駐狀態，但戰搜分隊與22中隊仍留駐龍岡機場運作，直至民國67年5月17日，戰搜分隊奉令進駐新社機場，到了民國74年8月，指揮部重新調整機動中隊的飛機數量，由原來編制的22架調降為19架，扣除這段期間的損耗後，戰搜分隊的編制規模擴充到4架。約一年後，空軍救護隊撥交7架UH-1H給陸航，使戰搜分隊正式達到滿編8架的狀態。

戰搜分隊隊長的任期相較於機動中隊通常較短，一般為一年，但亦有少數例外任期超過兩年者。歷任分隊長如下：顧其言（航4期），後續歷任隊長：歐介仁與（航5期）、蕭立平（航5期）、張行宇（航6期）、張大偉（航6期）、姜金樑（航8期）、宋連旭（航12期）、高勝利（航14期）、張金生（航19期）、陳皇綿（航20期）等人（名單可能還有遺漏，但因為已經找不到相關的資料，只能先列出已知的幾位）。

戰搜分隊編制的UH-1H直升機，在演習任務中主要執行武裝機的任務，配

陸軍航空第2大隊

◀ 民國68年，各機動中隊及戰搜分隊的武裝機都換裝了這種國造的7連裝2.75吋火箭發射器，孫文得教官後面的UH-1H已經被頂起，這是在校正火箭發射器瞄準具的作業，每一架武裝機都需要這樣校正以保障精準度，戰搜分隊的主要任務就是火箭攻擊，等於是扮演後來A機的角色，最少可以先用這樣的模式來了解不同角色的任務特性。
（孫文得教官提供）

▶ 這是張大偉隊長任內跟隊上成員的合照，戰搜分隊的編制員額為35員，這張應該已經包含了8成以上的隊員了。
（孫文得教官提供）

▼ 戰搜分隊的隊徽在後期被更改成為下面蠍子與UH-1H結合的圖案，確實更改的時間不詳。

備國造7連裝火箭發射器。在空中機動作戰或火力支援演習時，由觀測連絡分隊的OH-6A負責前方的目標觀測與搜索，戰搜分隊則進行武裝掃蕩，最後由空中機動部隊進入著陸區執行部隊的投送。幾乎每年，戰搜分隊皆需執行此類演習，尤其空中機動作戰操演，為年度對僑胞與民間展演的重點項目之一。

民國72年9月13日，戰鬥搜索分隊奉指揮部命令，執行「翔平演習」，從新社機場移防至頭嵙山，後於民國75年1月，宋連旭隊長任內，奉空特部指示移防至歸仁，就近利用虎山靶場保持火箭射擊能量，並直接由指揮部運用。民國82年6月底因「飛鷹專案」戰鬥直升機成軍的組織調整而解編。當年戰搜分隊與觀測連絡分隊分別扮演「A機」與「O機」的角色，儘管裝備尚不完備，但已初步建立了偕同作戰的概念，為後續成為戰鬥部隊的發展奠下一定的基礎。

OH-6A 與觀測連絡分隊

航2大隊的另一個獨立分隊，其成軍與陸航最早接收的OH-6A直升機有著很密切的關係，民國58年中，首批兩架OH-6A運抵台灣，開創了陸軍航空的旋翼機時代。翌年，隨著整批8架全部接收完畢，按照美軍顧問的建議全數編入航訓中心作為旋翼機教練機，唯其中有一架被派駐台北松山陸總部航空隊的駐地，擔任陸軍總司令于豪章的交通專機。

民國61年，美國從歐洲多餘軍用物資中選出28架OH-13以非常便宜的價格軍售給我國陸軍航空隊及海軍陸戰隊空觀隊使用（請參考「陸航建軍史話」第126頁的『PL-1與OH-13』章節），此舉放大了航訓中心初級旋翼教練機的訓練能量，並與美國陸軍航校的機種同步，對後續與美國方面的軍事交流也有很大的助益，在航訓第6期結訓後，OH-6A逐步退出航訓的任務。事實上，OH-6A的原始設計即為美國陸軍輕型觀測直升機（Light Observation Helicopter），可視為最早期的O機。因此，民國65年航指部成立後，陸軍總部將所有OH-6A集中，並以航1大隊觀測連絡中隊第二分隊的員額，於該年7月1日成立了隸屬於航2大隊的觀測連絡分隊，也為該型機確立了適當的運用定位。分隊編制有6架OH-6A，成軍時共接收7架，首任隊長是劉德森（航4期），駐地設於台北松山機場的陸航基地。該基地位於撫遠街松山機場跑道頭附近，緊鄰空軍松山基地的棚廠，最初是為了民國54年進駐松山的陸軍總部航空隊（當時操作U-17及

▼民國58年8月6日，在台北市的陸總部禮堂內完成交機典禮儀式後，2架OH-6A在總部的廣場進行了一場迷你的飛行表演，當時只接收了901(S/N 66-7900)和902(S/N 66-7924)兩架飛機，但是象徵著陸軍邁入了立體的時代。

（中央社照片）

▲OH-6A出現在民國61年3月號的「革命軍」封面，這是在歸仁基地的停機坪，長官正在查哨的照片，一開始被編入航訓中心擔任旋翼機的初級教練機，所有的OH-6A都進駐到了歸仁，不過其中有一架是被派駐在松山機場的陸航基地，待命執行于豪章總司令專機任務。

陸軍航空第 2 大隊

O-1）所創建，觀測連絡分隊成軍時，總部航空隊已解編，併入航 1 大隊的觀測連絡中隊。因此，陸航的松山基地由航 2 大隊的觀連分隊與航 1 大隊觀測連絡中隊派駐的一個 U-6A 分隊共同使用。

回顧 OH-6A 在編入觀連分隊前，由於是陸航最早獲得的直升機，除了依美軍顧問團建議，編入航訓中心執行訓練任務外，還曾擔任專機，並頻繁出現在陸總部宣傳立體化的各類影片、照片及展演活動中。作為專機時，除擔任于豪章總司令往返新店通指部的座機外，也執行其他高層的派遣任務，例如張國英副總司令、政戰部主任，甚至後來 1227 事件後接任陸軍總司令的馬安瀾等人。

根據當時 OH-6A 專機飛行員龍可宗教官的回憶，民國 61 至 62 年間，他曾創下單次搭載 10 顆將星的紀錄。當時乘機者為王叔銘上將（4 星）、鄭為元及于豪章上將（各 3 星），三人一同擠進 OH-6A 直升機前往谷關山訓中心（王叔銘當時為我國駐約旦大使，安排了某國特種部隊在台灣訓練）。在 OH-6A 擔任專機的期間，曾發生一起迫降事故。民國 60 年 2 月 23 日，當時由陸官 30 期曾赴美接受 OH-6A 換訓的專機飛行員姚鑫華駕駛，執行陸軍總部政戰主任的專機任務，由苗栗飛往新竹，飛行途中，在青草湖西南兩浬處，儀表顯示引擎停車警告燈亮起，滑油溫度超過紅線，主旋翼轉速下降，遂緊急迫降於附近梯田。由於地面不平，雖為旱田但土質鬆軟，導致飛機左側滑橇扭斷，主旋翼觸地，機尾折斷，所幸機上人員均安然無恙。

▲ 民國 58 年秋，台北市記者團前往中壢龍岡一軍團航空隊參訪，陸軍除了安排了一系列的 O-1 飛行操演，也將剛剛來到台灣的兩架 OH-6A 安排到了龍岡操演了直升機的各項性能，最後還跟 5 架 O-1 一起編隊通過機場的上空。

▲ 陸總部為了宣揚陸軍進入立體作戰時代，在觀測直升機 OH-6A 的滑橇上製作了踏板，這樣才可以讓武裝士兵順利的上下飛機，據說後來這個舉措被美軍顧問團糾正，因為 OH-6A 不適合這樣的任務，而且當時 UH-1H 就快交機了。

▲ 民國 59 年 11 月出版的陸軍畫刊採用了歸仁的 OH-6A 和學員作為封面，這些是飛行軍官班第 4 期的學員，他們是有史以來第一批接觸到直升機飛行訓練的飛行軍官班學員，但他們得要先在定翼機的課程過關才能進入 OH-6A 的階段。

由於觀連分隊配備的是觀測直升機，其執行的任務也有所不同，主要著重於空中偵察、砲兵觀測、目標搜索、指揮管制及無線電中繼等等。當時，陸軍砲兵學校每年均會進行空中觀測實彈射擊訓練，而此項任務通常由陸航的 OH-6A 或 U-6A 按照機務狀況分配執行。以民國 68 年度為例，砲校官分班第 99 期需支援 34 架次，專分班第 48 期需支援 80 架次，專分班第 49 期則需支援 68 架次，全年總計 182 架次，任務量相當可觀。若干年後，由於 OH-6A 的妥善率下降，甚至曾動用 TH-55 來執行此項任務。

觀連分隊的另一項主要任務是在各種規模的實兵對抗演習中，扮演 O 型機的角色。通常，分隊的直升機會被指派至統裁部或甲、乙兩軍，並由該單位派員搭乘直升機，執行視察、連絡、地形勘查及敵情偵察等任務。特此將蒐集到的演習資料彙整如下表：

年份	演習名稱	性質	OH-6A
66	惠陽演習	師對抗	2 架
67	治平演習	師對抗	3 架
67	浩雲演習	師對抗	1 架
68	長青演習	師對抗	4 架
68	天山演習	旅對抗	2 架
69	長春演習	師對抗	4 架
69	長泰演習	師對抗	4 架
70	長興演習	師對抗	2 架
71	嘉南演習	旅對抗	2 架
71	長勝演習	師對抗	2 架
72	漢興演習	師對抗	2 架
72	長風演習	師對抗	2 架
72	長榮演習	師對抗	2 架
74	長勝一號	師對抗	2 架
75	虹光三號	師對抗	2 架
75	長春一號	師對抗	2 架
75	南強三號	旅對抗	2 架
76	長青一號	師對抗	2 架
76	漢光四號	師對抗	2 架
76	長勝二號	師對抗	1 架
77	長青二號	師對抗	2 架
78	長春二號	師對抗	2 架

▲ 觀連分隊的隊徽，從英文的字面來看，是陸航觀測中隊的第二分隊，這也就是觀連分隊組建的員額由來。

▶ 這是民國 69 年在大肚溪以南舉行的長泰演習，陸軍航空擔任步兵師空中機動與地面戰術支援任務，除了藉以磨練各級部隊長之實兵指揮作業能力，並驗收飛行訓練成效，照片中執行完任務的 OH-6A 選擇在演習車輛前方的空地準備落地。

支援師對抗的 OH-6A 905 完成空偵任務，正準備在新竹某個陸軍營區落地

　　以上的表列雖不盡完整，仍可看出 OH-6A 在實兵對抗演習中扮演的關鍵角色。陸航擁有五個機動中隊，可輪流支援師對抗，但是只有一個觀連分隊，而且只有 7 架飛機，因此在任務頻繁之下，妥善率的維持極為重要。在民國 70 年代，每年幾乎都有舉辦戰力操演安排僑胞參與，觀連分隊幾乎無役不與，例如，民國 74 至 76 年，每年 10 月在湖口舉行的「僑泰演習」中，OH-6A 在空中機動操演時率先執行目標搜索，並指引戰搜分隊的直升機進行火力掃蕩，以確保 UH-1H 機群順利將部隊投送至目標區。此外，觀連分隊也執行與陸軍部隊例行的 ACT 試通（陸空通聯），在民國 71 年還曾執行對匪漁船的心戰喊話任務，任務的種類可謂是包羅萬象。

　　民國 77 年 2 月 11 日，OH-6A 902 自新社起飛執行 ACT 陸空通聯任務，於苗栗大坪頂營區上空因機件故障進行迫

民國 74 年 10 月在湖口執行「僑泰演習」任務的 OH-6A 902，當時任務機都進駐在龍潭基地，OH-6A 特別將前後的艙門都拆除，而且後艙的成員還持有一挺自動步槍在演習中裝著空包彈進行射擊，這是 OH-6A 運用其輕巧靈活的性能在湖口台地低空穿梭的畫面。　（尖端科技雜誌）

降,迫降後,副駕駛曾赫文上尉脫離駕駛艙時,不慎遭旋翼擊中頭部,當場殉職。事故發生時,由於機件故障,飛行員緊急落地,因為地面崎嶇不平,滑橇可能落在石塊上,導致機身傾斜,疑因故障情勢緊急,曾赫文上尉急於撤離,當他打開機門脫離時,通訊線拉扯住頭盔,他直覺的將頭盔脫下,繼續撤離飛機,卻因飛機姿態傾斜、旋翼仍在旋轉,不幸遭旋翼擊中頭部,傷勢過重而殉職。

這是觀連分隊成立以來最嚴重的一起事故,造成一位飛行員殉職。

觀連分隊自成軍以來,一直駐紮於台北松山基地,與觀測中隊的一個U-6A分隊同駐。由於當時松山機場仍為國際機場,空域繁忙,訓練受限,通常只能在清晨航班最少的時候進行,因此,觀連分隊時常飛往龍岡機場借場地訓練,此情況直至民國68年2月桃園中正機場(現今的桃園機場)啟用後才有所改善。

▶ 這是劉菰中教官在觀連分隊隊長任內出任務時拍攝的珍貴照片,其實一共有5架OH-6A在一起飛行,只是第5架是拍攝者所在的那一架,雖然照片不是很清楚,但是仍然是很珍貴的,因為筆者只看過最多3架OH-6A編隊的照片。
(劉菰中教官提供)

◀ 這張也是民國74年10月的「僑泰演習」,OH-6A正在進行低空飛行的畫面,赴美接受OH-6A飛行訓的教官回憶老美教官曾說:「這個飛機一級棒,馬力大,可以垂直上升很快也可以很高,另外就是它的設計很安全」,那位教官在越南飛OH-6A時碰上機件故障結果沒事。所以才會笑說蛋形的設計被擊落時就像蛋一樣在地上滾,滾完了就可以出來了。
(尖端科技雜誌)

陸軍航空第 2 大隊

對各位喜好製作飛機模型的朋友，這張應該是筆者收集的 OH-6A 照片中最清楚的一張。905 (S/N: 69-17207)。

民國 72 年 4 月 22 日發生「0422 李大維叛逃事件」，幾天後的 4 月 26 日，松山基地的五架 OH-6A 及觀連分隊奉令移防到新社基地，觀測連絡中隊的 U-6A 分隊也同時撤回龍潭。自此，陸航不再使用松山基地，並交由六軍團的單位管理。同年 9 月，陸航進行兵力部署調整，執行「翔平演習」，觀測連絡分隊從新社基地進駐頭嵙山機場，於民國 75 年又調回新社，隨後在民國 76 年再度調回頭嵙山，之後駐地就沒有再變動了。

民國 78 年之後，OH-6A 的妥善率日益惡化，任務量隨之減少。最終，在民國 82 年，隨著戰鬥直升機的建軍，員額重新分配調整，航 2 大隊觀連分隊在 6 月 30 日被解編，OH-6A 亦同步除役，結束在陸航 24 年的服役。筆者蒐集的資料中，曾經擔任過觀連分隊隊長的有張行宇（航 6 期）、王大麟（航 6 期）、倪啟德（航 8 期，倪教官於民國 88 年 4 月 21 日，駕駛德安航空 BK-117 執行松山飛渡花東任務時，於瑞芳粗坑口附近進雲撞山失事不幸罹難）、陳興庭（航 10 期）、劉蒞中（航 10 期）、許志陸（航 16 期）、廖松德（航 17 期）、黃正中（航 23 期）等人，在這些年與陸軍部隊的演習

▲ 觀連分隊長劉蒞中少校和 OH-6A 902 的合照。劉隊長航訓第 10 期畢業，大約在民國 73 年升任觀連分隊的隊長。（劉蒞中教官提供）

中，OH-6A 擔任空偵任務的角色，不僅使陸軍航空對 O 型機的任務特性有更深的了解，也讓陸軍部隊累積到更多直升機作戰運用的經驗，可謂貢獻良多。

航 2 大隊的蛻變

民國 65 年,航 2 大隊大隊部偕同勤務、補保單位及 21 中隊進駐新社。雖然基地已達可運作狀態,但仍百廢待興,許多設施亟待整理與修繕。最早進駐的官兵可說是胼手胝足、克難經營,才使基地初具規模,當時隨 21 中隊進駐新社的李金安教官回憶,從龍岡遷至新社的時候,航 1 期的居敏中校剛接任 21 隊的隊長,輔導長為戴力軍。新社基地雖已完工,但仍需進一步整理,每天下午只要沒有飛行任務,官兵們就拿著臉盆去撿石頭,由於陸航是飛行部隊,勤務士兵人數較少,當時基地的整理工作並未向上級申請工兵或其他單位支援,(也有可能曾申請但未獲同意)最終,官兵們憑藉最原始的方式,一步一腳印,將基地整理至具備基本規模,並逐步發展壯大。

航 2 大隊位於台灣中部,下轄三個機動中隊及兩個獨立分隊,規模不算小,為了滿足飛行訓練的空域需求,飛行單位駐地相對分散,21 隊剛進駐新社基地時,訓練仍會使用到龍岡機場,低空長途飛行是直升機部隊極為重要的課目,講求低姿態、高效率,以避開敵火,在山谷中機動,類似地貌飛行。由於當時龍岡機場隸屬同一大隊,訓練時便會飛往龍岡,並從龍岡起飛至關西、竹東等

◀ 航訓 14 期的李金安教官於民國 66 年的 9 月畢業後被分發到新社的 21 中隊,這個時間點航 2 大隊已經進駐新社機場有一年了,但是仍然有很多的整理工作在進行,照片中的李教官可能早上才上飛行線,下午就開始要整理基地內的石頭,李教官後來加入了 B234 的空運分隊。
(李金安教官提供)

▶ 航 2 大隊第 2 任大隊長邱天瑞 (右 5) 和隊職幹部們於民國 68 年 9 月底在新社大隊部前的合照,邱大隊長即將要升任航指部的參謀長所以合影留念,照片由右至左:朱家慶、周雪黎隊長、居敏隊長、謝深智處長、邱大隊長、郭難華副大隊長及左 3 劉長海和最左的張大偉分隊長 (有幾位沒有認出來)。
(張大偉教官提供)

航2大隊駐守在中部多山的地區，不管是天然災害或是戰爭，碰到交通受阻時，直升機是最佳的運輸裝備，所以平日就需要熟練吊掛的技能。（黃一鵬教官提供）

地區空域執行課目。當然，事前必須與龍潭基地協調，取得空域使用許可。從當年的支援責任區劃分來看，航2大隊除了支援中、南部的作戰任務外，還有增援北部衛戍的責任，民國70年的國慶閱兵「漢武演習」，對於航2大隊而言，該演習實際上被分為「漢武一號」與「漢武二號」兩部分。其中，「漢武一號」負責國慶日總統府前的分列式，由22中隊隊長戴力軍率隊，與航1大隊的兵力整合執行，當分列式部隊進駐台北松山機場時，航2大隊同時執行「漢武二號」演習，由大隊長武子傑親自領隊，率16架UH-1H進駐龍潭基地維持戰備。

另外再從飛行的時數可以大略看出航2大隊的年度任務繁複程度，以民國75年的數據為例，大隊一年執行各類演習、行政專機、部隊協訓、支援電影拍攝、搜救等任務，飛行時數達1700多小時，若再加上自身的訓練任務，總飛行時數相當可觀。（民國83年航2大隊的訓練加任務總時數是6700多小時），在如此頻繁的任務之下，飛機的保修與維護就非常的重要，民國68年21中隊發生一起專機的事故，就是因為機件故障，當年的4月7日，21中隊輔導長張台生執行陸軍總部參謀長狄王芳中將的專機任務時，發生了發動機壓縮器葉片損壞的飛安事故，這架編號373的專機，在4月2日才剛執行陸軍總司令（當時總司令是郝柏村）專機任務飛往谷關，4月7日，張輔導長與副駕駛唐自立上尉、機工長丁文智士官長，搭配另一架390一起執行專機任務，373機上的乘員除了總部參謀長，還包括作戰署長黃世忠、後勤署長張實良、陸訓部參謀長趙萬福（以上三人均為少將）以及作戰署上校組長楊學宴。當天下午，專機在鳳山衛武營搭載長官後起飛，於15:50抵達天山營區，視導獨立64旅，大約一小時後，專機從營區起飛，剛離地約20呎（樹梢高度），僚機390突然發現373的尾管噴

出火焰，立即無線電通報，隨即聽見「碰碰」兩聲，373的動力消失，墜向地面，所幸當時剛起飛，高度並不高，且機組人員是沿著兩棟營舍間的空地爬升，因此是墜落在營房間的空地。但因為地面有樹叢，正、副駕駛腳下的觀測窗被樹枝刺穿，副駕駛大腿根部、脊椎受傷無法動彈，正駕駛則被玻璃割傷下顎，並傷及腰椎，機工長與後艙的高級長官因墜地的撞擊導致不同程度的脊椎挫傷，作戰署長左小腿骨折。64旅的旅長湯元普立即指揮救援，所有傷員皆順利康復。值得一提的是，上校組長楊學宴數年後晉升空特部司令，成為陸航部隊的直接上級長官。經歷這次事故的張台生教官後來轉至華航服務，擔任過747的機長，2002（民國91）年，華航編號611的747航班在馬公海域空中解體失事，這架飛機失事前的最後一次飛行任務，正是由張台生教官執行的，他回憶當時飛行一切正常，飛機的操控表現非常良好，事件過後，想起飛行生涯又一次驚險的跟死神擦身而過，讓他萌生了退意，後來選擇提前從飛行線上退休，回歸平凡的生活，373的事故最後證實是機件故障，組裝UH-1H的空軍單位也針對發動機的問題提出未來在保養等方面要如何防範的對策以避免再度發生同樣的問題。

▶ 這張照片大約就在民國68年4月的373專機飛安事故發生前後在新社基地照的，21隊的成員由右至左分別為葉武龍、居敏隊長、張台生輔導長、李金安及劉滋中，在居敏隊長與葉武龍教官之間的就是當時的觀測連絡分隊長倪啟德少校。

（李金安教官提供）

◀ 21中隊在民國65年2月週年隊慶時，將全隊的UH-1H在龍岡機場跑道上列隊接受檢閱，373是排頭第一架，應該也是21中隊所接收的第一架飛機。

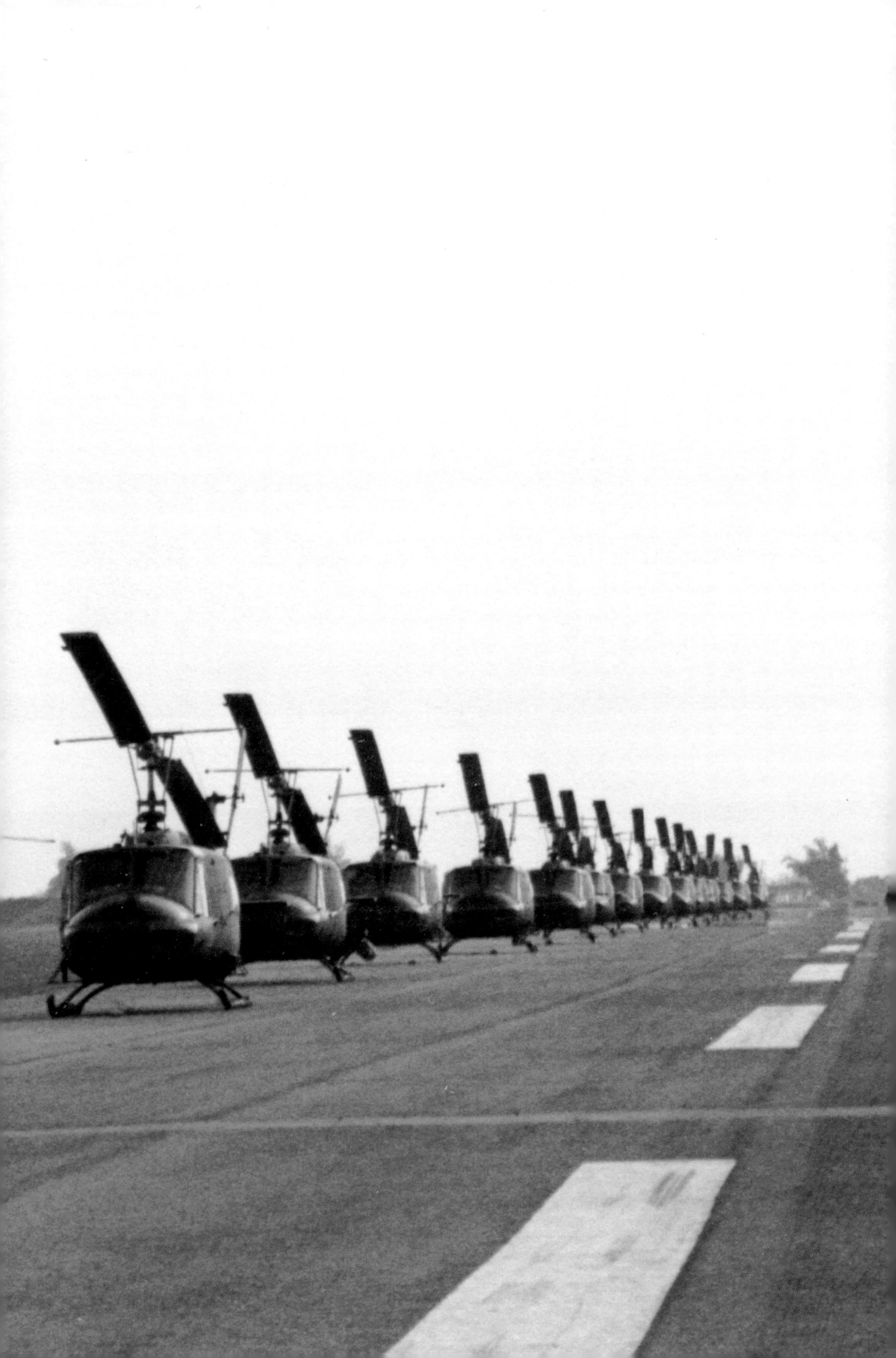

民國 70 年 12 月，陸軍在新竹與台南之間舉行師對抗實兵演練，代號「長興演習」，陸軍航空指揮部派出的參演部隊包含 UH-1H 30 架、RO-1 空照機 2 架及 OH-6A 觀測機 2 架，其中航 2 大隊的兵力就有 UH-1H 22 架加上 OH-6A，這是在民國 70 年 12 月 12 日下午，參演兵力進駐空軍嘉義機場的照片，當時航 2 大隊的空中機動作戰兵力是搭配空特部 62 旅第 5 營執行的。

陸軍航空第 2 大隊

航 2 大隊在民國 65 年就已經執行過實兵對抗演習的支援任務，經過 10 年的發展，支援模式逐步演變為航空部隊也需全副武裝，將裝備拉至基地外，以野營方式的作戰場景與演習部隊同步前進或後撤，其實這樣的能力歸功於民國 72 年 8 月執行「翔平演習」的兵力部署後，大隊飛行單位逐步開始實施的戰備整訓和基地訓練，這項訓練將飛行與補保人員與野戰部隊的屬性融合，透過持續演練提升戰力，使航空部隊脫離基地的舒適圈，達到密集支援地面部隊的目標。民國 74 至 75 年間，頭料山基地更成為一個基訓中心，統合師資、場地及器材，制定訓練的標準以專責對飛行單位實施規範的訓練，除了支援陸軍的地面部隊之外，航空部隊的野戰技能在山區疏散戰力保存的任務時亦發揮了重要作用。

民國 74 年 5 月 20 日，2 大隊第 10 中隊與 1 大隊的 20 中隊對調駐地，並調整隸屬關係。20 中隊進駐歸仁後，歸建航 2 大隊，兩個大隊的組織架構回歸建軍時的藍本。民國 78 年，各航空大隊成立督察組，負責督導與考核戰術與訓練標準化，亦涵蓋飛行安全考核。這些新制度、組織與訓練方法，對後續進階為戰鬥部隊有極大助益。民國 82 年，因應「飛鷹專案」戰鬥直升機建軍，6 月底，

◀ 民國 73 年秋冬之際，22 中隊在頭料山實施戰備整訓，當時的航 2 大隊大隊長常進範前來視導，隊伍中左 3 的就是常大隊長，最右邊的 22 中隊劉林傑身上還穿著用來偽裝的樹葉，在最左邊的則是指揮部來指導的張行宇中校，陸航以前並沒有這樣的野戰訓練，從 72 年開始以中隊為單位輪流施訓。
（張行宇將軍提供）

▶ 民國 76 年 1 月在中南部舉行的「長青一號」師對抗演習，陸航的兵力共有 UH-1H x 26、OH-6A x 2、TH-55 x 4、B234 x 1，這是航 2 大隊參演部隊在頭料山接受檢閱的照片，裝備及人員將要以野營的方式執行任務。
（吳盛茂教官提供）

陸軍航空第 2 大隊

◀同樣是民國 76 年的「長青一號」演習，照片中軍服上有銀白色傘徽的是空降特戰司令部的司令楊學宴，他前來視導已經完成營地架設的陸航部隊，楊司令就是在民國 68 年搭乘編號 373 的 UH-1H 專機成員之一，當時是作戰署的上校組長，他胸前繡的是特戰部隊的鐵漢傘徽。
（吳盛茂教官提供）

▶民國 76 年的「長青一號」演習，當時航 2 大隊駐守在頭枓山的是 20 中隊，整個中隊的人力幾乎都投入了這場師對抗演習，保養，補給，甚至食勤的相關人員和裝備都一起前往，以便能夠在野戰的環境下保持中隊的運作。
（吳盛茂教官提供）

◀20 中隊於民國 74 年回到航 2 大隊的建制之下，隨即在民國 75 年 7 月移防到頭枓山，直到民國 79 年才又回到新社，這張照片是 20 中隊在民國 81 年再度進駐頭枓山之後照的，而且這個時間點已經是民國 83 年改編為 20 空中突擊中隊之後的景象。
（楊嘉彬教官提供）

陸軍航空第 2 大隊

航 2 大隊的戰搜分隊、觀連分隊及 22 中隊奉令解編，其員額則轉為接收戰鬥直升機成軍之大隊組織調整使用。同年 7 月 1 日，航 1 大隊率先進行 A、O 機成軍的相關組織變革，待其新編制運作順暢後，翌年 7 月 1 日成立航 2 大隊空中戰搜中隊、軍械通電中隊、直接支援中隊，並將原勤務中隊改編為本部中隊，第 20、21 空中機動中隊則改為第 20、21 空中突擊中隊。由於種子教官返國後任務繁重，且攻擊直升機訓練內容相對複雜，依建軍計畫，航 2 大隊的空中攻擊中隊最終於民國 84 年 7 月 1 日正式成軍。攻擊和戰搜中隊成軍後，除了飛行與戰術訓練，還需要安排經常性的空用武器射擊及不同機種間的戰術協同研討，要能發揮新機種的戰力，投入的時間和人力相當驚人，經過一段時間的努力，

▲航 2 大隊的空中攻擊中隊是在民國 84 年 7 月 1 日才成立的，為了集中師資盡快訓練出更多的 A 機飛行官，AH-1W 來到台灣的頭一兩年其實所有的人員都集中在歸仁訓練，歐介仁指揮官甚至將航訓中心的部分訓練調整到新社來配合。

◀AH-1W 大坡度轉彎的鏡頭，筆者曾經多次在基地開放時看到超級眼鏡蛇的飛行表演，除了性能優越之外，衝場時非常的有震撼力。

▶以前 UH-1H 武裝機可以在湖口或虎山靶場打靶，但是以 AH-1W 的武器來說，這些靶場都太小了，這是民國 86 年 5 月在保力山實施空用武器射擊時發射火箭的瞬間。

陸軍航空第2大隊-1995(民國84)年

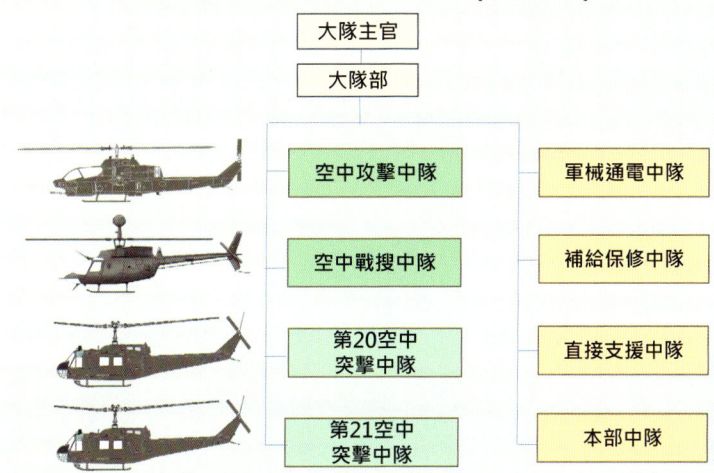

▶ 這是航2大隊在「飛鷹專案」戰鬥直升機成軍之後的架構，空中攻擊中隊是最後一個成軍的單位，航1和航2大隊各中隊的隊徽請參考封底的圖示。

◀ 新社基地蓄勢待發的OH-58D，它的桅頂偵搜儀提供在隱蔽狀態下偵察敵情的能力。戰搜飛行員需要建立利用地形地物的戰術飛行技能。航2大隊曾有一個扮演O機角色的觀連分隊，在獲得OH-58D之後，真的見識了現代化的目標搜索能力，簡直是一日千里。

▶ 這也是在保力山進行2.75吋火箭射擊的畫面，戰鬥直升機飛行員必需精通熟練武器的操作，所以要經常進行實彈射擊。

民國86年，航2大隊於新社開辦「戰術戰法師資班」，這個訓練班可說是在傳授最初期發展出的戰鬥直升機戰術基礎。後續還持續不斷的研究跟檢討改進。

隨著戰鬥直升機建軍，陸航的戰力獲得空前突破。翌年，國軍推動「精實案」組織調整，民國87年7月1日，航1大隊調整組職成為空騎601旅；民國88年8月1日，航2大隊亦擴編為空騎602旅，正式告別「大隊、中隊」的編制，並且從上校大隊長擴編成少將旅長的職缺，可見戰鬥直升機建軍後的各項突破受到相當的肯定。大隊自民國64年成立以來，歷經冀孝寬、邱天瑞、楊瑞華、武子傑、常進範、杜勳民、劉長海、歐介仁、王大麟、顏至成、丁明鏡、董佳保等歷任大隊長的領導，在全體官兵的努力下，從暫駐龍岡到進駐新社開疆闢土，再漸漸進入茁壯時期，這20多年締造了值得回憶的建軍歷史。

陸軍航空指揮部的前期回顧

▲1976（民國65）年中，陸軍航空指揮部暨航空訓練中心於台南歸仁正式成立。同年的雙十國慶，陸航便動員了27架UH-1H直升機組成大編隊，於國慶日下午的淡水河戰技操演中，以三個如照片中的菱形梯隊通過操演區上空。此外，當天還有6架UH-1H執行投放水中爆破大隊蛙人至淡水河的操演課目，另有1架UH-1H則是在台北市上空執行傳單投放任務。此次操演，陸航投入相當規模的兵力。但不知道是何原因，27架UH-1H的大編隊分列式並未在隊史上留下明確的記載。還好仍然找得到影片，保留了這段歷史。（請讀取右邊二維碼觀看影片），這張照片則記錄了當年在龍潭基地空域演練9機菱形編隊時的景象。　　　（施及人教官提供）

陸航自民國45年建軍後主要的裝備是固定翼觀測機，該時期分別成立了第一、第二軍團及陸軍總部航空隊，指揮單位則是陸軍總部航空處，設有少將處長及航空參謀等職，以執行指揮、督導與規劃等工作。1969（民國58）年，陸航開始發展立體作戰能力，陸續獲得OH-6A以及多達118架的UH-1H直升機，逐漸進入旋翼機為主的時期，建制了機動中隊及航空大隊。根據航發中心交付UH-1H的進度，預計至民國65年底前可全數交機。因此，陸軍總部決定於當年6月進行陸航指揮體系的調整，成立陸軍航空指揮部，並將原隸屬於陸總部運輸署，負責四級保修的陸軍飛機保養廠，擴編為飛機修護保養大隊，與陸軍航空訓練中心等單位一併整合由陸軍航空指揮部管轄。

航指部的成軍

1976（民國65）年，陸軍航空部隊長達五年的通用直升機UH-1H接收作業已接近尾聲。同時，自五年前開始，陸續成立了五個機動中隊、一個專責飛行與保養訓練的航空訓練中心，以及兩個航空大隊。部隊規模也從原本僅20餘架定翼機，擴展為約30多架定翼機，並增加至近140架各型直升機。為統籌運用航空部隊，陸軍於同年6月1日成立陸軍航空指揮部（簡稱航指部），這個陸總部轄下的單位成立後，陸航部隊的管理與作戰任務即有明確統一的指揮核心，便於整合作戰需求。此外，航指部也負責研究與制定航空部隊的訓練政策、體制、標準、程序及方法，並提出相關建

陸軍航空指揮部暨航訓中心組織圖-1979(民國68)年

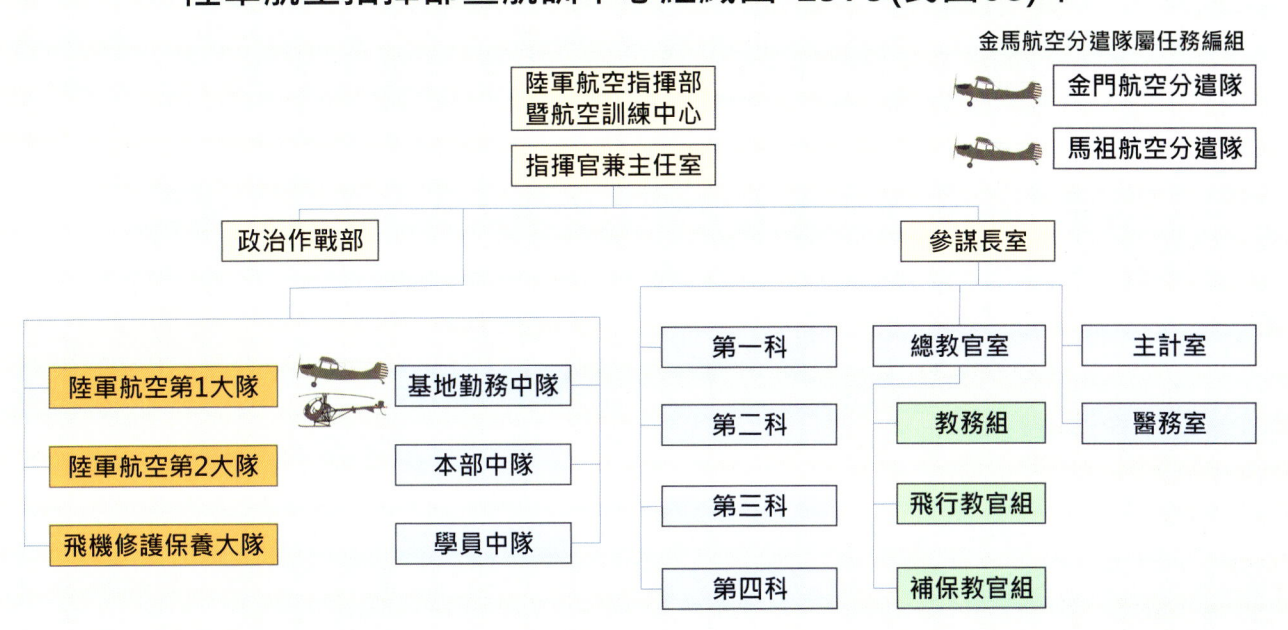

金馬航空分遣隊屬任務編組
- 金門航空分遣隊
- 馬祖航空分遣隊

陸軍航空指揮部暨航空訓練中心
指揮官兼主任室

政治作戰部 / 參謀長室

參謀長室下：第一科、第二科、第三科、第四科、總教官室、主計室、醫務室
總教官室下：教務組、飛行教官組、補保教官組

政治作戰部下：
- 陸軍航空第1大隊
- 陸軍航空第2大隊
- 飛機修護保養大隊
- 基地勤務中隊
- 本部中隊
- 學員中隊

▲ 這是 1979（民國 68）年陸軍航空指揮部的組織圖，其實跟民國 65 年 6 月成立時是完全一樣的組織，唯一的差異是民國 68 年航訓中心的旋翼機初級教練使用機種已經從 OH-13 換成了 TH-55，航訓中心將飛行或保養的受訓學員都編入學員中隊，其餘的組織都是教官及教務相關，訓練使用的飛機及裝備則都是基地勤務中隊的編裝，因此，航訓使用的飛機圖示是放在基勤中隊的前面。

陸軍航空大隊-1979(民國68)年

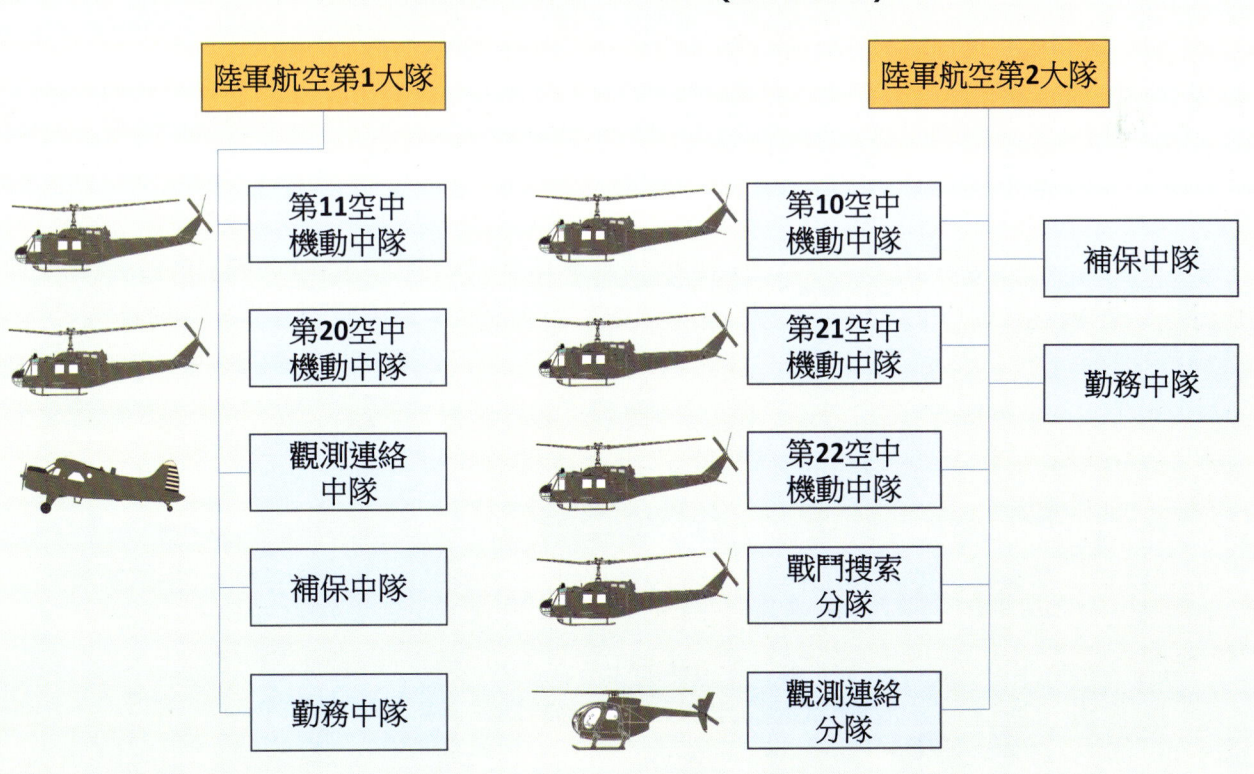

陸軍航空第1大隊：
- 第11空中機動中隊
- 第20空中機動中隊
- 觀測連絡中隊
- 補保中隊
- 勤務中隊

陸軍航空第2大隊：
- 第10空中機動中隊
- 第21空中機動中隊
- 第22空中機動中隊
- 戰鬥搜索分隊
- 觀測連絡分隊
- 補保中隊
- 勤務中隊

▲ 這是陸航的兩個航空大隊在民國 68 年的組職圖（與上面的指揮部圖表時間同步），陸軍航空指揮部暨航空訓練中心成立的時候，航 2 大隊下轄的單位還沒有完全成軍，戰鬥搜索分隊及觀測連絡分隊（請參考第 35 頁的『陸軍航空第 2 大隊』章節）是在航指部成立之後一個月才成軍的。

陸軍航空指揮部的前期回顧

議。以後來的專業術語來說，航指部即為航空兵科的兵監單位，負責航空作戰、訓練、飛機維護、補給、基地設施、部隊運用及幹部培養等業務，同時也作為陸軍總司令在航空兵領域的顧問。

組織架構方面，陸軍航空指揮部整併了原來的航訓中心，因此全銜為「陸軍航空指揮部暨航空訓練中心」，直屬於陸軍總部，原陸總部航空處因此裁撤。從編制上來說明，指揮部的直屬單位有航空第1大隊、航空第2大隊以及同時在6月1日成立的飛機修護保養大隊，原航訓中心的隸屬單位：本部中隊、基地勤務中隊、學員中隊，皆調整為直接隸屬航指部。指揮部內則設有政戰部、參1～參4科、主計室和醫務室。為了配合整併，航訓中心的職務也進行了調整：原航訓中心正、副指揮官及政戰主官職務取消，調整為總教官室、教務組、飛行教官組及一般及補保教官組，其中最高職位為上校總教官。因為同時負責管轄訓練與部隊運作兩個系統，航指部指揮官的完整職銜為「陸軍航空指揮部指揮官兼航訓中心主任」。

民國64年，曾擔任空軍黑蝙蝠中隊長的呂德琪將軍，在歷經陸軍總部航空處長的職務後，調回空軍任職。航空處主官的職務，由副處長楊宇清代理約半年之久，直到翌年元月，才由空軍官校20期的王夢書正式接任。民國65年6月初，由於航指部的成立，航空處被裁撤，王夢書成為航空處最後一任處長，並同時轉任陸軍航空指揮部指揮官，成為該部的首任指揮官。

在王指揮官任內，航2大隊完成了所有轄下單位的編成，並進駐剛啟用的

▶ 航指部成立的前夕，適逢航1大隊觀測連絡中隊周年隊慶，安排了U-6A編隊飛行來配合隊慶活動，這是U-6A機群正在練習編隊的照片。
（施及人教官提供）

◀ 民國66年2月下旬，陸軍總司令馬安瀾率領幕僚視導剛成立還不滿一年的陸軍航空指揮部，照片中走在最前面的就是總司令與王夢書指揮官，隊伍的左4是歐文龍副指揮官，左1是徐春林參謀長，最右邊的這一位則是當時指揮官的侍從官張大偉少校。
（張大偉教官提供）

新社基地；航 1 大隊的觀測連絡中隊也於此時成立滿一年。無論是大隊還是指揮部本身，當時皆處於草創初期，百廢待興。但根據隊史紀錄顯示，此時已開始進行基地反突擊作戰、自衛戰鬥及直升機山區疏散（也就是現在的戰力保存）等訓練課目。此外，陸航部隊已經開始與海軍陸戰隊進行空中機動協同訓練，並與陸軍特戰學校展開合作訓練。據李金安教官回憶，民國 64 至 65 年間，李教官當時仍在陸軍官校專修班就讀，因為成績優異（第一名畢業），又適逢空降特戰部隊特戰學校開設特訓課程，在獲得長官同意後，李金安接受了突擊跳傘的相關訓練。民國 64 年結業後，他留任特戰學校本部教官組，這個時期正值陸航逐步建立 UH-1H 機動中隊，就被安排去熟悉突擊兵配合直升機的機動作戰，直升機的空中突擊戰術戰法研究和發展可以說就是創始在這個時期。

民國 65 年 2 月下旬，航指部派出兩架 UH-1H 到特戰學校實施機動作戰協訓，這是在特戰學校訓練時的照片。李金安教官在特戰學校時認識了曾經擔任過航訓中心政戰主任的李上校，從他這邊得到更多陸航部隊的資訊，後來也報考飛行軍官班成為陸軍航空部隊的飛行員。（李金安教官提供）

◀ 這是航指部成立之後執行的年度山區疏散演練，筆者服役時，航 1 大隊曾利用位於跑道後方的森林區域來執行野戰的疏散訓練，後續進階成有夜宿營地的過程，藉此模擬野戰的場景，後來的戰力保存則是選擇基地附近的學校或營區來執行演練，照片中是在野外的場地紮營並對飛機進行野戰保養。

陸軍航空指揮部的前期回顧

民國65年雙十國慶下午在淡水河進行的戰技操演，這是代號「實踐演習」的操演項目，UH-1H正要將海軍爆破大隊的兵力投送到指定的水域。（李金安教官提供）

▶UH-1H 9機的菱形編隊，民國65年國慶前夕，三個這樣的梯隊幾乎天天在龍潭龍岡的空域進行演練，後來並沒有出現在國慶大會上，也沒記錄在隊史中，但是在中央社的歷史新聞中仍可以查到，這是當年在龍潭基地空域訓練時的照片。（施及人教官提供）

民國65年雙十節，陸航部隊出動27架直升機，在國慶日下午於淡水河畔執行戰技操演，擔任空中分列式任務。同時，21中隊亦派出6架UH-1H支援海軍爆破隊的戰技操演，演習內容包括「長風萬里」、「怒海蛟龍」與「正搗黃龍」等三個課目。爆破大隊由直升機載運至淡水河的水面上約兩米處投放，陸航機隊均圓滿達成任務。這些操演從組訓到實施，至少需耗時一至兩個月，其他如已經起步的海上運補及實兵對抗支援等任務都演變成年度的訓練，可以看出陸航逐步在累積經驗並不斷的研究與不同軍種特性需要的戰術與飛行技能。

民國66年5月，王夢書指揮官任期屆滿，新任指揮官依舊由空軍方面選派，結果空軍總部選派了空官18期的鄭廣華來接任。就任後，航指部接獲新的協訓任務，配合的對象為空特部71旅，進行突擊和機動作戰的訓練。在飛行方面，除了正常的訓練要求外，鄭指揮官任內要求陸航各單位成熟的飛行員，須於年度內分四階段精進飛行技術，完成30小時戰術課目訓練（以儀器飛行與夜航為

▲鄭廣華指揮官上任後(著軍常服者)與當時的幹部在指揮部前合影,第一排右至左,參謀長徐春林、副指揮官歐文龍、鄭指揮官、副指揮官唐昌明、方慶濤、總教官陳祖忱,後排左至右副參謀長鄭寶福、航2大隊長冀孝寬、航1大隊長李漢忠,最後一位則無法辨認出來。

民國66~67年間,陸航UH-1H支援空特部實施直昇機空中偵察及空中機動排突擊作戰的演練照片,跳下直升機提著M-16自動步槍的空特部官兵,他們右胸的白色兵籍名條就是辨識的特徵。

主)。此外,他也嘗試推動人機編配實施辦法,將飛行人員及機工長的名牌固定於飛機上,並建立檢查督導機制。

民國66年7月8日,22中隊發生415號機件故障的重大失事(詳見「陸航建軍史話」第184頁『22中隊415重大失事』章節)。除了415號機事故外,鄭指揮官就任前後,相繼發生388、306、358、410及357號機的機件故障事故,且大多與發動機、壓縮葉片及控油器相關。因此,他下令針對這些項目進行特檢,以保障飛行安全。自民國64年10月奉令開始執行的護油及本島近海偵巡任務,在此時期已由航1大隊與航2大隊逐月輪流執行。然而,在415號機重大事故發生後,指揮部調整此項任務,改為單獨由航1大隊觀測連絡中隊的U-6A定翼機執行,不再與機動中隊的直升機輪流執行。

民國67年3月22日,德國MBB公司派遣BO-105直升機至龍潭基地向陸軍等單位進行展示(原始來台目的為向海軍爭取反潛直升機的訂單)。當時陸軍尚未開始評估戰鬥直升機的需求,

陸軍航空指揮部的前期回顧

▶ 這是 UH-1H 在左營軍港搭載陸戰隊進行空中機動的照片，海軍陸戰隊原本有建立自己直升機部隊的想法，後來決策沒有朝這個方向，但是戰時陸戰隊是陸航部隊重要的配合軍種，因此相關的協訓很早就開始進行了。

◀ 民國 66 年 10 月 11 日昕字第 1630 號令核定了陸軍採購 22 架的 TH-55 直升機，休斯公司於民國 67 年 6 月開始將飛機的部件運到歸仁由美方顧問協助飛修大隊組裝，並於 7 月選定飛行教官、試飛官及保養軍士官參加訓練。

因此這次展示對陸航來說是以觀摩及資料收集為主。同年 4 月，國防部下令執行「新鋒計畫」，正式啟動以 O-1 安裝 RF-104 拆下之 KS-67A 相機，研究執行偵照任務的可行性（詳見第 123 頁『新鋒計畫及金、馬分遣隊的歸建』章節）。

民國 66 年，OH-13 機務狀況不佳，影響訓練能量，經核准採購 TH-55，民國 68 年春，航訓中心開始換裝 TH-55，使飛訓安全與訓練能量大幅回升。民國 68 年 8 月，鄭廣華卸任並調回空軍。陸軍決定不再由空軍選派指揮官，改由空軍轉任陸軍在陸航服役的人員來擔任航指部指揮官，開啟了新的人事任用階段。

▲ 鄭指揮官任內，已執行 2 年的本島近海偵巡及護油任務因 415 的失事，考量機動中隊的任務比重後，將此任務全部移交給航 1 大隊的觀測中隊執行，這是 21 中隊偵巡時拍下的海上可疑船隻。

改隸空降特戰司令部

自 1959（民國 48）年陸軍總部航空處成立以來，由於陸軍尚未培養出自己的高階航空部隊主官，航空處長這個少將職缺就一直由空軍派員擔任。這項慣例一直延續至航指部時期。然而，在第二任指揮官鄭廣華卸任後，接任者不再是由空軍調任。民國 68 年 8 月，歐文龍走馬上任，成為首位民國 48 年由空軍轉任陸軍的航指部指揮官。同年 10 月 1 日，「靖安專案」正式實施，陸軍航空指揮部暨航空訓練中心奉令由隸屬陸軍總部改隸陸軍空降特戰司令部，為了增強現代化立體作戰能力，陸軍透過這次組織調整，將空降特戰部隊與航空部隊整合，以充分發揮兩者的作戰特性，也可視為陸軍發展「地空整體作戰」的雛型。

雖然組織改隸時，陸航的主力直升機仍然只有 UH-1H，但由於空降特戰與航空部隊的運作風格頗有不同，本就需要時間磨合。此外，陸軍高層也希望透過這次整合，使陸軍航空部隊逐步從成軍時的空軍血統，轉向更符合陸軍作戰需求的軍風。由於改隸空特部，陸航人員的軍服識別方式亦隨之調整，草綠服上的軍階、官科及兵籍名牌皆依空降特戰部隊的規定更改為白色布繡兵籍名條及金黃色繡上的官科及軍階。

在歐文龍指揮官任內，除了例行演訓及師級對抗演習外，在上任後的 9 月

◀ 民國 68 年 11 月初，陸軍舉行台澎防衛作戰的演習，代號「漢陽演習」，陸航部隊按演習計畫於駐地進入狀況 1 的指揮作業，並對人員做緊急召回，基地進入自衛戰鬥，陸軍總司令郝柏村特地前來航 2 大隊視導演習狀況，歐文龍指揮官（左 1）的軍服已經是空特部的模式，邱天瑞大隊長（右 1）的服裝則還沒有改變，形成了明顯的對比。

▶「漢陽演習」從 11 月 8 日起至 13 日結束，共歷時 5 天，這是當時的空特部司令廖明哲（右 2）前往航 2 大隊視察演習搭專機抵達新社時的照片，這一天歐指揮官（左 2）及邱大隊長（右 1）的服裝都還是沒更改到空特部模式。

陸軍航空指揮部的前期回顧

▲民國63年2月，海軍總部行文給海軍相關單位要求將LST編號216 224 225 230 227 208的戰車登陸艦進行提供直升機起降的相關施工，航指部的船艦落地相關演練就此成為例行的年度訓練，照片中的UH-1H剛剛從LST 201起飛。

11日執行了「巨釱演習」，主要在測試UH-1H直升機在LST（戰車登陸艦）與DD（驅逐艦）上的起降可行性，以作為國防部69年「天威計畫」的修正參考。事實上，與海軍協同進行的「海馬演習」已成為年度例行訓練，主要測試直升機的海上垂直補給能力，並訓練艦艇人員進行直升機引導、指揮管制作業及甲板固定鉤鏈操作，以便在戰時利用直升機維持艦艇戰力。而「巨釱演習」則更側重於直升機在艦上起降的驗證。此外，「新鋒計畫」經過兩年多的研究與改進，於民國69年3月正式完成並發佈實施。後來成為陸航重要基地的台中頭嵙山機場，也是在這一時期發包興建，總司令郝柏村曾親自前往視察工程進度。

民國69年秋，歐指揮官任期結束，由副指揮官徐春林代理其指揮官職務。同年11月11日，空特部司令廖明哲至歸仁佈達徐春林為代理指揮官，徐春林正式的指揮官任命，則是自民國70年1月21日才開始。廖明哲司令於70年1月23日再次來歸仁佈達徐指揮官的任命，成為首位由空降特戰司令部司令佈達的航指部指揮官。

民國46年，以中尉飛行官身份轉入

▲不管在陸地還是海軍的艦艇上，起降或是進行吊掛，飛行員需要仰賴精確的手勢指揮，剛開始在船艦上訓練時，陸航會事先進駐幾位機工長來指揮飛機，海軍在建立500MD ASW反潛機隊後才開始有訓練出這樣的人手。

陸軍航空的徐春林，是第二位、也是最後一位由空軍轉任的陸航指揮官。在徐指揮官上任時，民國48年轉任陸軍的空軍飛行人員幾乎都已離開陸航，有的返回空軍任職，有些轉入民航界服務，剩

下的大多已退伍。在陸航服務超過20年的徐春林自詡已是不折不扣的陸航人。他於民國69年秋以代理指揮官的身份接任，恰逢陸軍總部啟動戰鬥直升機評估案。當時，航指部不僅是未來戰鬥直升機的使用單位，更是負責候選機種來台灣展示，代號「龍馬演習」的主辦單位。

時任指揮部第一科科長的杜勳民將軍，對這段時間有特別深刻的回憶。當時，三架入選機種Bell 206L、500MD及BO-105，以後兩者之間的競爭最為激烈。BO-105的火力示範後來是由徐指揮官親自前往德國評估，其他兩個機種則是就近在虎山靶場進行拖式飛彈試射。嚴格來說，這幾款入選機型都算不上真正的攻擊直升機，而是具備掛載拖式飛彈與機槍火箭的武裝直升機。就機型而言，BO-105是三架飛機中最具優勢的，但500MD背後有美國參議員高華德（當時與中華民國關係最友好的參議員）支持，難以得罪。雖然陸軍的評估的確是傾向BO-105，但是航指部也提出AH-1才是理想的選擇。情況錯綜複雜，因此，最終總長郝柏村並未立即批准採購BO-

◀ 民國70年1月23日，廖明哲司令二度來到歸仁為徐春林舉行指揮官佈達典禮，自從變成陸航的上級單位後，廖司令經常到陸航各級單位視察，以求在最短的時間內了解陸軍航空部隊，當然，航指部指揮官是最好的顧問。

▼ 民國70年1月的「龍馬一號」演習，Bell 206L在虎山靶場準備起飛進行拖式飛彈的射擊展示，靶場邊長官們聚精會神的關注著現場的動態。

陸軍航空指揮部的前期回顧

▲「龍馬一號」演習午餐後比較輕鬆的畫面，郝柏村總司令正在講話，那個讓杜勳民科長事先再三計畫，熱騰騰送達的便當盒就在長官的桌上；一件很不起眼但很指標的事情。

▶ 空特部特別安排了右邊這個老坦克車的外殼來擔任拖式飛彈試射的目標，除了測試入選直升機搭配飛彈的射擊準確度，射擊之後也讓航空部隊的人員檢視拖式飛彈的威力。

105，以便暫時緩和這個局面。（請參閱「陸航建軍史話」第187頁『戰鬥直升機的選型』章節及第177頁的『飛鷹專案-A、O機種能教官赴美訓練』章節）。

龍馬演習主要由情報與作戰部門（二科、三科）負責，但當時主管人事行政的一科科長杜勳民，卻被指揮官交辦了一項棘手的任務：確保參與演習的長官們能在寒冷的冬天吃到熱騰騰的便當。經過評估，從指揮部到虎山靶場有20至30分鐘的車程，便當溫度恐難以保持，經過勘察後發現砲兵單位在靶場附近有一間簡易的小磚房，可供燒水使用，於是決定將便當送至該處保溫。然而，從小磚房到長官手上的這段路程仍然可能導致便當變冷。靈機一動，杜科長想起小時候看過賣包子、饅頭的小販，他們在木箱子裏用大棉被把包子饅頭包裹著來保溫。於是仿效這個方法，設計了在竹簍子上用棉被包裹了便當的方式，以確保便當保持溫熱。結果，長官們果然吃到了熱呼呼的便當。時任陸軍總司令的郝柏村拿到便當時，當場稱讚道：「喔唷！在野外還能吃到這麼熱騰騰的便當，拿在手上特別的舒服！」指揮官聽了自然備感光彩。而且，這頓午餐菜色豐盛，有雞腿、排骨、滷蛋，湯品則用雙層熱水瓶裝盛，以保持溫度。演習結束後，第一科負責上簽獎勵主辦演習的人員，結果公文批下來，指揮官親自在公文上加簽，批了一科科長記功一次。據徐指揮官的回憶，當初在野外要辦妥這樣一件不起眼卻又有其重要性的事情是非常不簡單的。

陸軍航空指揮部的前期回顧

民國70年，航指部支援實兵對抗及各類機動作戰，動用了數百架次的UH-1H，可以說各單位對空中機動作戰已經達到相當的熟練程度，後續則是逐步把航空部隊進駐到與演習部隊更接近的位置，來達到密接支援的目的，照片中師對抗支援不同部隊的陸航直升機，特別在機身上製作了記號以便識別。

▼RO-1於「長安演習」及後續幾次實兵對抗時被徵調到演習前線偵照，陸軍也在當時開始建構自己的照相沖印設備及團隊，並派員去空軍照技隊受訓，積極建立偵照戰力，後來隨著陸航定翼機的式微就這個想法就宣告終止了。

▲指揮部三科規劃的年度自衛戰鬥演習實施的畫面，徐指揮官左邊的是第三科的顧其言，大約4~5年後，這類的演練也要拿起槍戴上鋼盔了。

三個月後，航指部舉辦了「龍馬二號」演習，由休斯公司的500MD直升機展演其飛行性能及火力示範作為戰鬥直升機選型的參考。這段期間航指部還支援了海軍陸戰隊與陸軍部隊的師對抗，代號「長安演習」，本次演習共出動各型飛機達30架，展現了陸航的空中機動作戰與偵察能力，值得一提的是，這也是陸軍首次在師對抗演習中運用安裝偵照相機的RO-1觀測機來進行空中偵察照相。拍攝所得影像也提供給陸軍建立的照片沖印判讀單位，演練即時處理與情報分析，為地面部隊提供有意義的戰場資訊，並顯示出陸軍航空部隊在偵察與情報蒐集方面的進步與應用價值。此外，陸航也在民國69年參與三軍聯合的「雷霆一號」演習，這個長達半年的演習，是在研擬三軍聯合對泊地的攻擊模式，並訂定相關準則、戰術、戰具及戰法。在這次演習中，陸航的武裝直升機被納入攻擊作戰行列，並使用2.75吋火箭對目標進行攻擊，進一步來驗證陸軍航空部隊在聯合作戰中的角色與價值。同年雙十國慶期間，舉行了「漢武演習」閱

陸軍航空指揮部的前期回顧

◀民國 70 年雙十國慶舉辦了閱兵大典，代號「漢武演習」，航指部擔任空中分列式的慢速機梯隊，組織了包含預備機共 30 架 UH-1H 的大編隊，結合 6 架海軍反潛直升機 500MD 執行該項任務，這是演練時編隊在跑道上準備起飛時的景象。

▶▼這是民國 71 年上級偕同空特部長官前往歸仁基地進行裝備檢查的照片，對於空特部的長官們，飛行相關的裝備並不是他們的專長，所以後來在司令部也開出讓航空部隊人員擔任的位置，其中最高職務就是副司令，下面這張照片中徐春林(右)及飛修大隊大隊長曾祥雯(右2)正陪同長官進行槍械的檢查。

兵大典。這次閱兵標誌著陸航的 UH-1H 直升機編隊再度現身於國慶典禮之中，上一次出現在國慶閱兵則已經是六年前。至於航指部在這次參與國慶操演的情形與照片，將於後面章節做呈現和說明。

此外，空特部與航指部已經整合數年，由於空特部對航空領域相對不熟悉，因此已有傳出司令部是否該配置航空專業參謀人員以利作業與決策進行的聲音。這個議題在民國 71 年前後，隨著空特部司令廖明哲任期屆滿，黃鵬飛將軍接任之後，相關的想法逐漸浮上檯面。黃鵬飛在多次視察航指部的過程中，觀察到飛行部隊的裝備保養與訓練工作極為重

陸軍航空指揮部的前期回顧

▲民國70年5月21日，總政戰部主任王昇到龍潭基地主持自強座談聯誼會，座談會主要是與官兵及眷屬進行會談，以便適時發現問題予以協助，這是指揮官致贈直升機模型的畫面。

◀民國71年春天在新社航2大隊舉行會議後進行餐會的合照，右1的歐介仁及右7的謝深智後來都升任到航指部的指揮官，徐指揮官的左邊是王剛軍副指揮官，右邊則是楊瑞華副指揮官。

要且專業，並認為司令部應該要配置足夠資深的航空專業人員，以確保部隊運作順暢。他向時任航指部指揮官徐春林表達，未來應考慮讓航指部指揮官能夠晉升到空特部擔任司令部兩個副司令職缺的其中一位，以確保空特部能更有效掌握航空部隊的運作與發展。雖然當時陸航仍然算不上戰鬥部隊，但由於其機隊規模已達150餘架飛機，影響範圍廣泛，不容忽視。因此，如何強化航指部與空特部的協同合作，成為當時黃鵬飛司令常常提到的議題之一。

航指部雖然在編制上僅設有一位少將指揮官，但其下轄單位包含外島及正在興建的頭嵙山基地，共有九個不同的駐地。指揮官經常需要視導各基地，也需要陪同長官前往視察，但每年一定會安排前往金馬前線，視察駐防於外島的航空分遣隊。徐春林在指揮官任內，曾兩次前往金門視察航空分遣隊。其中一

陸航 建軍史話Ⅱ 81

陸軍航空指揮部的前期回顧

▶ 民國71年徐指揮官前往金門視察金門分遣隊，在他右邊的是當時的分遣隊長葉武龍，他的前任分遣隊長就是李大維，根據他的回憶，雙方交接時的確有一些讓他傻眼的事情。徐指揮官曾赴美接受過保養軍官班的訓練(AMOC)，尤其對O-1非常熟悉，照片中應該是正在對扭力扳手進行檢視。

◀ 民國71年陸軍總司令蔣仲苓率領所屬前來歸仁基地視導，聽取完說明官針對航訓中心訓練用機O-1的介紹後，可能幕僚有一些問題正在與徐指揮官交換意見，胸前有特戰部隊傘徽(右2)的就是黃鵬飛司令，他對徐春林非常倚重，已經計畫將副司令的職位安排為航指部指揮官的晉升職缺。

次，適逢後來叛逃的李大維擔任分遣隊長。視察過程中，他發現李大維的一些行為偏差，例如經常進行「不樂之捐」，強迫飛行官分攤請客費用，以款待金防部長官。民國71年，龍潭航1大隊進行主跑道整修，為維持飛行訓練的進度，只有定翼機的觀測連絡中隊將一個分隊的兵力派至歸仁基地維持飛行訓練，李大維當時為分隊長領隊。徐指揮官平常有早起的習慣，經常於清晨巡視基地，這段期間特別關注了李大維的行蹤，發現他夜不歸營，生活極為不正常。因此，在71年度第二次空勤鑑定會議上（時間大約在李大維叛逃前半年），徐指揮官於陸總部相關單位都在列的會議中，點名李大維的私人生活存在問題，並要求相關單位盡快展開調查。

民國72年4月，上級長官及人事單位透露，指揮官任期即將屆滿，調任命令很快就會下達。非正式消息指出，徐指揮官可能升任司令部副司令，這也是黃鵬飛司令一直希望並且在安排的職務。因此，徐指揮官開始安排巡視各基地，作為任內最後一次視察。4月22日當天，他的視察行程先抵達新社基地，隨後再前往龍岡22中隊巡視。當22中隊值星

民國72年3月航指部兵力部署圖

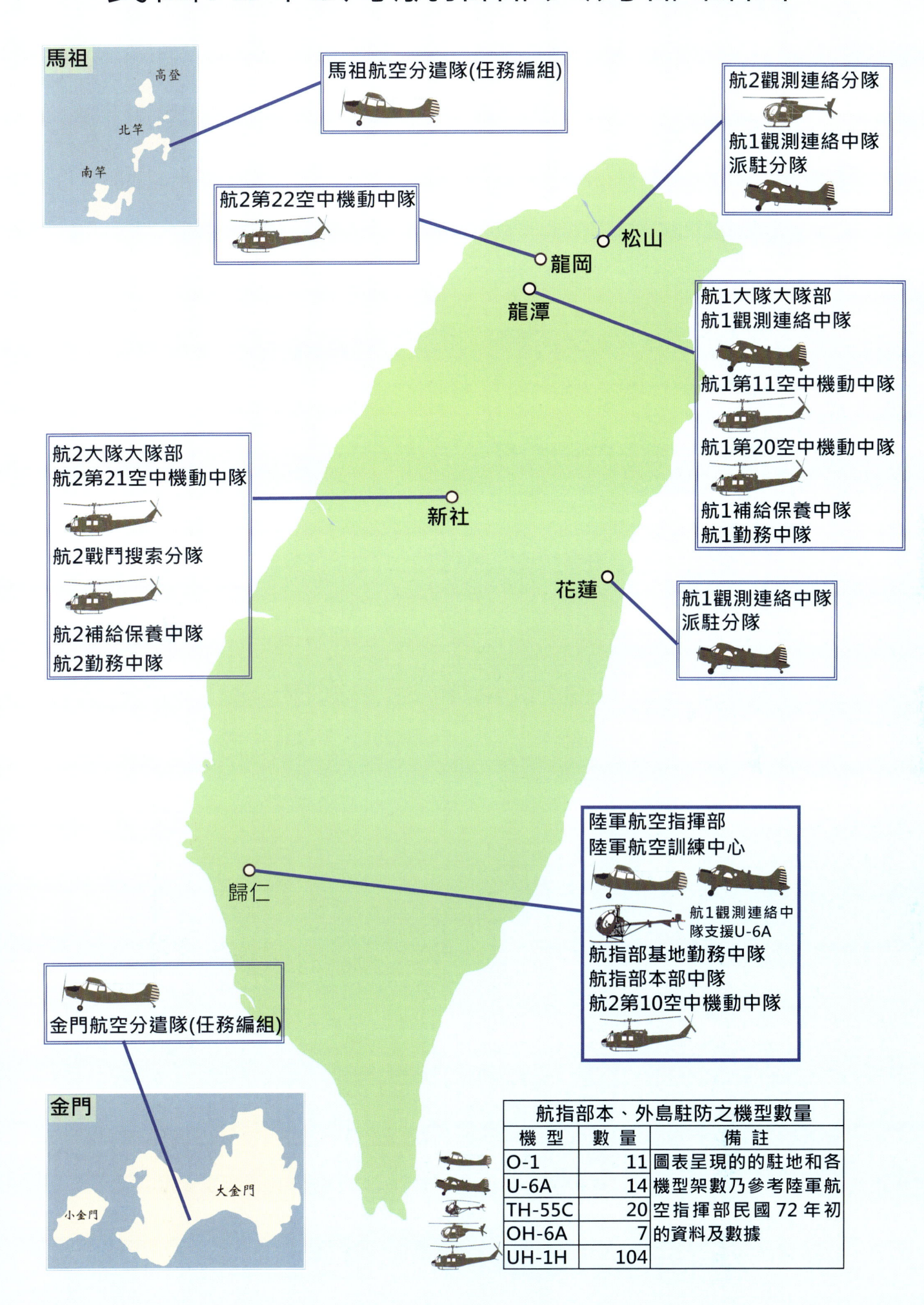

馬祖
高登、北竿、南竿

馬祖航空分遣隊(任務編組)

航2觀測連絡分隊
航1觀測連絡中隊派駐分隊

航2第22空中機動中隊 — 龍岡

松山

龍潭

航1大隊大隊部
航1觀測連絡中隊
航1第11空中機動中隊
航1第20空中機動中隊
航1補給保養中隊
航1勤務中隊

航2大隊大隊部
航2第21空中機動中隊
航2戰鬥搜索分隊
航2補給保養中隊
航2勤務中隊 — 新社

航1觀測連絡中隊派駐分隊 — 花蓮

陸軍航空指揮部
陸軍航空訓練中心
航1觀測連絡中隊支援U-6A
航指部基地勤務中隊
航指部本部中隊
航2第10空中機動中隊 — 歸仁

金門航空分遣隊(任務編組)

金門
小金門、大金門

航指部本、外島駐防之機型數量

機型	數量	備註
O-1	11	圖表呈現的的駐地和各機型架數乃參考陸軍航空指揮部民國72年初的資料及數據
U-6A	14	
TH-55C	20	
OH-6A	7	
UH-1H	104	

陸軍航空指揮部的前期回顧

▲ 李大維駕駛的 U-6A 8018 在福建寧德三都澳港區因天候太差找不到可以落地的場地，最後選擇在三都島濕軟的沙灘上迫降，前輪插進泥沼中形成拿大頂的姿態。

▶▲ 新任的馬指揮官陪同徐春林離營的畫面，徐春林平實且溫和，很照顧部隊的官兵，在部屬眼中是位好長官，從指揮部到營門口本來可以乘車，但是刻意安排全體官兵及聘僱人員從指揮部延綿到營門口的兩旁歡送徐春林，走在後方的就是馬登鶴指揮官，他的左邊是王勵軍副指揮官，背值星帶的則是詹飛龍總教官。

官整隊準備向指揮官敬禮時，中隊長戴力軍搶先攔下指揮官，通報有一架飛機失去聯絡，需立即趕往陸總部。事後證實，該機已叛逃至福建。事實上，李大維長久以來嗜賭成性，已欠下無法償還的鉅額債務，甚至為此被黑道持槍械追堵多次陷入走投無路的絕境，且對即將接替徐指揮官的熱門人選頗有不滿，在叛逃時，他還特意留下字條批判該人選。0422 事件發生後，黃鵬飛司令特地向蔣仲苓總司令提及在空勤人員鑑定時，徐春林指揮官早已對相關單位點名李大維是有問題的人物，希望藉此能夠幫他倚重的徐指揮官挽回局面，無奈大勢已定，徐春林最終於 5 月中懷著壓抑的心情離開他服務數十年的部隊。陸軍總部則於 5 月 10 日向參謀總長郝柏村呈報，建議由 292 師現階少將的馬登鶴副師長來接任指揮官職務，相當於臨時從外部調回馬登鶴擔任指揮官。原本呼聲甚高的人選，也因此未能晉升。馬登鶴將軍因而成為陸航首位畢業於陸軍官校的指揮官。

制度與佈署的調整

　　馬登鶴指揮官畢業於陸軍官校正29期。在該期畢業生中，共有六位通過層層考驗，被送往美國陸軍航校接受O-1定翼機的飛行訓練，馬登鶴便是其中之一，在返國後，以中尉飛行官身份加入陸軍航空部隊，此後，他更進一步赴美接受了O-1的教官訓，成為O-1的飛行教官。並曾擔任過航訓班(航訓中心的前身)的少校教官等職務。由於陸航早年的人事升遷管道比較擁擠，馬登鶴在陸航服務一段時間後便轉往野戰部隊發展。此次因情勢所需，他臨危受命，被調回航指部擔任指揮官，上級長官對此寄予厚望，希望能夠整飭一下陸航部隊。事實上，在新任指揮官還沒到任前，觀測連絡中隊在花蓮執行沿海偵巡的分隊、駐紮松山機場的航2大隊觀測連絡分隊及航1大隊進駐松山的觀測連絡中隊U-6A分隊，均已於4月23日奉命分別撤回龍潭與新社，馬指揮官上任後，7月份起飛行部隊及技勤部隊陸續展開戰備整訓，後續陸軍對陸航的部署又再做了進一步的調整。民國72年的9月實施「翔平演習」，啟用了頭嵙山機場，將龍岡的22中隊以及新社的戰搜和觀連兩個分隊都移動到頭嵙山進駐。陸航在龍岡及松山的兩個基地從此不再使用。

　　這個時期，陸總部也對陸航進行了幾項重大調整：其一就是中隊輔導長必

◀ 民國72年的9月中，陸航的飛行單位進駐頭嵙山機場，由於該機場地處山區，且啟用時尚有需要整理的地方，22中隊等單位進駐後，渡過了一段除草趕蛇的日子，這是在頭嵙山機場，演習部隊整裝待發的畫面，照片有點模糊，但仍然是非常珍貴的紀錄。

▶ 民國73年2月，總政戰部主任許歷農上將至陸航各基地與眷屬舉行新春聯誼會，這是馬指揮官致贈模型的照片，民國70年8月，空軍的黃植誠叛逃一架F-5F，未久發生李大維叛逃事件，總政戰部非常積極的與空勤弟兄及眷屬們交流，希望能夠排除其他的不定時炸彈，孰料幾年後還是發生了空軍林賢順駕F-5E的叛逃，嚴格的說，都是生活頹敗導致無路可走，而非思想問題。

陸軍航空指揮部的前期回顧

◀民國73年3月2日，航指部於歸仁基地實施「龍馬三號」演習，由BO-105和500MD進行各項諸元的直接對決，當時在航訓中心擔任教官的譚展之特別找機會與飛行性能優異的BO-105合照，譚教官可能當時沒有想到自己在9年後將扮演戰鬥直升機建軍的重要角色：OH-58D的種子教官。（譚展之教官提供）

▶這是在民國73年，已經很接近馬指揮官屆滿卸任的時間點，新任的空特部司令龍元偉將軍率司令部所屬前來歸仁視導，無法判斷這是在甚麼場合，推測應該是在飛修大隊技術生隊學員上課的場合。

須是有政戰背景而不是飛行專業受過政戰訓練者來擔任，大隊的政戰處長與副處長由原來的副處長為政戰人員處長為空勤缺，調換為處長為政戰人員，副處長才是空勤缺，指揮部的政戰主任副主任也比照此模式調整。另外原本半年舉行一次的空勤人員鑑定，改為每季舉行一次，以便更精確掌握飛行人員狀況。這些變革使政戰人員的影響力大幅提升，在短期之內有些中隊的輔導長職務直接就更改為有政戰背景的人員擔任，所以有一些突然變成輔導長的上尉就是這樣產生的(輔導長通常是少校)。此外，政戰系統也獲得授權，針對過去有不良紀錄的空勤人員進行調整。保守估計，因這波人事異動而被調離空勤的飛行員數量超過20多人，對部隊的戰力不無影響，裏面不乏有問題輕微的人員，但當時整體的氛圍趨於嚴格，寧可錯殺，也不願錯放。然而，由於李大維具備背景關係，雖然早已被點名存在問題，但是相關單位還是未即時處理。有鑑於此，後續派駐陸航的政戰人員皆屬政戰系統的頂尖幹部，或許能夠亡羊補牢。

因4月22日事件的影響，駐守外島的兩個分遣隊暫停執行偵巡任務。金防部、馬防部在沒有更完善的飛行管制方案之前，基本上不傾向批准這兩支部隊執行任務。對此，馬指揮官向總部呈報，建議將這兩支部隊由臨時任務編組改為

▶ 駐防在外島的 O-1 由於任務所需，飛行時都很靠近對岸，0422 事件之後，外島的任務被暫停，隨之而來的是要頒佈加油的新規定。油箱裡的油量到底加多少才覺得沒有叛逃的可能？天氣有突發狀況所需的油量又該如何？是個無窮迴圈的討論。

◀ 民國 73 年 7 月，陸軍舉行代號「長順演習」的師級實兵對抗，陸航分兩個中隊各支援兩軍，並且還支援空照機 RO-1 及觀測直升機 OH-6A，馬指揮官正在指揮部的軍官待命室進行兵棋推演，演習執行的時候，林正衡指揮官已經走馬上任了。

▼ 民國 73 年陸軍統一兵籍名牌樣式，照片中兵推的長官其空特部白色名條已經更改了，筆者當時剛到航指部服役，正好經歷了這個過程，特別將兩種名條都留下一份作紀念。

正式編制，並從選派人員與任務管制兩方面著手，避免因噎廢食。民國 73 年初，陸軍獲悉美國將主動商售 3 架 B234 直升機，航指部立刻著手甄選接裝人員，以便做好準備，此外，前任指揮官任內積極在辦理的戰鬥直升機選型在此時因為其中兩型飛機競爭激烈，陸軍總部下令再加辦一場「龍馬三號」演習，邀請 500MD 與 BO-105 兩款直升機直接前來競爭比較，以便取得更具參考價值的數據供評估單位做為決策的依據。

筆者於民國 73 年 3 月結束新兵訓練，向歸仁的本部中隊報到接受兩周的銜接教育。當時，馬指揮官正在韓國參訪，應該是考察 500MD 在韓國的使用狀況。同一時期，他陸官 29 期的同學林正衡，也從野戰部隊的上校軍處長職務調回航指部，擔任副指揮官。按照計畫，待馬登鶴完成階段性任務後，林正衡將接任指揮官職務。民國 73 年 7 月，航指部派出 30 架各型飛機（RO-1、OH-6A 及 UH-1H），支援「長順演習」師對抗。該演習兵棋推演期間，馬登鶴指揮官正式卸任，由林正衡指揮官接掌航指部。

陸軍航空指揮部的前期回顧

　　林正衡指揮官民國73年到任後,對於馬指揮官任內導入的戰備整訓非常重視,除了持續推動各單位輪流實施之外,並以建立基地訓練能量的方式逐步達到戰備整訓標準化及常態化的目的。另外在上任後立刻需要處理的,就是美國出售三架B234直升機的相關事宜。航指部於年初遴選的受訓人員,預計在年底出發前往波音公司受訓。但由於這項軍售案來得突然(請參閱136頁『航指部空中運輸分隊』章節),一直到人員即將出發時,航指部才開始著手規劃未來B234直升機的單位組織編裝。據了解,林指揮官一開始便提出應成立「運輸直升機中隊」,但總部與國防部僅同意設置一個「分隊」,且分隊長的編階僅為少校。此編裝案從民國73年10月起,歷經多次來回討論,直到民國74年7月初,才在林正衡指揮官的力爭之下,最終以折衷方案的「獨立分隊」成軍,而分隊長的編階也因此提升為中校。

　　民國74年初,海軍艦隊直升機隊(配備休斯500MD ASW反潛機型)已成立多年,海軍對未來航空單位的建軍方向

◀民國73年秋冬之際,航2大隊22中隊在頭料山實施戰備整訓,林正衡指揮官親自前來視導,隊伍中穿著風衣的就是林指揮官,最左邊的22中隊成員已經完成偽裝,在他旁邊的則是指揮部來指導的張行宇中校,陸航以前並沒有這樣的野戰訓練,從72年開始以中隊為單位輪流施訓。(張行宇將軍提供)

▶民國74年從陸戰隊撥交給陸航的U-6A 212已經完成陸航的塗裝,左上角則是該機在陸戰隊時的模樣,民國64年陸航奉命執行台灣本島沿海偵巡任務時,海軍陸戰隊空觀隊也接到同樣的任務,他們的責任區域是從左營沿恆春到台東這一段的海岸線,當時就是用U-6A來執行任務的。(王湘洲教官提供)

陸軍航空指揮部的前期回顧

也確立以反潛戰力為主。相較之下，成立於民國44年的海軍陸戰隊空觀隊已不具繼續維持的實質意義。因此，在3月間，空觀隊被裁撤，航指部接收了其所屬的O-1定翼機6架（編號：118、121、123、124、125、126）以及U-6A共2架（編號212、213）。接著在4月，空軍台南一聯隊轄下的71中隊奉令將原有裝備的O-1換裝成A-CH-1「中興號」攻擊機，並將所有狀況良好的O-1直接從台南空軍基地飛至歸仁，移交給航指部，共計16架（編號9301、9302、9304、9305、9306、9307、9308、9310、9311、9312、9313、9314、9315、9316、9317、9318）。這批O-1與陸航原有的O-1經過指揮部

◀空軍71中隊的O-1在空軍基地的照片，它們的主要任務是前進管制 (FAC)，與陸軍使用的O-1最大的不同就是兩翼尖端的兩根FM天線以及主翼上翼面左右各漆有一塊大面積的白色色塊，主要用來在空中指引戰轟機，撥交給陸航後，更改為陸航塗裝，移除了白色色塊。

▶裝有武器掛架的A-CH-1「中興號」攻擊機，這就是空軍71中隊撥交O-1之後換裝的機種，值得一提的是，中興號使用T-53渦輪引擎，與UH-1H使用的是同系列的發動機。

◀這應該是民國74年秋冬的時期，在歸仁指揮部停機坪可能是政治教育或軍紀教育的考試，照片中站立者是當時的參謀長謝深智，後面兩排就是空軍撥交給陸航的O-1，其中有部分已經完成了陸軍的塗裝。

陸軍航空指揮部的前期回顧

▶ 民國74年7月在歸仁成立的空中運輸分隊，共配有3架B234直升機，為陸航建立了新的空運戰力，這是三架B234編隊落地的景象，不論是在陸航或是後來轉入內政部空中勤務總隊，B234在台灣的天空立下不少汗馬功勞。

◀ 民國74年的9月21日，陸軍舉行代號「龍馬四號」的演習，展示了B234的性能和戰力，對陸軍出身的參謀總長郝柏村來說，看到真正能夠吊掛陸軍主力火砲機動轉進的B234是非常興奮的，這是在龍潭注視演習進行的郝總長及林指揮官。

▼ 波音公司代表到陸軍總部致贈B234模型給總司令蔣仲苓，其實在美國的時候就有一個交機的儀式，但是對象是陸航受訓的領隊，這算是對總司令的簡化版交機儀式。

基地勤務中隊與飛修大隊檢整後，於5月10日，由基勤中隊移交其中6架（編號9305、9308、9310、9313、9316、9317）給航1大隊觀測連絡中隊。此外，經飛修大隊檢整後，將5架狀況比較不理想的（編號123、507、601、603、9315）執行拆零。對於已經在朝旋翼機方向發展的航指部，這是一批數量龐大的定翼機，但是在幾年後航訓中心TH-55妥善率偏低時，卻發揮了很大的作用。7月16日，直屬於指揮部的「空中運輸分隊」於歸仁基地正式成立，接收了三架B234中型運輸直升機。成軍初期，僅有6位飛行員，儘管如此，但卻是陸航建軍史上成立運輸兵力的重要里程碑。

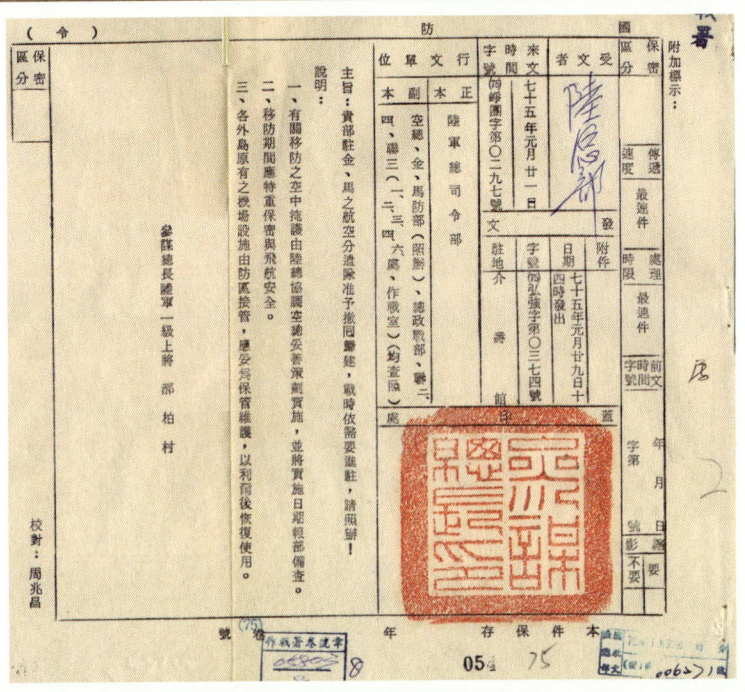

▲ 在金門和馬祖支援了30餘年，陸航的O-1即便後來裝上了偵照相機，仍然沒辦法避免被新的裝備給淘汰下來，另一方面這些只由少校分隊長管理的單位在0422之後往往會讓長官心中有疑慮，所以與其閒置在前線，不如把員額及裝備都撤回台灣，重新整合以求能夠發揮其還有的價值。

◀ 民國75年1月29日，國防部發文給陸軍總部，同意金馬航空分遣隊歸建的申請，陸總部於1月31日以電話紀錄通知航指部、金防部及馬防部，選擇天氣良好的時機即刻實施，並且要通知空中掩護的單位配合施行，從此在前線就沒有「小朋友」了。

　　1956(民國45)年，8月，陸航接收成軍後的首批兩架O-1，並在接收裝備後兩個月，就奉令進駐金門，執行前線砲兵觀測與偵巡任務。尤其在823砲戰期間，O-1參與作戰，締造了陸航唯一的實戰歷史。隨著時間推移，新型觀測與偵察裝備逐步引進，加上O-1零組件停產，其駐防前線的價值日益降低。而0422案的發生，更是雪上加霜，使前線指揮體系認為偵察的效益不足，卻增加了管理風險。因此，O-1在前線的任務比重逐漸下降。民國74年，陸航接收來自空軍及陸戰隊的大批定翼機後，航指部決定整合資源，對這些定翼機進行檢整，並將其部署於更需要的地方。民國75年1月，航指部向陸軍總部提出撤回金馬航空分遣隊的建議，節錄內容如下：

　　「本部O-1定翼機甚為老舊，維護乏力，又非雙引擎飛機不適執行海上任務，就目前任務而言，均可由地面觀通諸般手段行之，故O-1定翼機派駐外島執行任務，實無續存之必要，建議予以撤回。本軍所接收空軍及海軍陸戰隊O-1機二十二架、U-6A機兩架，無編制飛機保養士負責維護，亦缺O-1的飛行員，建議撤銷金、馬航空分遣隊編制，將編制員額檢討納入觀測中隊及基勤中隊以利飛機保修及飛行任務之遂行。」同年2月初，國防部核准該項建議，結束了陸航在前線30多年的駐防歷史。

陸軍航空指揮部的前期回顧

0503 事故與 UH-1H 的增補

民國 75 年 5 月初,時任新加坡國防部長的李顯龍率領國防部人員前來台灣訪問。其中 5 月 3 日上午的行程安排是前往龍潭陸軍總部拜會陸軍總司令。由於陸軍總部旁邊即為陸軍航空的航 1 大隊,陸總部特別安排李顯龍一行人在前往陸軍總部之前,先到航 1 大隊參觀由空降特戰部隊與陸軍航空部隊結合的戰技操演,代號「嘉賓演習」。

根據計畫,訪問團預計上午 10 時抵達龍潭基地,聽取簡報並參觀裝備展示,隨後於 10 時 22 分開始戰技操演,操演結束後則於 10 時 50 分前往大漢營區拜會陸軍總司令。當天的操演課目如下:
1. 空中分列式:UH-1H × 5
2. 空中機動作戰:
   2.1 8 名特勤人員搭乘直升機進行機動突擊
   2.2 OH-6A 及 UH-1H 武裝機偵察、掃蕩著陸區
   2.3 1 個排的兵力搭乘 UH-1H 進行突擊排空中機動
   2.4 B234 後續增援,吊掛 2½ 噸卡車 1 輛及 22 名士兵前往支援

這次的操演,第 11 空中機動中隊共派出 5 架 UH-1H(編號 334、345、348、372、393),執行空中分列式任務,在完成分列式後,這 5 架直升機後面將再執行突擊排機動作戰的課目。因此,在分列式機群升空時,機上就載有空特部 62 旅 42 連一個排的兵力(其中有一位是 45 連),準備於特勤人員從直升機進行繩索下降機動突擊後,隨即進入操演區執行突擊排機動作戰。該項操演由 1 架 OH-6A 與 2 架 UH-1H 武裝機執行著陸區偵察掃蕩,隨後展開機動作戰,後續再由 1 架 B234 吊掛一輛 2½ 噸卡車,並搭載 22 名士兵進入操演區,執行增援部隊的支援行動。

參演部隊於操演開始前已經起飛,並分別前往事先規劃的待命空域等待 ACT 下達操演開始的指示,直升機分別在八德懷生機場及龍岡機場附近空域盤旋待命。10 時 20 分,空中分列式獲得許可進入,從懷生機場空域脫離待命航線,朝龍潭高爾夫球場方向飛行,由東北方進入機場跑道頭的五邊航線。10 時 25 分左右,5 機以人字編隊從基地東北方空域準備通過參觀台,在距離基地還有大約 1.5 浬的高爾夫球場上空時,編號 334 的 3 號機與 345 的長機因亂流造成間隔過近,隨即發生碰撞。334 的主旋翼撞上 345 的機尾,導致兩機失速失衡,最終墜毀於大溪鎮瑞源里 17 鄰番仔寮(高爾夫球場附近)。當時飛行高度約 1000

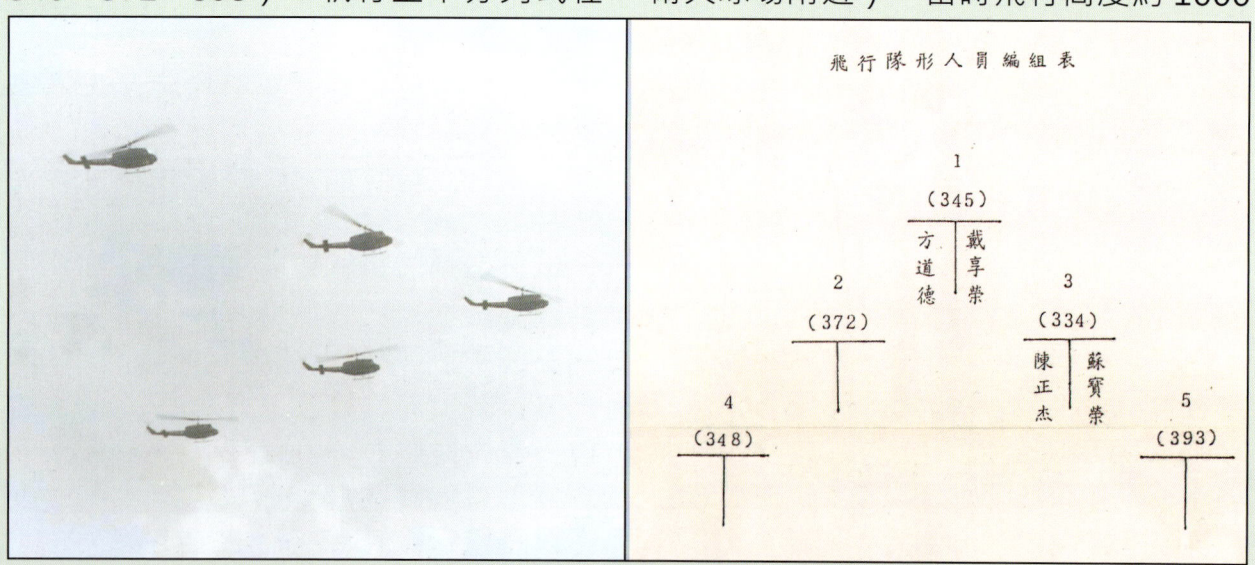

飛行隊形人員編組表

```
              1
             (345)
         方   戴
         道   享
         德   榮
     2           3
   (372)       (334)
              陳   蘇
              正   寶
              杰   榮
   4                   5
  (348)               (393)
```

▲ 這張照片並非演習時的照片,是筆者利用其他時期的編隊演練照片來說明 0503 空中分列式的隊形,對照右上方 11 隊執行任務的機號隊形位置,可以大概了解編隊時 334 和 345 的相對位置。

陸軍航空指揮部的前期回顧

◀民國75年3月，將在1個月內退伍的11隊好友高瑞隆於站安全衛兵時，隊上同僚幫他在停機坪找了一架飛機合影，以便退伍有個回憶，這可能是345失事前最後一張照片。

▼這兩份表格分別列出334和345殉職乘員的名單。筆者在查詢相關文件時，發現部分姓名存在錯字，為確保資料的正確性，花了很多時間確認核對，這是對忠靈最基本的敬意。

UH-1H 345 殉職乘員		
單　　位	級職	姓名
第11中隊	中校隊長	戴享榮
第11中隊	上尉飛行官	方道德
第11中隊	上士機工長	魏德昌
62旅42連	中尉連長	鄭長流
62旅42連	少尉排長	賴治州
62旅42連	中士班長	蔡漢仲
62旅42連	上兵話務	陳錫民
62旅42連	上兵彈藥	彭勇裕
62旅42連	二兵彈藥	楊坤峰
62旅42連	二兵副手	劉宇坤
62旅42連	二兵副手	林富祥

UH-1H 334 殉職乘員		
單　　位	級職	姓名
第11中隊	上尉作戰官	蘇寶榮
第11中隊	中尉飛行官	陳正杰
第11中隊	上士機工長	田岱晉
62旅42連	中士班長	董耀明
62旅42連	中士組長	王勇昶
62旅42連	一兵話務	王聰濱
62旅45連	一兵副砲手	劉朝容
62旅42連	一兵副手	余文雄
62旅42連	二兵彈藥	黃福智
62旅42連	二兵彈藥	王振鴻
62旅42連	二兵副手	莊振祊

呎，334墜地後全毀，機體起火燃燒，345則是墜落於稻田，機身折斷但未起火燃燒，兩機墜毀地點相距約150公尺，事故發生後，雖然立即動員大批官兵前往救援，但到達失事現場時已無人生還。

本次事故造成特戰部隊及11隊官兵共22人殉職，是陸航建軍以來死傷最慘重的一次事故。筆者於當年1月從11隊退伍，離隊前還曾獲得戴享榮隊長頒贈的獎牌一面。5月初接獲消息時，感到非常震驚與難過，隨後與退伍隊友一同參加告別式，以表追思。這些為國殉職的特戰部隊官兵，在筆者的上一部著作中並未提及他們的姓名。經過幾年蒐集資料，確認細節無誤後，特此記錄，以告

◀戴享榮隊長於民國60年就開始飛UH-1H。後續擔任航訓中心飛行教官及主任教官多年，飛行時數接近4500小時，是一位好長官也是非常優秀的飛行員。

慰英靈。儘管這起事件已經過去將近39年，他們的犧牲不應被遺忘。民國108年，陸軍司令部特別在龍潭601旅的龍城紀念公園為0503事故設立紀念石碑，以供航特部官兵緬懷殉職弟兄，並提醒所有飛行人員重視飛行安全。

陸軍航空指揮部的前期回顧

▲ 陸航建軍30年暨航指部成立10周年的慶祝活動也包括了航訓中心教官們用5架O-1拉煙幕的表演項目，這是編隊通過歸仁停機坪上空的畫面。照片右上角是當時致贈給來賓的鑰匙圈紀念品，最右邊的則是「陸軍航空三十周年特刊」，封面畫上了當時所有陸軍航空部隊使用的機種。

民國75年適逢陸航建軍30週年與航指部成軍10週年，指揮部於5月31日舉辦部慶活動，邀請許多陸航先進前來，並安排參觀B234直升機，讓前輩們見證陸航的進步與發展。此外，航指部也印製了一本30週年特刊，並發放相關紀念品。在活動中，陸軍總司令蔣仲苓上將特別向官兵發表談話，提及陸航已經從僅能執行砲觀與無線電中繼任務的時代，進步到能夠密集支援地面部隊的立體化作戰階段，成為現代化、科學化的兵種。他也對未來建軍方向透露了一些訊息：「我總希望能夠提升陸航的戰鬥力量，希望陸航能夠添置戰鬥直升機。我們已經進行了多次測試，也曾在這裡展示，包括美軍、西德及其他型號的直升機，主要還是受限於預算問題。」當時，B234直升機已經銷售給台灣，戰鬥直升機的建軍時程或多或少受到影響。至此，陸軍航空部隊已成立30年，從最初僅有兩架定翼機發展到擁有各型飛機150餘架，規模已相當可觀。然而，受限於裝備機種仍以通用直升機和運輸直升機為主，缺乏攻擊火力，使得陸航仍以支援作戰為主要任務。可以預見，在未來發展方向上，陸軍航空部隊將致力於建立能在第一線接敵作戰能力的戰力。

同年6月6日，時任聯訓部主任的蔣緯國將軍完成飛行軍官班的飛行訓練，於台北陸聯廳舉行結業典禮，由陸軍總司令蔣仲苓頒發證書，于豪章將軍為其佩掛飛行胸章，林指揮官則致贈UH-1H直升機模型，並與其教官邱光啟合影留念。事實上，蔣緯國將軍早年搭乘陸航O-1專機時，即曾要求專機飛行員讓他能在前座操控飛機，此舉後來遭軍團阻止。民國74年，他以聯訓部主任正式向陸航申請參加飛行訓練。航指部安排了飛行技術優異的參謀長邱光啟擔任其飛行教官，副參謀長張順廉、第10中隊隊長孫錦生與第11中隊教官譚展之則負責學科訓練。自74年8月開始訓練，歷時約一年後，順利完成課程拿到飛行胸章。

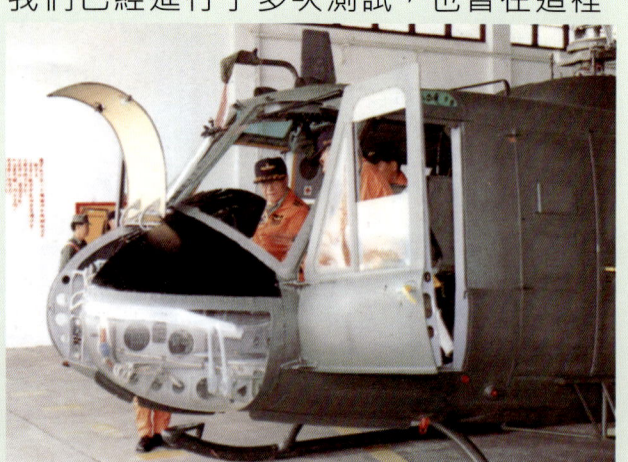

▲ 坐在UH-1H正駕駛座的蔣緯國正在接受教官們的術科教學，由電瓶艙打開可以推測應該是正在熟悉飛行前的360度檢查及座艙的檢查手續。

民國75年5月中旬航指部兵力部署圖

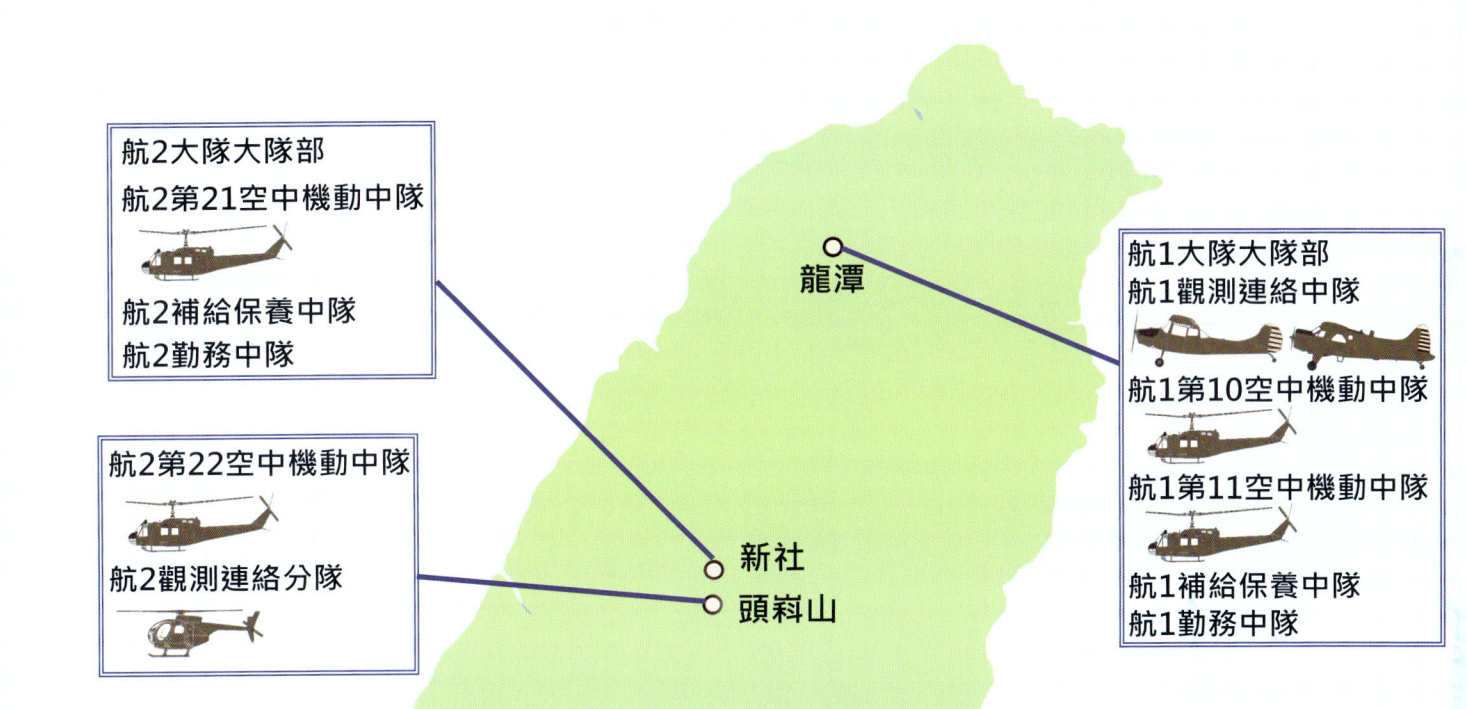

航2大隊大隊部
航2第21空中機動中隊

航2補給保養中隊
航2勤務中隊

航2第22空中機動中隊

航2觀測連絡分隊

龍潭

新社
頭嵙山

航1大隊大隊部
航1觀測連絡中隊

航1第10空中機動中隊

航1第11空中機動中隊

航1補給保養中隊
航1勤務中隊

歸仁

陸軍航空指揮部
陸軍航空訓練中心

航1觀測連絡中隊支援U-6A

航指部空中運輸分隊

航指部基地勤務中隊
航指部本部中隊
航2第20空中機動中隊

航2戰鬥搜索分隊

航指部外島裁撤駐地調整後機型數量

機型	數量	備註
B234	3	表格中的定翼機總數量
O-1	24	(O-1 U-6A) 包含空軍
U-6A	13	71中隊及陸戰隊空觀隊
TH-55C	19	撥交給航指部的數量，
OH-6A	7	民國75年初贈送兩架
UH-1H	97	UH-1H給瓜地馬拉

陸軍航空指揮部的前期回顧

在金馬航空分遣隊撤回台灣及 0503 飛行事故發生後，陸軍航空的兵力與部署產生了一些變化。請參考前一頁的兵力部署圖，並與民國 72 年 3 月的那一頁進行比較，可以發現 UH-1H 直升機的數量有明顯減少。除了事故損耗以及贈送友邦之外，其中有 2 架是在民國 73 年被空軍借調至救護隊的，主要是為了彌補使用多年的 HU-16 水陸兩用機的損耗。當時，空軍的 HU-16 已經老舊不堪，在海上降落執行救援任務時，經常發生機體漏水，嚴重者甚至有沉沒之虞。因此，空軍計畫汰除 HU-16，並以商售方式向美國採購兩批 S-70C 救護直升機來替補。

1985(民國 74) 年，第一批 S-70C-1 運抵台灣，由空軍救護隊在嘉義基地接收。但由於 S-70C 才剛服役，仍處於訓練階段，救護隊短期內無法依賴新機執行任務，因此暫時向陸航借調 UH-1H 以維持戰力。在 S-70C 機隊完成戰備後，空軍救護隊使用的 14 架 UH-1H 將全數移交 (也有部分是歸還) 給陸航。據空軍教官表示，S-70C 服役初期出現一些需要調整適應的狀況，所以空軍一直到了民國 75 年中才開始將 UH-1H 以兩年期陸續移交給陸航。8 月 25 日，第一批 6 架 (包含先前借調的 2 架) 於空軍嘉義基地移交航指部，其餘的 8 架則在翌年

▲空軍救護中隊於民國 45 年開始使用照片中的 HU-16 信天翁型水上飛機，專門執行搜救或是外島傷患後送的任務，因為其水上起降的能力，只要海象許可，就可以執行海上搜救或到沒有機場的島嶼執行任務。右上角則是第一批的 S-70C-1 直升機，於民國 74 年開始服役，HU-16 在兩年後全數除役。

▶1986(民國 75) 年 8 月 25 日，空軍救護中隊在嘉義基地舉行了 6 架 UH-1H 的移交典禮，空軍依美軍的慣例將 UH-1H 的搜救機改為 H 字頭，因此才會稱之為 HH-1H，照片中在左手邊沙發區有總部運輸署鄭寶福，航指部副指揮官常進範，作戰署參謀居敏，另外航指部的副參謀長張順廉及相關人員都來參加了移交典禮。
(空軍救護隊照片)

陸軍航空指揮部的前期回顧

進入邱光啟指揮官的時期才陸續完成撥交，其中9516號，原本在第一批7架移交清單中，因為發動機工作甲板蜂巢板問題必須延後移交，所以實際只移交6架。另外，當年的6月1日，9513執行「漢光三號」演習專機任務，於蘇澳返回台北途中發生尾旋翼脫落，導致飛機失控，情況十分危急。所幸在正駕駛王茂仁中校優異的技術與機組人員通力協助下，成功的迫降在三貂角南方萊萊地質區海邊的岩岸，機體受損但無人傷亡，當時機上乘員包括空軍總司令郭汝霖上將、副總司令張汝誠中將、海軍副總司令李用彪中將、空軍副參謀長袁行遠少將、政戰部副主任劉蘊璞少將及作戰署長鄧維海少將等軍方高層。據李金安教官回憶，當天在蘇澳，B234直升機於「漢光演習」中擔任吊掛貨櫃的任務，並準備了一架任務的預備機，空運分隊的第三架B234當時就在北部的基地待命擔任專機任務。6月1日當天，空軍總司令郭汝霖（時任「漢光三號」演習統裁官）並沒調用陸航的B234專機，而是搭乘了海鷗部隊的9513號UH-1H專機。事故調查結果顯示是UH-1H尾旋翼90度齒輪箱的安裝座因腐蝕導致故障。國防部立

◀這是移交典禮另外一個角度的照片，右邊穿著飛行衣的區域是空軍救護中隊參加典禮的人員，左邊的區域則是航指部參加典禮的代表，有第10中隊的飛行人員也有飛修大隊的保修人員，雙方正在檢視交接的文件，確認都沒問題就可以進行移交。（空軍救護隊照片）

▶民國75年8月，航指部接到空軍將要移交第一批7架UH-1H的通知後，對使用UH-1H的單位進行數量的盤點與調整，將機動中隊從原本的編配22架調降成為19架，並將戰搜分隊補成滿編8架，表格中打勾的就是空軍移交的飛機，有字母A的是武裝機，342則是因為在7月29日發生事故，等待被除帳。

陸軍航空指揮部的前期回顧

空軍救護中隊移交給陸航的 UH-1H 明細清單 (民國 75~76 年)

空軍編號	移交時間	陸軍編號	美軍序號	本軍序號	備　　註
9501	民國 76 年	421	69-16671	69-2121	美軍原廠
9502	民國 76 年	422	69-16672	69-2122	美軍原廠
9504	民國 75 年	419	69-16674	69-2119	美軍原廠
9506	民國 76 年	423	69-16676	69-2123	美軍原廠
9507	民國 75 年	420	69-16677	69-2120	美軍原廠
9508	民國 76 年	424	69-16678	69-2124	美軍原廠
9509	民國 76 年	425	69-16679	69-2125	美軍原廠
9510	民國 76 年	319	N/A	61-2019	不確定借給空軍的時間
9511	民國 75 年	320	N/A	61-2020	不確定借給空軍的時間
9512	民國 75 年	321	N/A	61-2021	不確定借給空軍的時間
9513	民國 76 年	322	N/A	61-2022	不確定借給空軍的時間
9514	民國 75 年	335	N/A	62-2035	不確定借給空軍的時間
9515	民國 75 年	328	N/A	62-2028	民國 73 年 3 月陸航撥借給空軍
9516	民國 76 年	329	N/A	62-2029	民國 73 年 3 月陸航撥借給空軍

◀ 在移交典禮上一字排開的 6 架 UH-1H，這些飛機原本都是漆著海鷗部隊的塗裝，在確定要移交後，都會像右上角這架 9510 一樣，要把原本的塗裝除去，再漆上陸軍航空部隊的顏色跟徽誌。

▼ 漆著海洋迷彩的 9513 在民國 75 年 6 月 1 日迫降之後的狀況，尾旋翼飛脫是很不容易解除的狀況，成功的迫降真的是不可能的任務，這架飛機後來就地拆解，送台中第二後勤指揮部修復。

即下令各軍種同型機馬上停飛進行檢查，並做必要的更換，李金安教官在漢光任務結束後，返回基地發現所有的 UH-1H 都被停飛進行特檢，這個 90 度齒輪箱安裝座的固定其實是非常特別的，安裝座上面並沒有鉚釘也沒有螺桿，而是由兩個尺寸非常精確密合的孔跟樁做結合，必須先用冷凍低溫處理將樁固定到孔位，再慢慢恢復常溫然後樁跟孔自然完成緊密的結合，組裝沒問題才可以試飛進而復飛，就這樣一架一架的執行更換，試飛再復飛。航指部在獲得第一批 6 架來自救護隊的飛機後，對所屬的 UH-1H 做了一次數量的調整，航 2 大隊的戰鬥搜索分隊在數量調整後達到成軍以來第一次滿編的 8 架飛機。而透過這一批 14 架不論是歸還是移交的 UH-1H，陸航的機隊數量獲得了相當規模的增補，機號也從最後一架的 418 變成了 425。

陸軍航空指揮部的前期回顧

經過兩任由野戰部隊回任的航指部指揮官後，林正衡指揮官的接任者回歸到具有大隊長資歷的邱光啟上校。他於民國76年9月接任陸軍航空指揮部指揮官一職。值得注意的是，從馬登鶴指揮官到邱光啟指揮官，連續三任指揮官都是出身於陸軍官校第29期的同學，這在陸軍航空部隊的歷史上是非常罕見的。

邱光啟指揮官上任後，馬上就迎來同年10月的國慶活動，為了配合雙十國慶，增進國內外僑胞及友邦人士對中華民國國軍戰力的信心，陸航部隊被指派執行頗具規模的戰力展示活動，代號為「國光演習」。此次演習的執行單位包括陸軍航空第1大隊、第2大隊及空運分隊，參演機隊則涵蓋B234 2架、UH-1H 34架、OH-6A 3架，以及U-6A 5架，演習範圍涵蓋台灣北、中、南三大區域，分別進行戰技操演，內容包括空中分列式、陸空聯合作戰、高空跳傘，以及武裝直升機的泊地攻擊，充分展現陸軍航空部隊日常訓練的成果與戰力。

此外，在此時期，師對抗演習的空中機動作戰執行均已採取野營方式進駐

◀民國75年10月的「國光演習」，U-6A編成人字隊形施放五彩煙幕的情形，陸航定翼機參加慶典活動大部份是用O-1執行，但是在湖口舉行的戰力展示則都是就近以龍潭航1大隊的U-6A來實施，左上角是UH-1H的基本隊形，也是這次演習分列式的隊形，右上則是陸空聯合作戰的空中機動作戰畫面。

▶這是邱光啟指揮官（中間帶草綠小帽者）視察部隊野營時的照片，這個時期實施野營訓練已經都是戴鋼盔參演，曾經有長官說，陸軍的飛行員從飛機下來之後就要能夠拿槍作戰，筆者民國73年到航1大隊，雖然還沒有戴鋼盔，但是已經有安排輕兵器射擊，因為在基地自衛戰鬥時不可能只靠一個警衛連。

陸軍航空指揮部的前期回顧

▲民國76年舉行的「漢光四號」演習中，陸航出動了30餘架各型飛機，大概是參加漢光演習以來規模最大的兵力，這是正在進行野戰加油的狀況，機動中隊在前方執行任務時，必須要運籌帷幄後勤的支援要如何跟上部隊的行動。

▲民國76年3月5日，前陸軍總司令于豪章將軍到航指部參訪，正在和于將軍握手的是飛修大隊大隊長雷衍祿，上衣繡有白色傘徽的是楊學宴司令，在他右邊的則是邱光啟指揮官，從前面談到于將軍出席了蔣緯國主任的飛行訓練結業式，並為其佩掛飛行胸章，就可以知道于先生在陸軍航空部隊有很特殊的地位。

演習地區。無論是野戰保養、後勤補給，或是部隊戰術運作，皆需依循實戰模式進行，以確保戰時能夠達成密集支援地面部隊的需求。畢竟，陸航部隊的核心任務之一，便是與地面部隊保持緊密連結，確保作戰協同的即時性與精確性。除了野營訓練及早先推動的戰備整訓，邱光啟指揮官自民國76年3月起，推動「航空兵基地訓練」計畫。該計畫要求各機動中隊輪流前往台南歸仁基地實施訓練，採用作戰想定的模式來規劃飛行與保養的考核。此舉不僅提升了部隊的實戰應變能力，也使飛行與地勤人員能在模擬作戰環境中，進行更貼近戰場需求的戰技訓練，為未來的空中機動作戰與支援任務奠定堅實基礎。

同樣是在3月份，陸軍航空部隊早年建軍的舵手前總司令于豪章將軍蒞臨航指部訪問。空特部新上任的楊學宴司令及邱指揮官全程陪同，並向于先生詳細報告這十幾年來陸航的發展與進步。特別是邱指揮官，在擔任航1大隊11中隊隊長期間，經常執行于總司令的專機任務，與他有諸多回憶。除了簡報外，航指部還特別安排了裝備展示，展出內容當然少不了當時才接裝不久的B234運

輸直升機。根據當時擔任B234機工長的彭金城回憶，于先生的隨從特別將他的輪椅從B234後艙的斜板推進機身內部參觀。過程中，彭金城觀察到，于先生表面上雖然平靜地細看這架飛機，但神情間短暫流露出激動，甚至眼眶泛紅。可見，當他見證陸航的進步與新裝備時，內心對當年先知先覺、大力推動陸航建軍的努力，必定湧現許多感慨與迴響。

另外，回到6~7年前陸軍的戰鬥直升機評選，當時在經過激烈競爭後，因各種原因決定暫緩議決，採取觀望態度，以期在更合適的時機重新選擇。但是軍火商並未因此閒著。在邱指揮官任內，美國凱門（Kaman）直升機公司曾前來簡報H-2武裝直升機，試圖爭取銷售機會。事實上，凱門公司的H-2武裝直升機當時尚未生產出原型機。該公司的主力量產機型是在美國海軍服役的SH-2，這款直升機主要用於反潛、反艦及艦載多用途任務。凱門公司曾計畫將SH-2改裝為武裝直升機，加裝火箭、機炮莢艙及反裝甲飛彈，以推銷給各國海軍，作為小噸位軍艦在無法容納大型直升機時的火力補充。但是這項改裝計畫始終未能獲得訂單。在得知我國陸軍仍在評估戰鬥直升機後，凱門公司決定來嘗試推銷H-2。儘管這些改裝計畫具有一定潛力，最終仍未發展成量產的武裝直升機，自然也未能獲得我國陸軍的青睞。

民國77年12月，陸軍總部計畫藉由裝備展示、簡報及部隊訓練實況，呈

◀凱門公司量產且已經建置的機種是這款SH-2海妖式直升機，在越戰時期得到美國海軍的訂單，但想以同樣基礎發展的武裝直升機在美國陸軍的選型中敗給了AH-1，來拜訪航指部是希望為該型機找到願意出錢的買家。

▶民國77年的12月，陸軍總部實施「祥和演習」，對陸軍部隊的裝備、訓練等相關實況進行檢閱，陸軍航空部隊也被點名為受檢的單位，這是以緊密排列方式接受檢閱的UH-1H機隊，共計受檢的裝備有UH-1H x 42、O-1 x 9、U-6A x 9、B234 x 1以及OH-6A x 1。（馬國驊教官提供）

陸軍航空指揮部的前期回顧

▶ 這是當年「祥和演習」實施預校時，大閱官陸軍總司令黃幸強站在校閱官吉普車上，正從陸航機隊的排頭開始校閱的畫面，排在機隊的第一架飛機是 B234 運輸直升機，在整排旋翼機隊的正後方是定翼機接受檢閱的位置。

現各方面的建軍成果。裝備展示的內容包含陸航機隊、各型戰甲車、火砲、飛彈及通信裝備。這個代號「祥和演習」的校閱選擇在龍潭的航 1 大隊舉辦。從後來陸軍航空指揮部發展 22 年的總歷程來看，這個時間點正好是航指部成軍 11 年的「期中考」，此次演習共動員 62 架各型飛機，接受陸軍總司令黃幸強的校閱，並且圓滿達成任務。

航指部成立的前期，可說是學習、成長與累積經驗的過程。最初的指揮官皆由空軍調任，後續則是由民國 48 年空軍轉任陸軍參與早期陸航建軍的成員接手，直至後來演進到由陸軍官校畢業赴美接受飛行訓的長官來接棒。民國 77 年後的這段時期，航指部的發展過程將會是陸航變化成戰鬥兵種的關鍵，相關內容將在後續章節詳述。然而，無論是航指部早期的指揮官，或各階段投入發展與變革的袍澤們，他們的努力對陸航後來的發展影響深遠。特此忠實記錄這段歷史，供前輩及後進共同參酌借鑑。

基勤中隊與本部中隊

直屬於航指部的基地勤務中隊與本部中隊是歸仁基地每日運轉的重要動力，在航指部成立前，歸仁基地是航訓中心所在地，該單位主要由空、地勤教官與受訓學員兩大要素組成。至於塔台、天氣、跑道、機坪、油料、消防及救護等飛行基地的運行要素，則由基勤中隊負責運作與維護。基勤中隊的職能與航空大隊轄下的勤務中隊相似，但有一個顯著的不同之處：由於教官組與學員中隊並未編制飛機保修能量，因此航訓中心用以訓練的所有飛行裝備皆編制在基勤中隊，負責維護、保修與妥善等管理。

民國 65 年航指部成立後，原航訓中心納編至航指部，基勤中隊也直接改

▲ 基地勤務中隊的飛管分隊除了負責塔台運作，還需要管理 NDB 歸航台的運行，以及執行飛機放行與飛行管制等重要任務。

陸軍航空指揮部的前期回顧

◀為了使飛機在跑道或停機坪進行起降、滯空或滑行時不會受到外物吸入發動機或損傷直升機的旋翼造成發生事故的風險，飛行基地經常要進行FOD的排除，因為人手有限，基勤與本部中隊都可能參與處理。

▲基地勤務中隊肩負著航訓中心飛行訓練裝備的保修職責，在南部的好天氣之下，飛機的妥善率就是直接影響各飛行訓練班隊進度的主要因素，所以工作壓力也是不小的。

▲由於航訓的課程有定翼機也有旋翼機，基勤中隊必須負擔兩個機種的保修任務，忙起來比一般的中隊負荷還要大，例如照片中這批來自空軍的O-1，也是由基勤中隊負責檢整的工作。

隸指揮部。因此，航訓中心所使用的TH-55及O-1訓練用機就被編制於基地勤務中隊，隊長為空勤專長，副隊長則為修護專長。除了中隊部之外，下轄定翼分隊、旋翼分隊、飛管分隊(負責通信間、塔台管制與氣象台)及基勤分隊，幾乎負責整個歸仁基地的日常飛行運作。

在歸仁基地內，除了基勤中隊負責場站的運作與管理外，另有本部中隊來承擔廣泛的內部勤務支援職責，以確保基地內各單位順利運行。例如，本部中隊的主要任務之一是基地環境整理，並提供修繕與維護支援，涵蓋木工及簡易工程、水泥修補、設施維護等，確保基地內建築與基礎設施的完好。筆者在民國73年分發至航1大隊前，曾於本部中隊進行為期兩週的銜接教育。因此，本部中隊也負責所有分發至航指部服役的義務役新兵初始教育。另外本部中隊還負責指揮部車輛保修工作，確保包括指揮官座車在內的各類車輛保持良好的運行狀態，為指揮部提供穩定的後勤保障。透過這些多元化的支援，本部中隊在基地運作中發揮關鍵作用，使各單位能夠專注於核心任務，進而提升整體運作效率與任務執行能力。若說基勤中隊負責歸仁基地所有與飛行相關的機能，那麼本部中隊則是包山包海，負責基地內各種大小事務，確保基地能夠穩定運行。兩個中隊可謂是陸軍航空指揮部歸仁基地能夠順利運轉的無名英雄。

民國 70 年國慶分列式通過總統府前的照片，共有 27 架 UH-1H 分成三個大三角型梯隊，後面跟隨 6 架剛成軍不久的海軍 500MD ASW。機隊在雙十節之前就進駐松山機場，當天執行分列式之後由指揮官現場決定直接飛回龍潭基地。

航指部前期各類演訓支援照片

從航指部成立到民國 70 年代的中期，陸航有非常多的演訓及支援任務，可以用五花八門來形容，特別將其中值得紀錄的部分在這個章節呈現，以便這一段的歷史紀錄可以更有畫面。

國慶日空中分列

陸航從民國 49 年以 O-1 在國慶日亮相後，就常出現在總統府前的上空，民國 64 年 UH-1H 第一次執行雙十節分列式，航空處派出林正衡擔任地面指揮，點名張大偉攜帶 77 無線電擔任聯絡官，當時竟有一中將在閱兵進行時跟陸航的地面指揮說讓飛機先停一下（表定配合鼓號樂隊進場，長官沒搞清楚，還命令地面指揮要直升機停下來），林正衡授意張大偉不予理會，按原定計畫執行。民國 70 年國慶「漢武演習」，徐春林指揮官

國慶大編隊在空中的景象，包含預備機，總共出動 3 個中隊各 10 架飛機，順利達成任務。

與三科首席作戰官張行宇擔任地面指揮，由於雙十節的天候不佳，空軍的空中分列式機群雖然都起飛集結，但最終因雲層太低取消任務，當時郝柏村總司令連打了好幾通電話給地面指揮徐春林：「人家空軍都取消了，我們可以飛嗎？」徐指揮官已經確認能見度及雲高對陸軍的直升機是沒問題的，二方面對自己部隊的訓練很有信心，回覆可以執行，編隊在 11 隊歐介仁隊長領軍下順利完成任務。

民國 70 年國慶閱兵，第 10 中隊、20 中隊以及 22 中隊各出動了 10 架 UH-1H，對這幾個中隊的機務及人員調度都是一個考驗。

陸航經典的 O-1 編隊通常是 5 架，這是民國 50 年代的照片。

▲民國74年雙十國慶，是由觀測連絡中隊的U-6A奉命執行總統府前分列式的任務，代號「成功演習」，相較之下，U-6A比O-1大，飛起來也較穩定。擔任過航特部指揮官，後續一路晉升到國防部總督察長的黃國明將軍，當時就在這編隊中其中的一架U-6A上擔當飛行任務。

▶民國73年雙十節，陸航出動了7架O-1編隊通過府前廣場，這是非常少見的7機人字編隊。（中央社照片）

▼民國75年國慶，觀測中隊奉命以O-1執行空中分列，這是在龍潭空域練習時的照片。民國74年撥交給觀測中隊的9308、9310和民國75年初從金馬前線歸建的RO-1 517都出現在照片中，見證了那個時期的陸航歷史。

萬眾一心

▲民國77年國慶日，執行代號「光武演習」的空中分列式，陸軍航空的兵力有B234 x 3及UH-1H x 30，這是國慶日當天B234以跟蹤隊形通過府前廣場的鏡頭。

◀民國77年7月5日成立「光武演習」總領隊指揮部，納編海軍直升機隊，空軍救護隊等各型直升機共47架，編成空中分列式旋翼機梯隊，並接受空中分列演習指揮部的指揮與管制，這是機隊進駐到龍潭基地的照片。

▼下左這張照片是「光武演習」預演時，在天氣狀況非常良好下拍攝的UH-1H編隊，下右則是很罕見的畫面，這是演習人員在任務前執行安全查核的情形，確保國家中樞的安全。

這是早年在陸軍官校舉行「僑安演習」的畫面，這張應該是預習是拍攝的。（中央社照片）

民國70年代的「僑泰演習」

「僑泰演習」起源於民國67年國慶期間舉辦的「僑安演習」，操演地點選擇在陸軍官校，主要目的是向歸國僑胞展示國軍壯盛的軍容與精湛的戰技。民國72年，演習代號更名為「僑泰演習」，並於民國73年起擴大演習規模，改至北部湖口台地舉行。受邀前往觀摩的對象也不再限於歸國僑胞，地方村里長乃至中央民意代表皆曾應邀參與。

民國70年代，航指部每年都以大規模的兵力參演，一直到了民國83年後，演習內容做了調整，而且不再於湖口台地舉辦，陸航的參與也因為成為戰鬥部隊而不再侷限於「僑泰演習」，而是更頻繁參加不同軍種的聯合演習和戰力展示，性質和內容與以前有很大的不同。

▲擔任「僑泰演習」地面連絡的陸航團隊，有定翼機也有旋翼機的人員，在中間的黃一鵬教官是這個團隊的Leader。（黃一鵬教官提供）

▼台灣日報對民國74年10月21日的僑泰演習操演所做的大篇幅報導。（黃國明將軍提供）

民國 70 年代的「僑泰演習」，陸航的第一項操演課目就是分列式通過參觀台上空，這是民國 74 年分列式編隊中的 UH-1H 梯隊，編隊最前面的梯隊是 5 架 U-6A，最後面的則是如左邊吊著 105 榴砲的 B234。（中央社照片）

▲ 這是「僑泰演習」中，UH-1H 武裝機發射火箭的瞬間，這個角度的照片非常罕見，在空中機動作戰之前，由 OH-6A 與 UH-1H 武裝機組合的著陸區掃蕩是非常精彩的，上面那張中央社的照片捕捉了早期 OH-6A 與 UH-1H 武裝機以 A、O 機角色一起出擊的畫面。（上：中央社照片）

▲ 民國 73 年，韓國國慶活動中，特戰團以直升機吊掛的方式出現，當時在現場的我方將領回國後就傳述了這個展演方式，第二年就出現在「僑泰演習」展演中，這些被吊掛的特戰部隊戰士除了必須做足禦寒的準備，還要保持一定的姿態才不至於發生旋轉，陸航飛官稱他們為「小飛俠」。

著陸區在武裝機和觀測機的火力清除後，空中機動的課目就上演了，這是機上的武裝士兵已經從滯空的 UH-1H 躍下後做好戰鬥準備的畫面，稍後飛機就會脫離戰場（中央社照片）

▲ 在民國83年的「僑泰演習」中，出現了B234投送特戰部隊戰場偵蒐車輛的展演項目，這個項目最早是在「龍馬四號」演習時就操演過，而且一口氣開出三輛戰場偵蒐吉普車，B234參加僑泰演習多年，大部分的任務是分列式或是高空跳傘，這是比較特殊的一次。

▶ 這是民國74年「僑泰演習」進行空中機動作戰時，戰士們跳下飛機後，直升機脫離著陸區的畫面，這個課目大部分的照片都是從側面拍攝，這張照片的拍攝角度讓人更有身歷其境的感覺。

▼ 通常在「僑泰演習」的地空聯合作戰課目中，會安排由直升機進行前線傷患後撤的操演，這是民國83年的操演畫面，運送傷患的直升機將後撤的傷患送到後方交由救護車馳往醫院進行救治，以前執行這個課目的直升機還會在機身兩側貼上紅十字標示以達到更好的視覺效果。

畢琪公司生產的 MQM-107 靶機是中科院許多研發項目會用到的裝備。

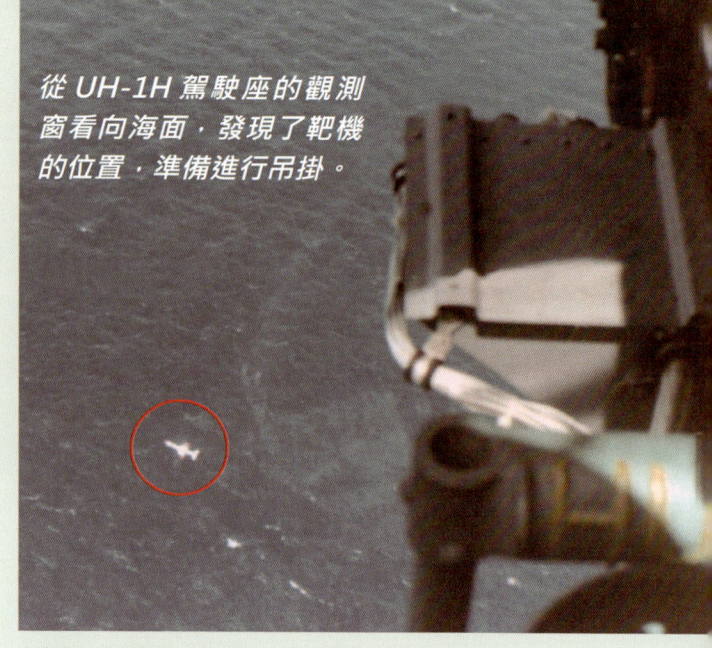

從 UH-1H 駕駛座的觀測窗看向海面，發現了靶機的位置，準備進行吊掛。

中科院靶機回收

民國 70 年代，中科院的國防科技研發如火如荼的展開，陸軍航空部隊在這一關鍵時期提供了必要的支援。例如，在反艦飛彈進入試射階段時，陸航直升機會在靶船附近滯空，並利用高速攝影機拍攝飛彈命中的瞬間，以供後續進行彈著點及其他性能的技術分析。此外，中科院改裝並用於測試飛彈系統的畢琪 MQM-107（VSTT 1089）靶機，每架造價動輒上千萬，陸航直升機經常擔任靶機回收任務，為研究計畫節省大量經費。當時，陸航的直升機，甚至 U-6A 定翼機，經常出入九鵬、蘭嶼、綠島等飛彈試射區域，支援各項研發、演習計畫及飛指部神箭演習。這些計畫包括中流彈、黃龍系統、擎天試射、雄蜂計畫、龍田計畫、夜視系統、熱像系統、南海計畫、蜂王計畫、銳鋒計畫、天盾計畫、飛劍計畫、飛祥計畫、火鷹計畫、長青計畫、安達計畫、天宇計畫等，這些研究計畫有些獲得成功，有些則因各種因素失敗，甚至有部分因為美國的關切而被迫中止。然而，如今國軍所使用的雄風二型、雄風三型、天劍、天弓等武器系統，皆奠基於這段時期的努力。陸軍航空部隊在其中的貢獻不可忽視。為了記錄這段歷史，特此呈現部分任務照片，以彰顯陸航在國防科技發展中的重要角色。

蛙人搭乘小艇前往靶機所在的位置，處理靶機後方的降落傘之後，再協助直升機進行吊掛。

直升機吊起靶機後，正在飛往回收的落地區域釋放靶機。

直升機在靶船附近滯空，利用高速攝影機拍攝飛彈命中目標的瞬間。

飛修大隊及陸航的保修體系

▲ 陸航在接收了兩架 O-1 之後,立即就奉令進駐金門執行任務,即便只是兩架活塞引擎的小型定翼機,當時陸軍能夠執行保養的能力與程度仍非常有限,每逢周期檢查還要長途跋涉將飛機飛回高雄岡山的空軍單位來執行,後來經過保養官士的奉獻,以敬業的精神,重視裝備的態度,投注大量的心血,推動了陸航保修能力的大幅進步,照片中保養人員正在棚廠內對 UH-1H 進行保養維護。

陸軍航空最初成軍時僅擁有兩架單引擎 O-1 定翼機。成軍 30 年後,已發展成為一支涵蓋多種定翼機與旋翼機的龐大機隊。後續更因戰鬥直升機的建軍,航電、動力與武器系統的提升,使保修工作的要求變得更加複雜精密。回顧建軍之初,陸軍的保養能力極為有限。不僅周期檢查需仰賴空軍支援,高階維修更是遙不可及。但自民國 55 年陸總部運輸署建立飛機保養中心以來,在從業人員的精誠團結與辛勤耕耘下,陸軍航空經過數十年的努力,已具備精密的保養設備、技術純熟的保養人員與完善的作業程序,並擁有大型棚廠供維修作業之用,甚至建置了動力系統測試台。這正是陸航發展成就的最佳詮釋。

飛行修護保養大隊的起源

由於早期陸軍飛機保養修護的歷史資料蒐集不易,筆者參考了民國 75 年由陸航保修前輩郝啟民先生所發表的「陸軍航空成軍 30 年保養業務之回顧」,作為補充資料,以完整呈現成軍初期的發展歷程,特此註明並對郝先生致敬。

陸航成軍初期,陸軍內部並無專業的飛機保養人員,技術與設備均極度匱乏,為維持機隊運作,在成軍初期即協調由空軍選派數名機械官轉任陸軍(郝啟民先生即為其中之一)。到了民國 52 年,陸軍航空部隊已獲得相當數量的 O-1 定翼機,當時的保修能量仍相當有限。民國 53 年,陸軍總部決定加強飛機保養能力,思考建立自有保養體系的必要性,遂由運輸署遴選一批具備良好技術基礎的優秀保養官士,派往空軍官校修護補

飛修大隊及陸航的保修體系

給大隊進行在職訓練,並接受有系統的飛機保修知識教育,經過兩年的專業訓練後於民國55年7月結業。

總部運輸署在受訓人員完訓後,先將其分派至運輸署轄下的運材庫保養股服務,擔負起陸軍飛機保養與維修的重任,另一方面則開始著手規劃獨立的飛機保養單位,遂以預期陸軍航空飛機數量與任務需求之成長,加上該保養股編制的員額,積極向上級爭取擴編,經過多次協調後,最終在民國55年12月獲核定於台南歸仁基地正式成立「飛機保養中心」(簡稱飛保中心)飛保中心的成立,對陸軍航空發展而言是一重大里程碑,因為在此之前,陸航的飛機保養工作高度依賴空軍的支援,但從此以後得以在更短時間內完成基本維修作業,提升裝備妥善率進而提升任務支援效率。

當時,飛保中心成立的時機恰逢聖誕節前夕,雖然經費與資源有限,但官兵們仍以簡單而隆重的方式舉行成立儀式,並舉辦茶會,共同見證陸軍航空部隊邁向自立發展的重要時刻。美軍顧問團對於陸軍積極建立自主保養能量的努力表示肯定,並認為這項進步將有助於未來爭取更先進的航空裝備。自此,陸軍航空的維修與保養體系有了一個基本的雛型,為日後陸軍航空後勤體系的完善與成長奠定了穩固基礎。

民國58年,陸軍航空開始建立旋翼機的立體戰力,除了獲得OH-6A直升機,並確定在一年內將要開始接收和美國貝爾公司合作生產的118架UH-1H直升機。如此龐大的機隊,對於當時的飛保中心而言,將帶來極大的挑戰,尤其是OH-6A與UH-1H皆採用渦輪引擎與液壓系統,其傳動系統也與以往的O-1大不相同。因此,陸航所需的不再只是基礎保養維修,而是能夠獨立執行各類保養作業,甚至發展出符合陸軍需求的後勤補給鏈。為因應此需求,陸軍總部決定參照陸、海軍飛機的三級、四

▶1950年代賽斯納以O-1拿下美國軍方的大量訂單,其發動機與汽車引擎相仿,操縱系統採用單純的鋼索方式,非常利於野戰保養,甚至必要時都可以用汽車電瓶來備用,但是隨著新裝備的到來,陸航的保修能量要求不斷的提高,例如UH-1H的液壓系統和T-53渦輪引擎等等,不論是保養或是維修,難度都是一直在提升,若無法自己處理就代表修護的時效難以掌控,不利於任務的遂行。

級保養修護標準,並建立本、外島的航材補給體系,以提升飛保中心的作業能量。因此於民國59年6月1日,將飛保中心改編為「陸軍飛機保養廠」,以逐步提升維修的等級與質量,同時建立完整的後勤支援架構,確保部隊運作順暢。

此次擴編後,該單位員額達到127人,設有政戰處、管制室、行政室、儲備庫、聯合工場、飛修工場及工補組等單位,並由陸軍官校26期輜重科畢業的林宴文中校擔任首任廠長。他在一年多後晉升為上校,並在任內依據陸航接收飛機的速度評估,認為現有棚廠已不敷使用,且飛保廠的任務即將由三級保養提升至三、四級保養,因此必須增添專業修護設備。為確保UH-1H的接收與後勤支援順利進行,運輸署依據該機型的生產日程與目標,擬訂完整計畫,內容涵蓋保修與補給人員訓練、技術手冊編印、工具採購、零件存量建立,以及各基地所需的棚廠與庫房建設。此外,針對飛保廠擴編及未來各大隊補保中隊

陸軍飛機保養廠組織圖-1970(民國59)年6月
直屬陸總部運輸署

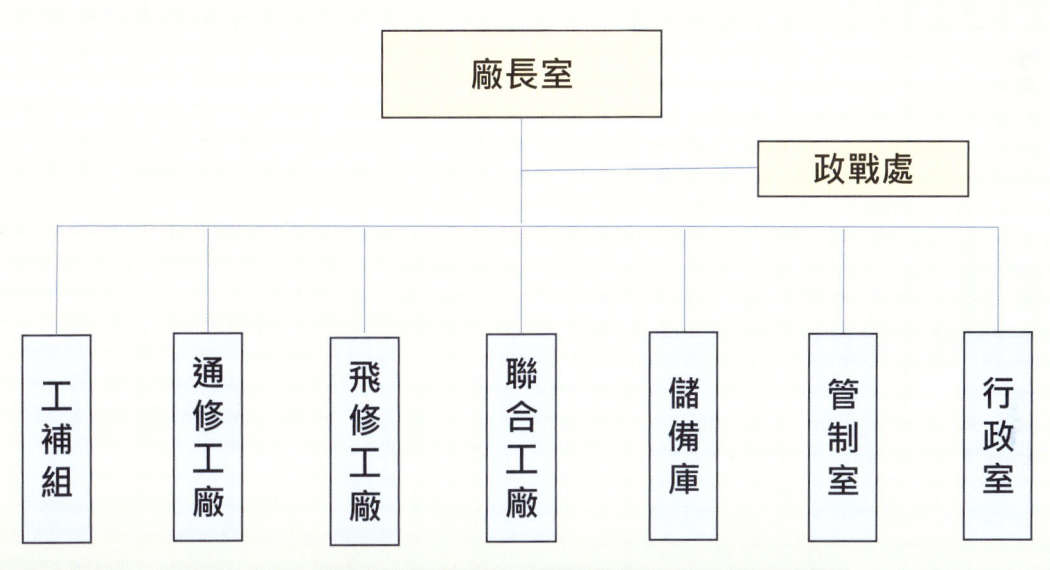

```
              廠長室
                │
              政戰處
    ┌────┬────┬────┼────┬────┬────┐
  工補  通修  飛修  聯合  儲備  管制  行政
  組    工廠  工廠  工廠  庫    室    室
```

▲ 陸軍飛機保養廠成立時的組織架構,當時的編制官兵是127員,直屬總部運輸署

◀ 民國60~61年間,陸軍總司令于豪章前來視察飛保廠的畫面,在總司令左邊陪同視導的就是林宴文廠長,當時投身陸軍航空飛行專業的陸官畢業生期別最高的是27期,林廠長則是26期,可以說是在陸航期別最高的陸官畢業軍官。

飛修大隊及陸航的保修體系

編成，保養支援構想亦先行專案報請核定。民國 61 年初，飛保廠奉令執行美軍 OH-13 直升機的接收與組裝作業，並於同年底組裝預計取代 U-17 的 U-6A 定翼機。後續更陸續建立各型飛機儀表、UH-1H 的 T-53 發動機、齒輪箱、短軸、OH-13 變向盤及 OH-6A 減震器等相關修護能量。民國 62 年，林晏文廠長任期屆滿，將職務交接給劉英廠長。在其任內，飛保中心的員額再度擴編，從 127 人拓展至 282 人，增幅超過一倍。一方面，陸航機隊的數量隨著航發中心的生產技術日益純熟，在此期間迅速增加；另一方面，當時正值于豪章將軍擔任陸軍總司令，他對陸航建軍的各項政策經過審慎研究後，都會給予極大的支持，這個期間，飛保廠除了人員的增加，還增建一座大棚廠，總數進階到兩座，短短兩年多內，飛保廠迅速發展，若無此計畫性的擴展，即便是順利完成 118 架 UH-1H 直升機的接收，後勤支援也無法跟上，將會導致妥善率過低，影響任務的執行，所以這段期間的成長非常關鍵。

民國 62 年，航 1 大隊在龍潭成立，並且其轄下的補保中隊已於龍潭新建的棚廠內開始作業。而民國 64 年成立的航 2 大隊，則因為基地工程延遲直到民國 65 年中旬才與轄下的補保中隊一同進駐新社，此外，UH-1H 直升機的交付已接近尾聲。為了強化陸航運作，陸軍總部於此時成立「陸軍航空指揮部」，負責統籌陸航的飛行訓練、部隊運作及任務調度。原來的飛機修護保養廠也同時升格為「飛機修護保養大隊」（簡稱飛修大隊），全面負責陸航的保修作業，並且調整原本直屬陸軍總部運輸署的指揮架構，改由航指部統一指揮。至此，航指部正式具備訓練、作戰、保修與後勤等完整功能，而飛修大隊則成為陸航四級修護的重要單位。飛修大隊的首任大隊長是由吳昌田上校擔任，其實吳大隊長於民國 64 年的 5 月已經開始擔任飛保廠的廠長，所以他是飛保廠的最後一任廠長，飛修大隊的首任大隊長。

◀▲ 民國 61 年，陸軍同時獲得足以建置航訓中心旋翼機初級教練能量的 OH-13 及準備取代 U-17A 的 U-6A 定翼機，兩者都是美方派員指導後，由飛修大隊負責進行組裝，上面那張 U-6A 機身排成一排的照片中，可以見到 OH-6A，其後面的 OH-13 以及 UH-1H，非常有歷史意義的照片。

飛修大隊及陸航的保修體系

▲ 陸軍在接收 OH-6A 直升機之後,飛保中心隨即在一年內擴編成飛機保養廠,不管是人員、設備甚至是棚廠都迅速成長,圖中保修教官正在利用 OH-6A 對保養人員進行教學,這也是擴充能量中最重要的環節,因為專業的人才培養不易。

◀ 這是 U-6A 定翼機正在進行週期檢查保養的狀況,飛機的保養都是採定時更換零件的方式,不可能等到零件用壞了才更換,所以週期性的檢查保養雖然是例行作業,但也非常重要。

▶ 民國 61 年,陸軍飛機保養廠奉令組裝美軍從西德運來的 OH-13 初級教練機,後續也建立 OH-13 的三、四級維修能量,至於一、二級的維護則是基地勤務中隊來承擔,這是保養人員在歸仁基地進行 OH-13 的例行檢修工作。

飛修大隊及陸航的保修體系

陸航部隊的保修分工

在航指部時期，陸軍航空部隊的保修作業分為三個層級，每個飛行中隊均設有勤務分隊，負責該中隊飛行裝備的一、二級保養與維修，一級保養即例行性勤務保養，二級保養則涵蓋周期與階段性檢查。勤務分隊依據其保修責任範圍，備有相應的料件庫存，以確保作業順暢。若中隊需要移動至野外，勤務分隊亦須具備野戰保修能力，這不僅要求人員的專業訓練，更涉及作業程序的熟悉度、現場環境適應、料件與工具管理等多方面的綜合執行力，航指部於民國72年開始的戰備整訓及後來的基地訓練都是在持續訓練中隊在這方面的戰備能力。除了中隊以外，每個大隊轄下設有補保中隊，負責三級保修，補保中隊除了隊部以外，設有品管分隊（編制有試飛官）、直修分隊、航電分隊以及負責料件補給庫管理的補給分隊。補保中隊的三級保養能力不限於棚廠內作業，也涵蓋野戰環境，因此，每次戰備整訓或

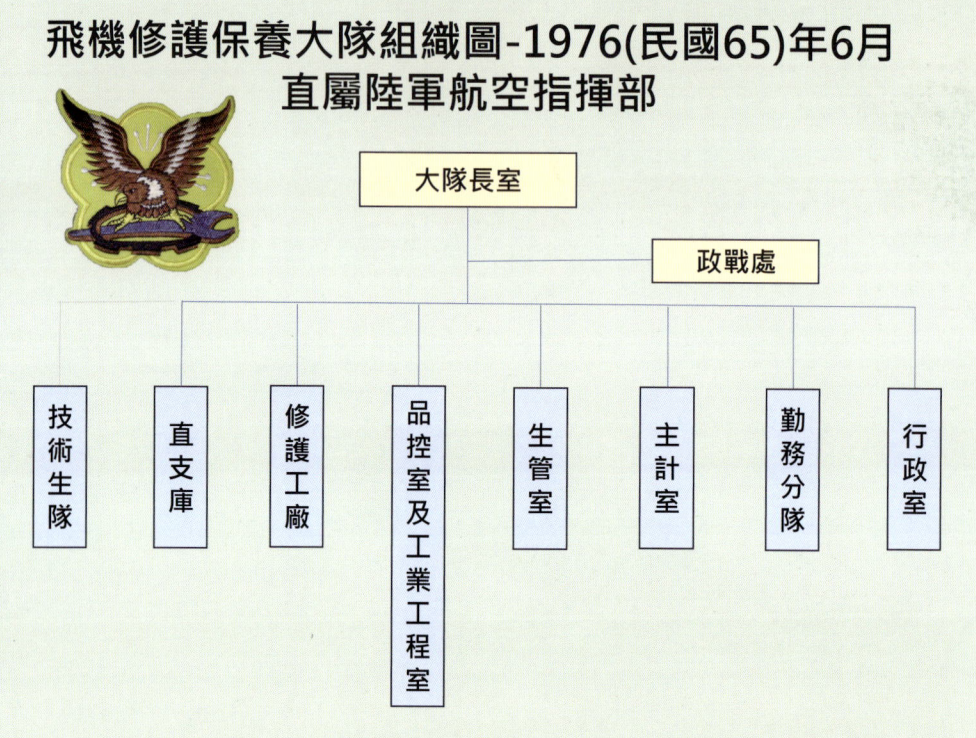

▶ 陸軍飛機保養廠在航指部成軍的同時，擴編為飛機修護保養大隊，並改隸航指部。組織上逐步進行更細緻的分工，主要聚焦於人員專業與設備更新。許多專業保修人員曾赴美國陸軍運輸學校接受相關訓練。此外，組織架構中新增了一個「技術生隊」，他們是來自陸軍技術生訓練班，經過篩選後，適合進入航空部隊發展的人員。他們必須先進入飛機修護保養大隊實習。

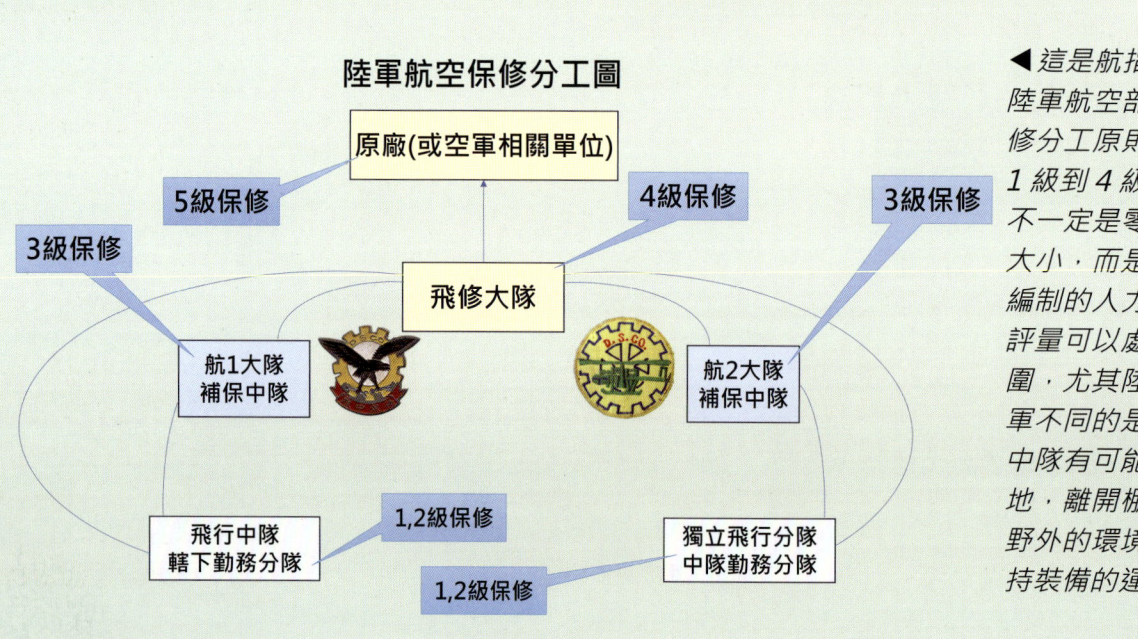

飛機修護保養大隊組織圖-1976(民國65)年6月 直屬陸軍航空指揮部

大隊長室
- 政戰處
- 技術生隊
- 直支庫
- 修護工廠
- 品控室及工業工程室
- 生管室
- 主計室
- 勤務分隊
- 行政室

陸軍航空保修分工圖

- 原廠(或空軍相關單位)：5級保修、4級保修
- 飛修大隊：3級保修
- 航1大隊補保中隊：3級保修
- 航2大隊補保中隊：3級保修
- 飛行中隊轄下勤務分隊：1,2級保修
- 獨立飛行分隊中隊勤務分隊：1,2級保修

◀ 這是航指部時期陸軍航空部隊的保修分工原則，其實1級到4級的定義不一定是零部件的大小，而是以中隊編制的人力物力來評量可以處理的範圍，尤其陸航與空軍不同的是，機動中隊有可能走出基地，離開棚廠，在野外的環境繼續保持裝備的運行。

飛修大隊及陸航的保修體系

基訓，補保中隊均會派遣部分人員配合機動中隊執行相關作業。例如，他們能夠在野外更換發動機，甚至具備更換旋翼頭的能力。補保中隊編配有L型吊桿，可執行野戰環境下的發動機吊掛作業，這是中隊所不具備的設備。至於更大型的維修與翻修作業，則由四級保修單位飛修大隊負責。雖然補保中隊隸屬於大隊指揮，但在保修作業專業層面，其上級為飛修大隊。飛修大隊負責督導各大隊轄下的補保中隊與各中隊的勤務分隊，每半年定期進行保修作業檢查，範圍涵蓋作業流程、表格填寫、電瓶管理、油料化驗、料件管控、技令即時更新等等，這些均為飛修大隊輔導的重點，以確保部隊維修能力的標準化與即時性。此外，對於唯一的定翼機中隊觀測連絡中隊，其三級保修直接由飛修大隊負責。由於航指部成立後，各大隊的三級保修能力主要集中於旋翼機維修，僅有歸仁的基勤中隊與飛修大隊具備專門處理定翼機的能力。因此，補保中隊僅負責定翼機的基本維修，如電瓶維護、照明設備保養、航電系統檢修等，且僅庫存基本零件，較複雜的作業則交由飛修大隊處理。

這三個層級的分工在實際運作時，還有一個重要的角色就是檢驗士官長。在陸航的保修架構中，設有檢驗士官長的機制。舉個簡單的例子，當機動中隊的飛行官在地面檢查或地面試車時，發現齒輪箱（UH-1H直升機有90度及42度齒輪箱）出現滲油問題，勤務分隊便會立即派遣檢驗士官長進行檢查，並鑑定問題的嚴重程度。若經評估後發現滲油量已超過規定的量化標準，需更換齒輪箱，飛行官便會立即關車，並安排將飛機從線上拖入中隊的棚廠，由勤務分隊

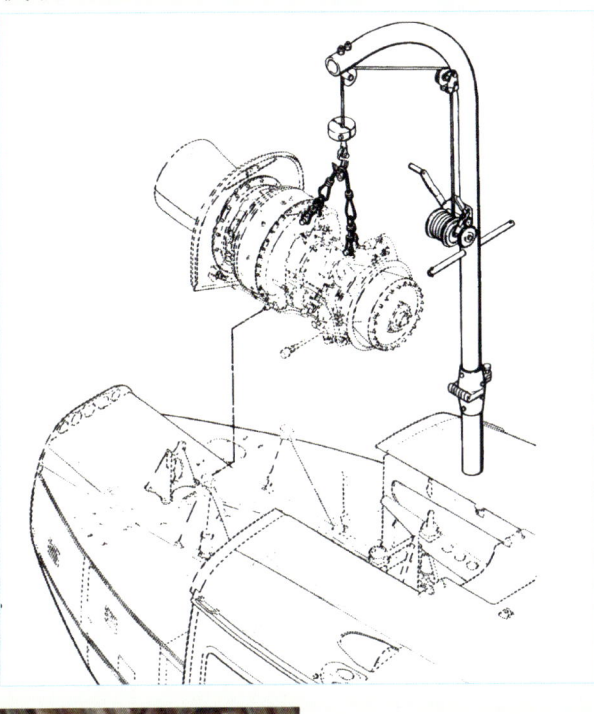

◀▲ 上圖是BELL公司UH-1H保養維修手冊中介紹野戰更換發動機的圖示，BELL在飛機頂上有設計給這隻L型吊臂施作的支點，所以可以輕鬆地完成發動機的吊掛，左邊則是陸航的保修人員在棚廠內利用同樣的裝備進行發動機更換的畫面，甚至有媒體在旁邊拍攝整個過程，平常能夠熟練這個作業，在野戰甚至是晚上作業時才不會手忙腳亂。

飛修大隊及陸航的保修體系

▶ 飛機地面試車時,若有不正常的情況發生,中隊的保修中樞勤務分隊就會馬上動起來。

▼ 這是負責把傳動系統動力傳遞到尾旋翼的重要部件:42度齒輪箱,從分解圖可以看出拆解的複雜程度,因此對中隊而言只要能把故障的齒輪箱完成更換,讓飛機盡快恢復妥善,齒輪箱的修復工作則交由上階的單位來執行。

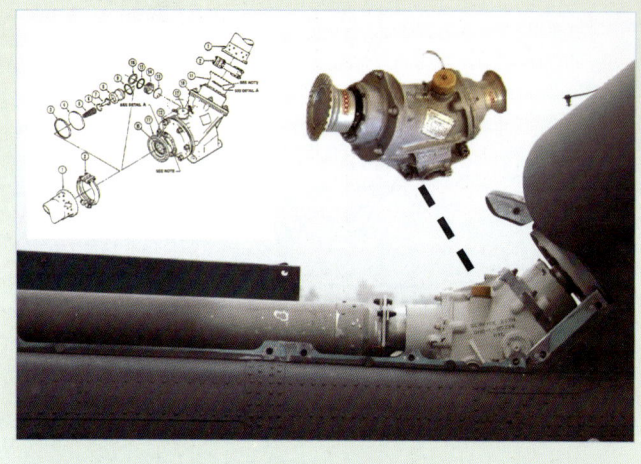

更換齒輪箱。此時,勤務分隊會從中隊的庫存中領取一個齒輪箱進行更換。換句話說,更換齒輪箱屬於一、二級保修範疇。而拆卸下來的故障齒輪箱,則會交由補保中隊更換新的,以補充勤務分隊的庫存(這類備品通常會保持兩組)。補保中隊則負責故障部件的後續維修或處理。完成維修後,中隊會安排試飛官進行試飛,確認飛機無異狀後,才會重新投入飛行線。如果檢驗士官長在現場發現故障超出勤務分隊的維修能力,便會立即通知補保中隊的檢驗士官長進行鑑定。此時,該架飛機將暫時停飛,待雙方確認後,由補保中隊接手處理。完成必要表單後,補保中隊會安排時間通知中隊的勤務分隊,何時將飛機拖入補保中隊的棚廠維修。維修完成後,由補保中隊品管分隊的試飛官搭載相關人員如檢驗士官長一起進行試飛,確保無問題後,再將飛機交還給中隊。由此可見,檢驗士官長在整個保修體系中扮演著至關重要的角色。要勝任此職務,必須累積豐富的經驗,並具備飛機保修方面的專業權威性。中隊的檢驗士官長隸屬於勤務分隊,負責在飛機運作過程中判定各類問題。一旦確定需要處理,即便飛行員階級較高,也須遵從檢驗士官長的專業判定,關車並停止飛行。此外,試飛官的角色同樣重要。每架飛機在維修完成要出廠前,皆須經過試飛官的嚴格檢驗。針對不同的故障類型,試飛官需制定相應的飛行模式來測試,以確保維修成果符合標準。為協助各單位培養試飛人才,陸軍航空訓練中心定期有開辦試飛官班。然而,最初建立完整試飛官專業內容的,是航四期的郭光國教官。他曾赴美國陸軍運輸兵學校(位於 Fort Eustis, Virginia)接受直升機保養與試飛官訓練,並在結訓後,將美軍的 UH-1 試飛手冊帶回國內親自翻譯後頒佈使用。

下面則是幾個不同層級通力合作解決問題的案例:民國66年8月17日,航1大隊20中隊編號357的UH-1H直升機,由大隊長李漢忠與20中隊隊長郭難華駕駛,執行儀器長途訓練飛往屏東。該機於09:40自龍潭起飛後,因無法與預定的管制單位聯繫,遂改變計畫,改以目視飛行前往歸仁。沿途儀表檢查皆

顯示正常。當飛機於10:30通過彰化正西方7浬處時，突然傳出一聲巨響，機頭向左偏轉，儀表多項警示燈亮起，機組人員判斷為發動機失效，立即依緊急操作程序成功迫降於鹿港鎮頭崙里，人機均安。當時，台灣附近正有颱風接近，預計次日下午將會影響中部地區。陸軍總部責令務必於颱風來襲前完成維修並將該機飛回，否則若遭颱風泡水，後果不堪設想。中午12:20，航1大隊派遣編號342的UH-1H，由補保中隊副隊長、具留美試飛官資格的郭光國及大隊飛安官王小齊駕駛，搭載補保中隊及20隊勤務分隊的人員前往現場勘查。同時，飛修大隊發動機所長張順廉直接調派卡車由歸仁載運一具發動機前往現場，準備進行野戰吊掛更換作業。發動機更換完成後，由郭光國副隊長進行試飛。未料剛起飛不久，因滑油污染導致警示燈亮起，機組人員再次緊急降落原地，隨即更換滑油濾網。所幸，在黃昏前順利修復，兩架直升機均飛回航1大隊，成功完成這場與時間賽跑的維修行動。民國83年11月1日，航1大隊第10空中突擊中隊UH-1H 303於18:35分自龍潭起飛進行空域飛行夜航訓練，19:30時發現發動機異常噪音，金屬屑警告燈亮起，引擎滑油警告燈也點亮，扭力表歸零，飛機開始掉高度，判斷為發動機失效，隨即迫降於陸航已經不再使用的龍岡機場，人機均安，航1大隊補保中隊在了解情況後，攜帶野戰更換引擎的裝備及庫存的引擎前往龍岡機場立刻展開引擎的吊掛更換，這是另外一個野戰故障排除的案例。不管是在保修分工的哪一個分層，人員的培養及這些經年累月累積而來的經驗知識與技術，正如一顆顆緊密銜接的螺絲，支撐著今日陸航的整體保修體系，每一個環節都至關重要。

▲這本就是內文中所述由郭光國教官從美國陸軍運校受訓帶回來翻譯完成的「UH-1直升機試飛手冊」，筆者曾經和李金安教官諮詢過試飛相關的議題：試飛是一門學問，通常試飛官有保養軍官資歷，又有檢驗的知識與能力再加上飛行的技術，才可以對出廠的飛機進行各項邊際或極限性能和效能的測試，結合這些測試的方法來驗證維修的結果有沒有問題。（郭光國教官提供）

◀郭光國教官曾經在飛保廠任職，於航1/航2大隊擔任中隊長時，均兼任大隊及五級檢修廠U機試飛官，尤其是擔任航2大隊補保中隊長時，還兼任水湳空軍2指部所有陸航擇要檢修出廠飛機的試飛官，可以說是頂尖的試飛好手。圖為在空軍水湳出廠的陸航UH-1H。
（李適彰老師提供）

飛修大隊及陸航的保修體系

地勤保障 - 航空兵的堅實後盾

飛修大隊的主要任務包括航材補給、各型飛機的三級與四級保養修護、陸勤部技術生訓練，以及支援警政署與海軍陸戰隊的飛機四級修護作業。其職責範圍廣泛，因此，大隊成立後，持續在各項補保作業上精進提升。從人員專業、設備更新、作業流程與紀律、安全意識培養，到航材補給效率，每一個環節都直接影響維護能量與品質。

在航指部時期，陸航的保養人員來自多元的途徑，包括早期來自空軍機校的技術人員、陸軍士官學校常士班士官、陸軍技術生體系中篩選有志於飛機保養及其他技術領域的人員。此外，服三年兵役的陸一特義務役士兵，經陸航培訓旋翼機或定翼機保養後，也被分發至相關單位服務，初期在標準作業流程尚未臻於完善時期，除了依據技令培養作業紀律外，保養人員的養成仍多仰賴「師徒制」，即由資深技師帶領新進人員，循序漸進的從執行週檢、階檢、逐步提

◀ 專業人員的培養是保修能量的基礎，在陸航的體系中，只要通過甄試，可以朝職務的發展方向被送往美國接受專精的訓練，照片中就是從技術生出發的彭金城，先成為中隊的勤務分隊保養成員，之後考上 UH-1H 空勤機工長，後續轉換為 B234 的機工長，這是在美國運校接受 B234 T-55 發動機訓練的照片。（彭金城教官提供）

▶ 保修人員的專業知識透過持續的教學及考核才會保持在一定的水準，這是民國為 84 年 8 月航 1 大隊的第 10 空中突擊中隊正在進行勤務分隊人員教育訓練的照片。

▼ 民國 82~83 年戰鬥直升機成軍，航 1 和航 2 大隊組織調整，兩個大隊的補保中隊同時變更隊徽，下左為航 2 補保，右則是航 1 補保。

◀ 保修和地勤人員的工作紀律是影響飛行及地面安全的重要因素，制定標準的作業流程，或甚至強制要求經過尾旋翼循安全區域的習慣都是工作紀律養成的方法，照片中航 1 大隊補保中隊正在進行飛地安標準作業程序的教育訓練。
（李世雄教官提供）

飛修大隊及陸航的保修體系

◀這是民國87年空騎旅剛成立不久時，司令部派員至空騎601旅戰搜營進行保修人員鑑測的畫面，平日的訓練必須有相應的考核機制才能確保訓練的成效，進而維持保修人員在專業領域上的水準，保障補保作業的品質以利任務的執行。

▲這個拖機的隊伍很明顯的就是按照了標準作業程序在執行，在沒有SOP的時代，曾發生拖車撞到飛機或是其他的地安問題，標準程序就是從累積的經驗與教訓所產生出來的。

▲從UH-1H進階到AH-1W和OH-58D，雖然都是BELL的產品，但這兩款直升機已經是另一個世代的產物，不論航電系統、武器系統還是動力系統，都是升級的技術，照片中保修人員正在為AH-1W執行保養的工作。(趙雲海教官提供)

升至更高難度的維修作業，以累積技術與經驗。從這些體系來到陸航接受到飛機保養維修的訓練洗禮後，不管是義務役或是志願役，退伍後很大的比例投入到民間的航空產業，在早年民間學校沒有飛機修護科系時，解決了航空業界保養技術人員的大量需求，他們有部分目前在民航的保修領域擔任重要職務，甚至筆者還認識幾位技術生友人，後來成為民航機師的，真可謂人才濟濟。

經過十餘年的發展，飛修大隊的責任範圍持續擴大，並經常執行重要任務的特檢。例如，國慶日空中分列式的機務特檢。1985(民國74)年，陸航獲得配備更先進航電設備的B234運輸直升機，促使飛修大隊的技術能力進一步提升。民國82年，戰鬥直升機部隊成軍，精密的航空電子部件與武器射控系統，使保修任務更為複雜且關鍵。因此，航空大隊組織進行調整，增設軍械通電中隊，並與原補保中隊共同發展出「飛機保修、航電保修及武器保修」三大重點領域。飛修大隊則是從各方面朝向原廠授權的維修能力努力，從電路板模組更換逐步發展至電子元件檢測與更換，針對武器系統亦導入光電技術，使部隊能對A、O機的目標搜索部件進行一定程度的保修。

◀▲ 執行戰術疏散、戰力保存，以有效蓄積戰力是陸航部隊戰時必要的策略。操演過程中，空、地勤人員確立疏散地點及隱蔽方式後，地勤人員將直升機進行外型的調整（例如照片中 OH-58D 的旋翼正要被向後折轉以縮小體積），隨後推入庫房，達到保存的目標。離開正規棚廠，甚至要因地制宜使用堆高機來拖機，對地勤人員已經不是野戰保養而已的作戰技能。

▲ 民國87年精實案之後，陸航的補保架構：601旅飛保廠（左）、602旅飛保廠（右）以及航空基地勤務處（中）三個單位的徽誌。

同時，亦設計野戰保修設備車，並常態化執行「野戰保修」演練，以確保在戰場環境中能迅速建立維修場地，並能夠對維修使用的工具妥善的管理。

自民國65年成軍至民國82年戰鬥直升機部隊建軍，飛修大隊歷經九任大隊長分別是吳昌田、曹光義、鄭寶福、曾祥雯、雷衍祿、張順廉、王炤燦、梅興材與江台興。他們在飛修大隊初創時期，確立航保基礎，奠定穩固發展根基。後續由曾逢斯、李文翔、顏至成、尹相隆、莊光輝及林木生等六位大隊長，持續擴充飛修大隊的維修能量，並同步提升航材補給管理，使之能因應 A 機與 O 機機隊的成長與技術進階，其中李文翔和顏至成兩位大隊長是飛行出身，更帶給飛修大隊一些新的思維，其中顏至成大隊長後來還高升到航特部司令的職務。

民國87年7月1日，陸軍執行「精實案」，航空大隊改制為空騎旅，原軍械通電與補給保養中隊整併為飛機保修廠，統一指管三大保修領域。翌年7月1日，飛修大隊與航補庫合併，編制為陸軍航空基地勤務處，改隸陸軍後勤司令部並任命李文翔將軍為首任的航勤處長。至此，陸軍航空的維修與保養體系趨於完備，從早期僅能執行基礎維修，發展至可獨立進行各類保養作業，甚至建立符合陸軍需求的後勤補給鏈。這些變革，為陸軍航空的發展奠定了穩固基礎，使其成功從支援部隊，蛻變為具備完整後勤體系的獨立作戰單位，成為今日陸軍航空兵強大戰力發展的重要支柱。

「新鋒計畫」及金、馬分遣隊的歸建

▲1979(民國68)年間,停放在尚義機場金門航空分遣隊停機坪的RO-1 518,在空軍的協助下,陸航自民國67年開始在O-1機上試裝KS-67A-12相機,共完成了5架的改裝,並將O-1正式更名為RO-1,518就是其中的一架,執行任務後飛行員回報這架518的馬力不佳,因此準備將518的引擎更換,後來金門、馬祖分遣隊各進駐一架裝有相機的RO-1,創造了陸航的一小段偵照歷史。

1978(民國67)年1月,國防部情次室汪正中次長提出應該利用空軍淘汰之小型偵照相機裝置於陸軍的O-1機上,以加強金門與馬祖近海空中照相情報的蒐集能力,在民國61年黃春強烈士遭到擊落後,金門的偵巡航線漸漸縮小到只有在金門和烈嶼的上空,馬祖也對巡邏的航線做出類似的調整,安裝偵照相機的確有機會彌補航線改變帶來的情蒐能力變化,但是在72年發生李大維叛逃事件後,金、馬分遣隊歸建的命運已經無法避免。

逐漸縮小的偵巡航線

1956(民國45)年,陸軍輕航空排進駐金門,不久後成立馬祖航空排,沿海偵巡任務的航線一直是以金、馬諸島嶼和對岸的海岸線或島嶼間的中線做為航線分界,但是早年觀測的方式只有使用望遠鏡,對於看不清楚的目標,飛行官會越過中線以便更靠近目標進行觀測,這樣的偵巡模式由來已久,到了民國52年春,觀測官已經在任務時使用照相的方式蒐集情資,使用的照相機為K-20型手提式,是一種僅適用於對點目標之空照設備,可能因為這段期間偵巡任務有多次遭遇過砲火襲擊,國防部和陸軍總部決定對陸航偵巡的航線進行調整,下達了新的禁航區規劃,基本上是把偵巡航線往內縮,但是外島執行任務的飛行員們,並沒有真的照著禁航區的畫分來執行任務,而是視任務與天候的需要來調整,以金門為例,有的人可能就照著

「新鋒計畫」及金、馬分遣隊的歸建

禁航區的劃分來執行任務以策安全，但也有飛行員為達成任務飛的更靠近對岸的情形，當然也不乏膽子大的飛官甚至已經幾乎飛到了對岸陸地上空。民國61年航1期的黃春強上尉於執行任務時遭到擊落，這個在民國52年頒佈的航線開始被貫徹執行，基本上航線退到了中線以內，到了民國68年美國與中共建交後，共軍沿海兵力部署向內陸後撤，所謂單打、雙不打之砲戰亦因此停止，表

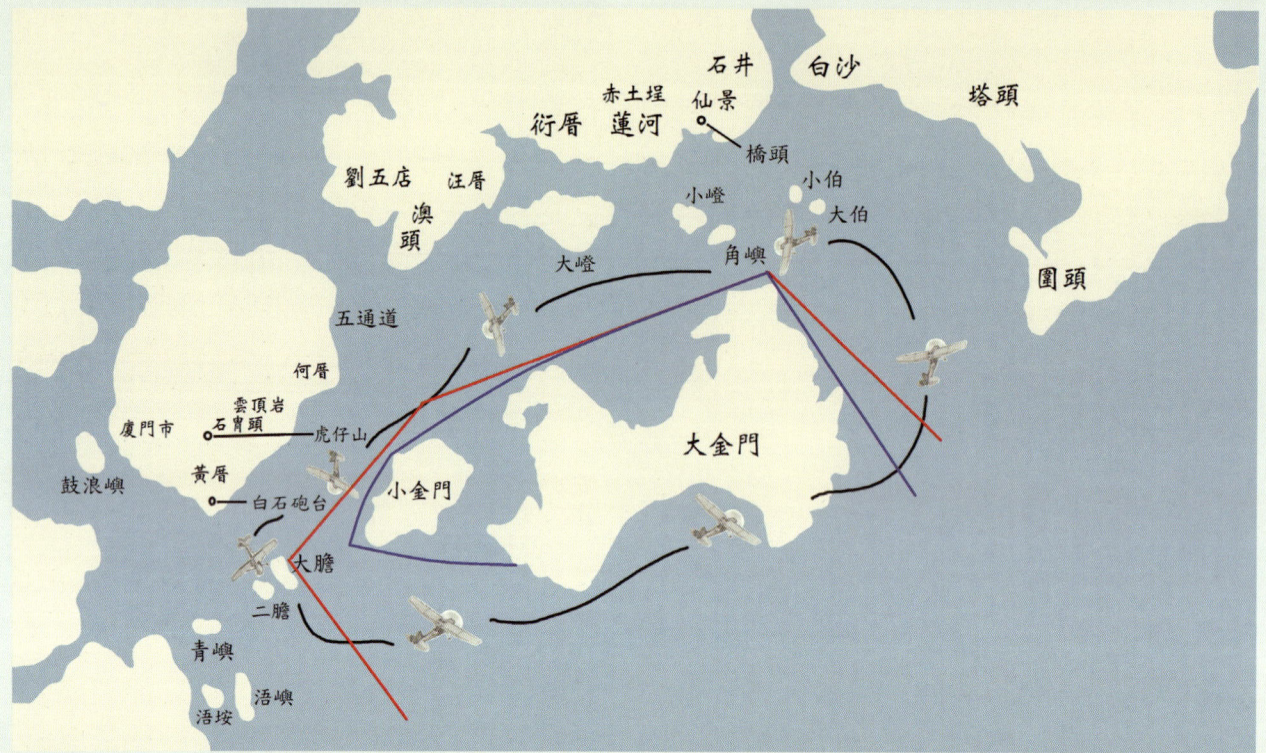

▲▼ 如圖示，1956(民國45)年金門輕航空排進駐和民國49年馬祖航空排成立的時期，偵巡的航線就是黑色有小飛機線條的部分，民國52年頒佈的禁航區域是紅線以外的區域，但視任務和天氣的狀況，很多任務的執行都會跨出紅線，直到民國61年O-1在金門被擊落的事件後，才開始貫徹禁航區的範圍，「新鋒計畫」正式執行之後，偵巡的航線調整成圖上藍線的範圍，用裝了相機的RO-1來嘗試彌補航線內縮所減少的肉眼偵察覆蓋範圍。

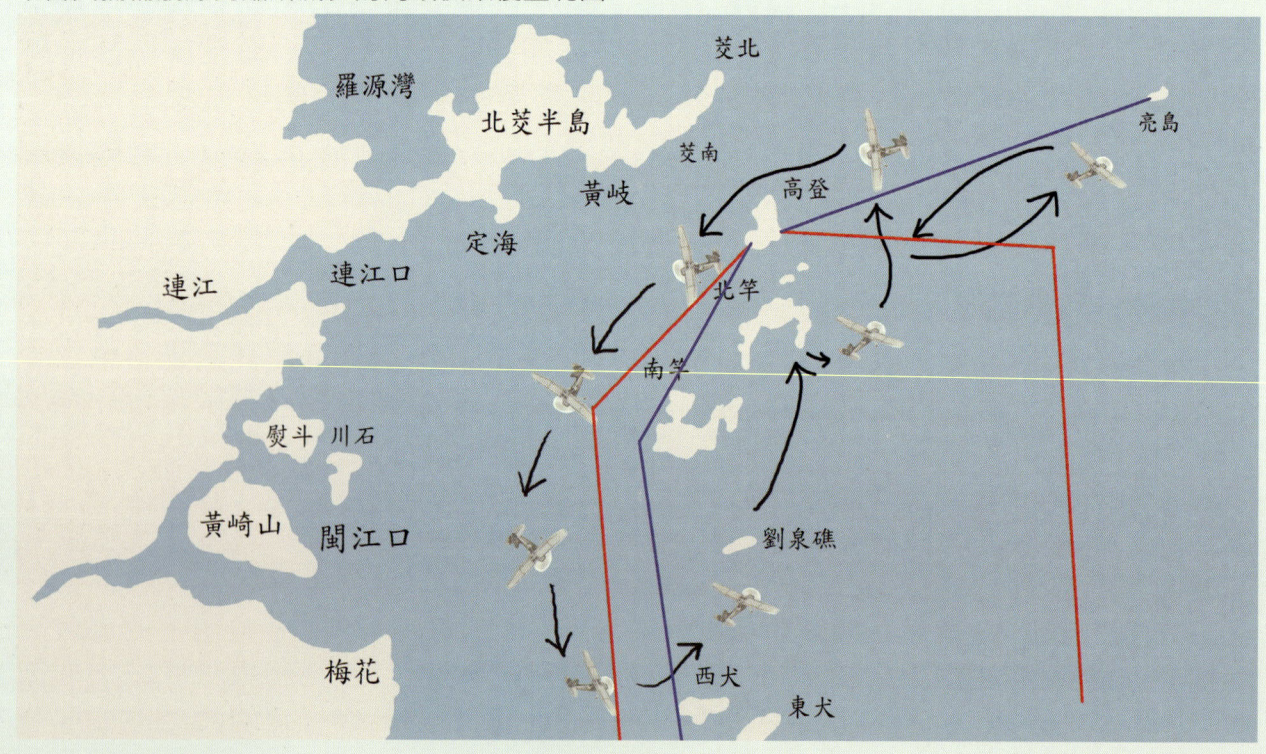

面上看起來兩岸的氣氛是緩和許多，但是來自海上的滲透挑釁並沒有停歇，為維護金、馬海域安全，已經進入旋翼機時代的陸軍航空部隊仍按規定派遣單引擎無武裝之O-1定翼機繼續駐防金、馬外島協助前線的防務。為了繼續這項任務，輪調到金門的都已經是機動中隊的直升機飛行官，只是他們必須是有定翼機飛行經驗的人員（因為定翼機飛行員逐漸減少），馬祖則因為機場地勢比較險峻，固定由觀測連絡中隊的定翼機飛行官來輪調分遣隊長及飛行員的職務。

民國66年初，21中隊的吳盛茂飛行官接到輪調金門的派令，因為天候不佳延後了一個月，到了2月下旬才到達金門分遣隊報到，他的輪調任期為半年，中間可以休假一次，金門由於發生過之前的擊落事件，航線都被要求在中線以內，而且不再飛過去大二膽那個方向，東碇島也不飛了，剛報到時可能飛的航線是中線偏金門島一點，飛多膽子大了就飛中線靠對岸多一點，通常高度也不會飛太高，觀測的目的能夠達成的高度就可以了，飛行的過程只要戰管或者是塔台通知說有紅點出現，意思就是說有對岸的飛機起來，馬上就會讓陸航的飛機返場落地，以策任務的安全，因為吳教官在來到金門之前就飛過O-1，到達金門後只需飛10個小時熟悉環境就可以開始執行任務，這個時期的觀測官多半已受過砲觀訓，他們在砲校期間會到歸仁的虎山靶場，搭乘U-6A、O-1或UH-1H來進行空中觀測，後來為了減輕UH-1H的任務量，改以TH-55或OH-6A執行砲觀訓練，O-1則執行ACT無線電試通。民國66年金門分遣隊長為劉傳集（後來在苗栗向天湖U-6A 8012失事殉職），平日的任務都順利的照常執行，但在7月7日這一天，因為范園焱駕駛米格機來台灣投誠，金門島立刻被對岸機帆船等各類船隻團團圍住，對這幾位航空隊的飛行官來說，這是從來都沒經歷過的，一開始還真有點緊張，後來稍微輕鬆後還開玩笑的說要是事態緊急就趕快安排O-1一架帶司令官撤退。半年後同樣是21隊的劉蒞中教官來接替吳盛茂，同一時期還有觀測中隊的馬傑教官也在金門，在冬天轉春天之際，常常一起飛沒多久機場就大霧籠罩，劉蒞中跟吳盛茂都經歷過金門驟變的天候，吳教官曾經在大

◀由費查(Fairchild)公司所製造的K-20手提式相機，這款相機是在二次大戰期間被使用的低空照相設備，美國海軍跟陸軍航空都有使用這款相機，據徐春林的回憶，金門砲指部也曾使用過Canon及其他廠牌的相機來擔任空照的任務（只是不記得型號了），但這種形式的相機都需要後座的觀測官來針對點的目標進行攝影，這跟KS-67A的運作方式有非常明顯不同的。（林冠宏先生提供）

「新鋒計畫」及金、馬分遣隊的歸建

◀ 天氣晴朗時由 O-1 俯瞰金門島的景象，在初春的時節，這樣的景象有可能一下子就消失，後期來金門的梁永豐教官也曾好幾次在突然雲霧籠罩之下，依靠跑道邊上樹木的影子「摸」回機場，尚義機場塔台人員根本都還不知道他的飛機已經落地。

霧中找到了跑道成功的落地，再以無線電通知塔台，塔台還是沒辦法看到已經在地面的 O-1，可見能見度有多差，劉教官則是曾起飛後由大金門轉到小金門，就這一下子的功夫，大金門就已經被雲霧遮蓋看不見了，天氣變化大而且很快，回航時只能以概略的方向下高度 1000...800....500...400...350 下降到了 100 呎保持住，盯著海面再慢慢看是否能目視，因為 O-1 沒辦法執行儀器進場，一切就靠機員的眼力，這時候觀測官也會幫忙找，最後終於目視到相關的地物才發現已經與當天跑道落地的方向相反了，但因為情況緊急，看到機場後就算是順風都直接切過去落地，由此可知偵巡任務在多霧季節是很危險的。

1978(民國67)年，輪到21隊的梁永豐飛行官於七月被調派到金門擔任分遣隊的飛行官，除了原來的半年的任期，他獲得批准自願追加半年留在金門，分遣隊平常的任務派遣外，新增了一個很有意思的任務，那就是用 O-1 在金門上空投麵粉袋來模擬假想敵做防空演習。因為多待了半年，梁教官遇到馬山連長林正義的叛逃事件，林正義(叛逃到大陸後改名林毅夫)是台大高材生，選擇投筆

▶ 民國68年金門航空分遣隊的隊員們正在棚廠打桌球的畫面，旁邊穿著便服的是來戰地訪問的記者，從牆上貼的春聯可以判斷是農曆春節的時間，稍後在5月16日發生林毅夫叛逃事件，金防部對球類開始管制，這樣的畫面也成為歷史。

「新鋒計畫」及金、馬分遣隊的歸建

◀1982(民國71)年，時任航指部指揮官徐春林來到金門分遣隊視察，在他正後方的是分遣隊長葉武龍(航10期)及指揮部行政士官長羅來瓏，左邊是一同前往的指揮部政戰主任，這是剛剛視察完油庫(後方洞穴)時拍的，右邊地面上堆放了一架O-1的殘骸，推測就是69年失事的O-1。這個時間點進駐在金門的O-1分別是510(RO-1)及601，分遣隊的官兵們軍服上的金門三角識別標誌都是砲指部符號。

從戎後轟動了全國，當時的總政戰部主任王昇保舉他當馬山的連長，民國68年5月16日他利用午夜檢查衛哨兵勤務的職務之便，從馬山半走半游，到達了對面的大嶝島。當時對岸在他叛逃大陸後很反常的靜悄悄沒有喊話宣揚。但這個事件已經攪翻了整個金門，連續三天的雷霆演習(金、馬前線只要有人員失聯之類的事件發生，就會全島進行盤查搜索稱為雷霆演習)，金防部司令命令梁永豐起飛執行空中搜索三天，不管活人或屍體，甚至是林正義使用過的任何漂浮工具通通不要放過。據說他是抱著籃球半浮半游過去對岸的，從此金防部對任何可在水中產生浮力的球類也開始管制。

民國69年05月25日，航11期的陳榮彬上尉駕駛O-1於金門尚義機場起飛實施防區偽裝檢查，由於天氣變化，落地時未對正跑道，實施重飛時失速，飛機失事在跑道上，陳上尉當場殉職(據說後座一起執行任務的一位副營長也同時殉職)，陳榮彬為21隊飛行官，因輪調被派遣到金門進駐(屬於飛旋翼機但有定翼機時數的飛行官)，是黃春強烈士之後在金門犧牲的另一位陸航飛行官，加上早年在馬祖殉職的洪昌勳上尉，總計陸航在金、馬前線共損失了3位飛行員。

RO-1與「新鋒計畫」

隨著偵巡航線的縮小，O-1對於目標的偵察能力多少受到了影響，民國67年初，國防部情次室汪正中次長提出了要陸航研究利用空軍淘汰之小型空照相機裝置於O-1機上，以加強金門與馬祖近海空中照相情報蒐集能力，這裡所謂的小型空照相機指的是KS-67A，空軍的RF-104G偵察機在接收的初期每架都配備了3具KS-67A相機，置於鼻輪艙後方的機腹中，焦距共有3、6、12及15吋四種，1974(民國63)年，空軍12偵照中隊將7架RF-104G的KS-67A換裝成KS-125相機，換下來的KS-67A就暫時擺在庫房，汪次長所提議的便是將此相機再加以利用，而在O-1安裝相機的專案就被命名為「新鋒計畫」，事實上空軍自己也準備以莢艙的方式在TCH-1中興號教練機上安裝KS-67A相機，這個專案則被稱為「新海計畫」，民國67年4月間「新鋒計畫」正式啟動，陸軍總部下令航指部派遣O-1一架飛抵桃園空軍基地進行相機試裝，因為是機密任務，這架O-1由歸仁飛到龍潭後，指派了觀測連絡中隊輔導長巫滬生少校飛到桃園空軍基地與照技隊來配合「新鋒計畫」的任務執行，經過照技隊評估，認

「新鋒計畫」及金、馬分遣隊的歸建

▲ 空軍的 RF-104 使用的相機其實有三種版本，KS-67A、KS-125 以及焦距達到 72 吋的 (Long Range Oblique Photography) LOROP 特殊長距離鏡頭，照片中這架是筆者收藏的空軍獨立 12 偵察中隊 RF-104G 5664 模型，這架是使用 KS-67A 的 RF-104G，左上角是機腹鼻輪後方照相艙的特寫，藍色部分就是照像窗，O-1 所使用的 KS-67A 相機就是從這來的。

▶ 空軍偵察部隊歷史悠久，在隊史館有收藏展示使用過的各種相機，照片中最右邊的這一台就是 KS-67A，實際上 KS-67A 有提供四種焦距，經過測試以後，最適合 O-1 任務高度及飛機性能的是 12 吋焦距的版本，也就是 KS-67A-12。
（傅鏡平先生提供）

為相機的重量對飛行的影響不大，考慮裝卸相機的便利性，決定第一版的試裝會將相機固定在機外左右兩側支架根部，以期未來在金、馬執行偵巡任務的同時可以實施傾斜空中照相。至於相機的傾斜角度則是以 O-1 在 1500 呎高度採用內縮後的偵巡航線下，要能夠涵蓋圍頭、大小嶝、蓮河、廈門島一直到浯嶼的沿海區域為角度計算的依據，在馬祖方面則要能涵蓋北茭一直到黃岐等地區，巫滬生教官回憶當時照技隊的隊長有跟他聊了一下相機安裝的細節，然後就看到在 O-1 的 V 字形升力柱根部，很簡單的把照相機 " 卡卡 " 的就鎖了上去，整個相機就裝在外部，當時航指部是鄭廣華擔任指揮官，就在飛機改裝初步完成的時候，照技隊請巫少校試飛，巫滬生給指揮官打了個電話，說這個飛機也沒有試

「新鋒計畫」及金、馬分遣隊的歸建

◀空軍將KS-67A改裝成偵照萊安裝在中興號上,並改塗裝為藍色海洋迷彩,撥到12偵察中隊,成立「中興分隊」,投入本島沿海偵巡的任務行列,據說空軍曾經要將這樣的偵照裝備及任務都轉給陸軍航空隊,尤其是陸軍有了RO-1的經驗,及沖洗判讀能力,但最終並沒有執行這個決策。(林克修先生提供)

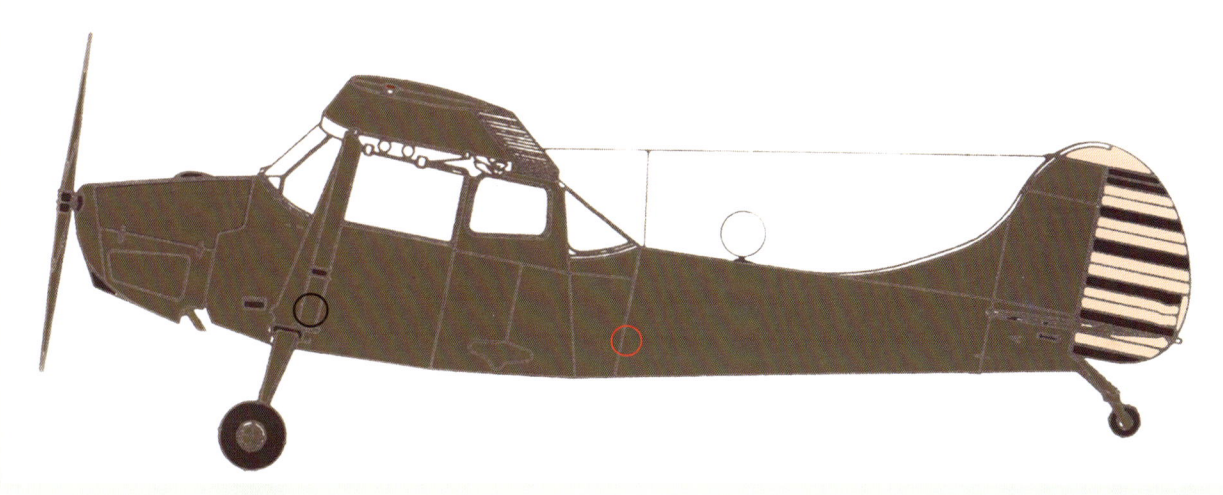

▲RO-1的改裝示意圖,改裝可以分三個階段,第一階段將相機安裝在機翼支架根部(如黑色圓圈處),第二階段是設計整流罩來改善飛行時的擾流阻力,第三階段則是將相機擺放在後座的機艙中,在機身蒙皮打開一個適合鏡頭大小的圓洞(如紅色圓圈處),以透明壓克力保護鏡頭來執行任務。

驗過而且一看會嚇一跳,就在升力支柱左邊一個右邊一個綁兩顆相機,在O-1油門的上方面裝了個控制盒,指揮官回覆:「你先飛吧,如要是覺得不穩,滾行之後就不要帶起來」,結果小心翼翼的滾行起飛,在空中爬升到足夠高度後開始搖擺主翼做一些動作想試試看操縱的靈活度有沒有受影響,結果地面上的人嚇壞了,以為發生了什麼大事,落地以後,照技隊長就問:「你覺得怎麼樣」,巫少校回覆感覺太粗糙了點,而且初步試飛後發現外置相機固定用的支撐架可能產生擾流,造成飛行時發生震動,也間接影響拍攝的效果,因此桃園基地的修補大隊就著手設計製作一個錐形整流罩將相機包裝起來,而在機翼的另一邊則是用同樣的整流罩裡面裝上配重以達到平衡的效果,而且得到外型的對稱,裝好整流罩之後,照技隊隊長很大膽的提議:「教官我陪你試飛」,就坐在後座,從桃園空軍基地起飛後,在桃園、龍潭、新竹之間的空域飛行,陪同試飛的隊長

「新鋒計畫」及金、馬分遣隊的歸建

看到沒甚麼問題就直接展開教育訓練，控制盒要怎麼操作，拍照時要怎麼樣傾斜角度，如何分段分時操作控制盒等等。整個操作適應後，照技隊長就說：「可以的話那個輔導長，你就繞全省把全省的機場照一照並且到宜蘭附近龜山島去試照。」結果巫輔導長就按照這個指引把試照的任務完成，並熟練了整個作業。

經過前述的試飛測試及調整後，「新鋒計畫」進入了外島試照的階段，第一站是金門，民國 68 年 1 月 4 日早上，巫輔導長駕駛這架 O-1 從桃園飛回歸仁，從歸仁整備後直接飛往金門！巫教官回憶那一次飛行高度並不很高，就靠 ADF 定向！到了馬公上空後再朝金門方向飛去，還沒有到金門就聽到耳機裡面叫「紅

▶▶ 陸航的 O-1 飛到桃園空軍基地後，獨立 12 偵照中隊及照技隊的人員就著手進行 O-1 的改裝。照片中工作人員採用的已經是後期將相機放置在機身裡面的方案，O-1 後座的椅子暫時被拆除以便可以安裝相機、控制線路及控制盒等。安裝完成後，再由修補大隊的人員接續進行機身開孔及其它需要製做部件的收尾工作。
（葉明祥教官提供）

點紅點紅點」，聽到時嚇了一跳，因為巫輔導長才從金門分遣隊回來，他知道紅點代表甚麼！在金門飛了一年從來沒有聽過紅點，沒想到這次飛這架外型不同的O-1卻聽到了敵機要起來的代號！趕快操控油門低空貼著海面飛行，心裡想就算要打我，也不讓你那麼輕鬆，其實心中真實的感受是真的一點轍都沒有，因為O-1沒有武裝！結果一路飛到尚義機場平安落地！詢問剛才紅點是怎麼回事，回覆說圍頭兩架武裝直升機升空了！可能因為掌握到有個「新鋒計畫」的行動，他們搞不清楚是甚麼，武裝直升機就起來觀察，一看是平常在金門的O-1，可能沒有特別的想法就落地了。當天下午在金門開始第一次試照，總計進行了4次試拍，照片送回到空軍總部情報署後，1月10日情報署龐耀祖上校致電陸總部說明效果不佳，原因是相機故障，於是馬上又安排這架O-1再飛到桃園基地重裝相機，等待金門有理想的天氣執行第二次的試照，終於在2月初盼來可以執行的天氣，龐組長率領了兩位空軍的技術人員進駐金防部，陸航除了巫滬生輔導長，還派了觀測連絡中隊的林乾銀教官(航2期)前來，等於是兩位技術精湛的飛官進駐金門，梁永豐教官(航10期)適巧輪調在金門分遣隊，也由巫教官帶飛了試拍的任務，他記得當時相機還是裝在機翼支柱上，照相時稍微傾斜壓低機翼，膠捲底片，可連拍，拍完就卸下來由龐組長帶回沖洗，並對連續幾天的操作進行測試跟檢討，龐組長在金防部負責整個相機測試之外還有底片的沖洗。同年3月，「新鋒計畫」負責單位進行檢討，2月份的試照結果經鑑定效果良好，決定「新鋒計畫」可以繼續進行。

雖然檢討的結果核准「新鋒計畫」繼續執行，但陸軍針對現有的設計還是提出了改進的想法，主要是顧慮到金、馬航空分遣隊在外島執行任務多年，飛行時距離對岸很近，突然改用了一架外型有變化的飛機，顧慮共軍可能起疑而影響到任務的安全，希望能夠研究相機放在機身內的解決方案，空軍隨即著手研究新的相機位置，不久改良的版本完成，相機被安裝於O-1後艙UHF無線電機的後方，機身後方左右各開一個照相孔，飛機外型不同的顧慮因此被解決，外島偵照任務於6月中旬正式上場，同年7月陸軍總部頒佈將改裝過安裝相機的O-1更名為RO-1，這也是陸軍迄今

◀民國66~67年，吳盛茂教官輪調到金門航空分遣隊執行沿海偵巡任務，當時這個任務編組的單位由觀測連絡中隊劉傳集教官擔任隊長，後來巫滬生接任隊長職務，這是巫隊長(左)與吳盛茂(右)在金門尚義機場的合影，民國67年巫隊長任期屆滿返回觀測中隊擔任輔導長，隨後就接下了「新鋒計畫」的任務。

(巫滬生教官提供)

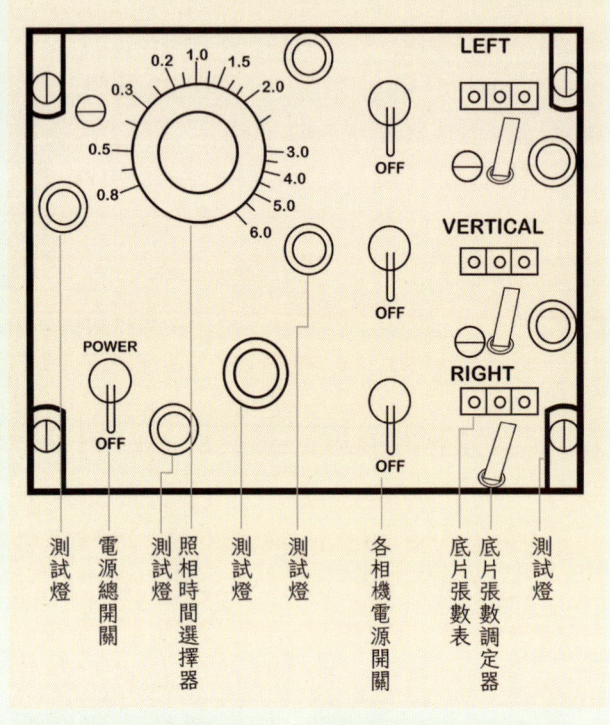

「新鋒計畫」及金、馬分遣隊的歸建

KS-67A相機控制盒

▲KS-67A 的控制盒，被安裝在飛行員左邊的廊板上，也是後座觀測官可以伸手搆得到的位置，所以也可以由觀測官來啟動相機，這個盒子應該是原始裝在 RF-104 上的控制盒，因為共有三個相機的電源開關，正好是 RF-104G 裝置 KS-67A 相機的數量。

▶正在執行偵巡任務的 O-1，照片中出現的就是 O-1 主翼的 V 型升力支架，海面上有兩艘對岸的雙帆船，正是偵巡任務的重點注意目標，遠處就是 KS-67A 需要偵照目標區，航線內縮後感覺距離遠了一些，增加了相機的 RO-1 就是希望能解決這個問題。

唯一有「R」字頭 (Reconnaissance) 的偵察機種，修改後的 RO-1 不會再有阻力影響飛行的穩定性，隱密性良好，不易暴露企圖，惟一的卻點就是片盒及相機拆卸不易，偵照時不易取得照相的參考點，但是這點可以靠訓練來克服。據實際在金門執行過偵照任務的飛行官表示，每次任務都可能連拍到接近 500 張的照片，只要天候良好效果都不錯。

以下列出 RO-1 資料僅供參考：
RO-1：509、510、512、517、518
相機：KS-67A，片盒，控制器，接線樞紐
焦距：12 吋
底片規格：70mm x 70mm
載片量：750 張

「新鋒計畫」試照期間得到的經驗：O-1 本身重量較輕，遇到不穩定氣流時不易保持平穩飛行，會影響照像效果。在天候狀況許可時，照相的品質是足以對金、馬當面地區五浬以內及其附近之目標提供詳細的空照圖，另外偵照任務視起飛方向(風向改變時起降方向也會跟著調整)需先調整好相機鏡頭朝向左

「新鋒計畫」及金、馬分遣隊的歸建

◀ 民國68年，編號510的RO-1進駐在尚義機場，雖然改裝完成的飛機超過四架，但同一時間在金門和馬祖分遣隊都只進駐1架RO-1，因為相機的數量有限，其他幾架RO-1只是改裝完成，並沒有安裝相機，換防時相機會留在外島等另一架RO-1飛來安裝。

邊還是右邊以便偵巡的航線跟往常相同沒有異狀，民國71年10月，馬祖分遣隊長為季國熊(航9期，後來擔任過觀測隊的隊長)，輔導長則是焦海清(航10期)，當時的飛行官徐恆回憶曾經在馬祖執行過RO-1的偵照任務，相機已經是改裝在後機艙內的版本，鏡頭在右側(飛機蒙皮切割直徑約20公分圓孔)控制開關於飛行員左手邊，設定3-5秒拍照一張，執行任務時大約飛在中線的位置，高度1500呎由東向西施照再送到情報單位沖洗判讀。後來陸軍派專人到空軍的照技隊受訓，並添購暗房相關的沖印裝備，建立沖印和判讀的能力。這段期間，陸航的RO-1也執行了金門和烈嶼地區1/5000的完整空照圖供聯勤製作地圖使用，並分別在民國70年和71年從金馬前線被徵調回本島(當時相機不夠，本島並沒有RO-1)參加了長泰、長安、長城、長興、長勝及長虹等實兵對抗演習，鍛鍊RO-1飛行官的偵照能力外，也讓陸軍部隊可以直接徵調陸軍自己的偵察機進行作戰的敵情蒐集，同時對陸軍的沖印判讀能力跟時效都提供了練習跟精進的機會。透過這些演練，陸軍似乎也有意要建立自己的空照戰力，雖不能跟空軍的偵照能力相比，但以現有的裝備，精簡的預算就可以支援作戰的部分需求對陸總部來說是值得嘗試的。

民國72年3月31日，金門航空

▶ 民國72年3月31日，RO-1 510迫降後的照片，O-1的油路或油箱轉換問題在陸軍及空軍的71中隊都曾發生過，510的油路出狀況時，飛行官一邊控制著正在掉高度的飛機，同時迅速針對所有可能的情況都做了排除跟測試，最終仍然沒辦法恢復引擎的轉速，還好人員都只受輕傷。

「新鋒計畫」及金、馬分遣隊的歸建

分遣隊上尉飛行官搭載二兵照相士駕駛 RO-1 510 執行空照任務，13:50 開車，狀況良好，14:09 塔台許可進跑道起飛，升空後無法與戰管構聯，保持與塔台聯絡，繼續執行任務，以 1500 呎高度空照大、小嶝及角嶼，接著爬升高度到 3000 呎以便建立空照廈門的航線，飛機剛從金城附近出海於高度 2500 呎的時候出現發動機放炮、油路不順，轉速不穩定的情形，而且馬力逐漸消失，飛行員當機立斷立刻左轉 180 度返回金門，於 14:30 迫降在古岡湖魯王墓附近，飛機全毀人員受輕傷。不到一個月之後發生「0422」李大維叛逃事件，由於李員在民國 69 年前後曾在金門執行過 RO-1 的偵照任務，經過總部和金防部的檢討，此後每次任務必須由師部派遣監察官查核始可執行，到更後面的時期，飛行任務核准的頻率越來越低，直到金、馬分遣隊被撤返龍潭基地前的這段期間，飛機只有試車與試飛，「新鋒計畫」也跟著走到了終點。

金、馬分遣隊的歸建

1973(民國 62)年 6 月，美軍正式宣佈將 O-1 除役，且在兩年後停止零件的供應，製造廠商賽斯納 (Cessna) 亦於 1980(民國 69)年宣佈零件停產，陸航的 O-1 僅能以所剩之庫存零件並透過商購的方式來維持妥善，遲早航材將無法獲得支援，就算用殺肉拚修的方式也很快會無路可走，如此將會嚴重影響外島任務遂行，民國 72 年初，航指部提報了 TH-55 直升機汰換外島 O-1 擔任偵巡任務的研究報告，內容提及 O-1 零件有匱乏的危機外，航空部隊建軍備戰之發展已經是以旋翼機為主體，除觀測連絡中隊，飛行官及保養人員之訓練都是以旋翼機為主軸，為配合外島輪調，若是派出旋翼機的飛行或保養人員，還需要先投入時間接受定翼機的複訓才能前往，服務期滿歸建後仍要回到旋翼機部隊服務，對人力物力均形成浪費。當時陸航除了 UH-1H 之外，只有 TH-55 和 OH-6A 兩

▲ 金門航空分遣隊棚廠的全貌，從民國 45 年進駐金門，後來在民國 50 年改駐尚義機場，這個位在尚義機場的陸航棚廠與分遣隊(航空排)在外島渡過了 25 年的歲月，最終 O-1 擔任的任務都逐漸被其它的新裝備取代，終於在進駐金門 30 年後歸建回到台灣本島，並在民國 82 年除役

種可擔任觀測任務的機種，OH-6A因為接收的數量不多，到了民國72年可以妥善飛行的只有6~7架，無法分配外島還兼顧本島的任務，所以才以TH-55來做分析，同年4月總部情報署提出先決條件是TH-55必須能安裝KS-67A，於是從金門調回一套相機嘗試在TH-55機上安裝，結果5月就判定TH-55無法安裝相機，航指部也回覆TH-55並不適合外島的偵巡任務，直升機不需要跑道等優於定翼機的特點是被認同的，只是當下沒有適合的機種，至於UH-1H，其操作成本及保養要求不適合在外島進駐。一時之間沒有解決的方案，根據資料顯示在民國72年陸航可以飛行的O-1還有11架，尚且足以維持當時外島的任務。

民國72年發生李大維叛逃案，金、馬分遣隊一時變成有顧慮的單位，除了立刻在4月23日暫時停止執行任務外，金門和馬祖防衛司令部必須研究出更慎密的任務管制方法並通過總部的核准才能復飛，同時航指部也要安排中校以上人員進駐外島以就近督導管理，民國72年9月航指部向陸總部提出希望正式編成金、馬分遣隊，因為一直以來都是調用其他單位人員，以任務編組的模式執行任務，評估正式編成在觀測連絡中隊之下，再加上新的任務管制辦法、航線重新定義、任務派遣流程優化，人員管理規範等措施，對管理應該會有很大的幫助。其後尚義機場修繕滑行道，馬祖與東引的電纜中斷等問題都讓金、馬分遣隊處於任務頻率很低的狀態。

民國74年中，航指部在找不到替代機種之下，向總部提出將O-1從外島撤回，建議停止執行沿海偵巡的任務，主因是執行金、馬外島偵巡等任務近三十年，持續按規定選訓飛行官及保修人員輪駐外島，但任務成效日漸式微，以馬祖為例，自民國73年7月起，均未奉派執行偵巡任務，人員、裝備閒置，而航指部又在74年新近接收空軍及陸戰隊O-1機二十二架、U-6A機兩架，定翼機數量激增，但定翼機飛行人員嚴重缺員，建議集中在本島加強戰備訓練比較合理。加上O-1裝備已經非常老舊，零件獲得不易，無線電及導航器材更是缺乏，已經不適合在天氣多變的外島執行任務。之後陸總部要求金防部和馬防部提供意見，均沒有反對的意見，因此在民國75年1月21日，國防部批准金、馬航空分遣隊歸建的申請，唯一加註的就是戰時依需求進駐。兩支分遣隊就在同年2月返防龍潭基地，歸建在觀測連絡中隊之下，結束了陸航部隊在外島30年的防務支援，更宣告定翼機時代已接近尾聲。

◀民國75年2月初，進駐金、馬的O-1卸下戰袍，從前線返防台灣，陸航將所有的O-1定翼機整理後投入到航訓中心執行飛行訓練，以便減少其他訓練用機種的使用時數。另外也撥出部分兵力到觀測中隊執行任務。
(劉蓯中教官提供)

航指部空中運輸分隊

▲ 民國74年7月成立的空中運輸分隊，在成軍時接收了3架B234直升機，民國87年，空運分隊為因應「精實案」，改編為空中運輸營，並於民國91年開始換裝CH-47SD，這是在民國92年6月，隸屬與航特司令部的空運營完成9架CH-47SD換裝後，將飛機整齊排列，準備舉行成軍典禮的畫面，由於民國97年12月18日，7303在旗山附近迫降折損，這張9機合體的照片已成為珍貴的歷史。

　　1976(民國65)年2月底，陸軍航空指揮部成立的前夕，波音公司駐台灣總代理美林實業股份有限公司帶著三位波音代表，前往空軍總部計畫署向空軍總部副參謀長等相關人員簡報並推銷CH-47中運量直升機(Medium Lift Helicopter)，甚至模仿BELL公司的UH-1H合作生產模式，提出了一個20架合作生產的方案，此案因為空軍沒有需求而畫下句點。但是空軍長官在會議紀錄的便條紙上簽了「本軍無需要，陸軍可能有興趣」的意見，當時的陸軍航空部隊還正在接收UH-1H，當然也壓根還沒有思考到這樣的裝備，令人意想不到的是，大約7年後，在時空條件的變化下，美國方面於民國72年底竟然主動通知將銷售三架CH-47商用版的B234直升機給陸軍，也開啟了陸航部隊運輸直升機建軍的契機。

出乎意料的軍售案

　　1976(民國65)年6月，陸軍航空指揮部在歸仁成立，同年12月14日空軍航發中心完成所有118架UH-1H的組裝生產，交付了最後一架編號418的UH-1H，這是陸航建軍初期最大宗的裝備成軍案，直升機的生產廠家有如看到新大陸一般積極的來接觸決策及使用單位，波音公司看到了可能的商機，尤其看中已經有合作生產能量及經驗的空軍航發中心，也清楚我國的政策傾向能夠在台灣生產，所以選擇在民國65年UH-1H進入最後生產批量的這個時間點前往空軍拜會，希望能夠將CH-47C(當時還是C型)推廣給台灣的軍方使用，只是時機尚未成熟，因此並沒有成功。1979(民國68)年，美國正式與中共建交，適逢中華民國陸軍要建立戰鬥直升機戰力的初始階段，大約三年後陸軍提出優先向美方採購AH-1系列的戰鬥直升機型，但因為美國與中共雙方正積極推展「關係正常化」，申購的過程非常不順利(請參考第177頁『飛鷹專案-A、O機種能教官赴美訓練』章節)，在當時不利的處境下，

▲1985(民國74)年8月,剛成立的空中運輸分隊接收了三架B234直升機,雖然空運分隊駐地是台南歸仁基地,但初期有很多任務都在北部,因此這三架B234一開始有相當的時間都集中在龍潭基地執行專機、性能戰力展示等等的任務,將近40年過去後,能夠找到三架一起編隊入鏡的照片很不容易,這是B234三機跟蹤隊形加入歸仁基地東航線進場的畫面,它們正通過跑道上空準備落地。

陸軍只能先將可以採購又在評比中勝出的機型列為採購第一順位,而且連採購的數量及武器的選配都已完成了評估和決定,此舉看在美國軍火商的眼裡無異是一塊肥肉送到別人的嘴裏,加上當時我國與美國的貿易逆差非常大,驅動了美國的政界進行一連串的協調與斡旋,美國前副總統艾格紐就曾前來台灣經飛機公司的安排與航指部指揮官見面,來替飛機公司說項。最後在民國72年底,沒有先兆之下,美國政府主動通知我方要出售3架B234 MLR多用途長程直升機,由於是商用版本(但性能不輸當時的軍規版),老美在中共面前可以交代的過去。除了政治上沒有影響外,亦可藉此項軍售平衡貿易逆差,更間接影響了陸軍採購戰鬥直升機的決策,對美國可謂是一舉多得的一筆交易,正因為是在這個背景因素下冒出來的軍售案,當時陸軍航空的高層根本毫無所悉,(其實也有其他的傳聞說到軍方有跟美國提過12架CH-47D的採購方案但未被批准,只是陸軍航空指揮部都沒有參與)對當時正處理戰鬥直升機採購的各級單位,CH-47這個機型根本還沒有出現在規劃清單裏。1983(民國72)年12月,從美國商務部發起了三架B234的銷售案,公文正式發出,航指部火速開始制定編裝、甄選人員並對赴美接機等議題做出相應的籌畫與安排,以便能夠順利完成接裝的任務。

航指部空中運輸分隊

接收 B234 的準備

　　1984(民國 73) 年 6 月 28 日，國防部採購組正式與波音公司簽約，採購三架 B234 直升機，航指部則在年初就已經如火如荼的展開接收新裝備的相關工作，指揮部在元月發文通告各單位 (主要是航空大隊及飛修大隊) 將以考試方式來甄選 B234 的接裝人選，有意願者可以報名參加考試，通過的人員將立刻集中開始接機前的集訓，考試由指揮部承辦單位執行，從考試的成績來進行篩選，服務於航 1 大隊 11 中隊的彭金城上士就經由這個程序從 UH-1H 的機工長變成了 B234 7201 的機工長，他回憶當時是指揮部王威揚教官前來龍潭舉行考試，所有報名的軍、士官都一起參加考試，至於赴美受訓的飛行軍官則比照美國陸軍換裝 CH-47 駕駛的資格來篩選，必須有教官資格並具有旋翼機單一機型足夠的飛行時數，加上未來成軍的幹部需求 (主官、政戰主官、分隊幹部甚至試飛官等) 以及 AIT 對飛行員訂定的 ECL(English Compehension Level) 考試及格標準來甄選出適當的人選 (保養人員也要通過 ECL 的考試，但 AIT 另外訂有及格標準)，已經有教官及試飛官資格的李金安上尉就通過甄選標準入選，除了換裝以外未來還肩負 B234 試飛官的任務。

　　入選的人員在民國 73 年春季開始，不論空、地勤，全體集中在歸仁進行三個月的語文精進課程，隨後透過關係取得美軍 CH-47 軍用版本的各種原文技令及手冊 (並非 B234 的技令和手冊)，利用出國前還有大約半年的時間，開了兩個梯次的課程來熟悉研讀，以便做好接裝前的準備工作，空中運輸分隊草創前，所有成員就在歸仁的航訓中心及學員中隊加強集訓。後來指揮部撥出了飛修大

▲ 左邊是赴美前受訓人員在歸仁努力研讀的其中一本 CH-47 手冊，右邊則是後來前往美國之後所看到的教材，由於軍售給陸軍的是商規的 B234，只是安裝了與 CH-47 雷同的軍規內裝佈局，這本教材的內容跟集訓期間研讀的 CH-47 技令手冊絕對有一定程度的差異 (外觀和油箱就不同)，封面除了印有中華民國陸軍之外，還可以看到 1984(民國 73) 年 12 月字樣，推算編印這本教材的時間大約是在第一批赴美人員出發前沒多久。
(彭金城教官提供)

隊471庫的一部分庫房改裝為空中運輸分隊入選人員的寢室，讓還沒成軍但已經集中在一起的接機成員有了一個暫時的隊本部，也可以說是一個暫時的編成。

入選人員經過三個月的語文訓練加上半年的CH-47技令手冊預習，於甄試啟動大約一年後，航指部和陸軍總部運輸署共計派出33位人員在民國74年農曆春節之後分成六個梯次出發前往美國，分別就飛行換裝訓練、發動機結構、機身結構、儀電自動飛行操縱、旋翼及航電各項相關專業前往不同的地點接受訓練，人員名單請參閱下表：

名單中有陸總部運輸署的長官，因為總部運輸署與飛機的採購及保修關連非常的密切，領隊鄭寶福和送訓的曾祥雯兩位上校先後擔任過飛修大隊大隊長，江台興中校也曾歷練過補保中隊的副隊長，航指部副參謀長張順廉中校(副領隊)則是未來飛修大隊長的人選，6位前往換裝的飛行人員各有不同的資歷建構出未來新單位建軍的基本架構，機工長和保修人員則是由各單位遴選出來，以飛行單位來說，當時第11中隊一次入選四

單　位	姓名階級	現　職	受訓班次	備　註
陸總部運輸署	鄭寶福上校	副署長	接機領隊	
航指部	張順廉中校	副參謀長	發動機結構修護	接機副領隊
航訓中心教務組	顧永明中校	教育參謀官	飛行教官換裝	空運分隊隊長
航2大隊第10中隊	王建新少校	副隊長	飛行教官換裝	
航指部政戰部	井延淵少校	政戰官	飛行員換裝	
航2大隊第22中隊	張陶甄少校	飛安官	飛行員換裝	
指揮部第三科	何　麟上尉	飛行官	飛行員換裝	
航2大隊補保中隊	李金安上尉	組　長	試飛官訓練	
航1大隊補保中隊	張裕澄上尉	分隊長	發動機結構修護	
飛修大隊工品室	李熙旻士官長	機工長	發動機結構修護	
飛修大隊工品室	于懋安上士	檢驗士	發動機結構修護	
航1大隊觀測連絡中隊	施養和上士	保養士	發動機結構修護	
陸總部運輸署	江台興中校	副組長	飛機機身結構修護	
航指部第四科	王昌言上尉	航補官	飛機機身結構修護	
航2大隊第22中隊	張鋒銘士官長	機工長	飛機機身結構修護	
航1大隊第11中隊	張晏皓士官長	機工長	飛機機身結構修護	
航1大隊第11中隊	彭金城上士	機工長	飛機機身結構修護	接機機工長
航1大隊第11中隊	楊德龍上士	機工長	飛機機身結構修護	接機機工長
航1大隊第11中隊	陳正容上士	機工長	飛機機身結構修護	接機機工長
陸總部運輸署	曾祥雯上校	副組長	儀電自動飛行操縱修護	
航1大隊補保中隊	王士文中尉	修護官	儀電自動飛行操縱修護	
飛修大隊工品室	李龍展士官長	檢驗士	儀電自動飛行操縱修護	
飛修大隊工品室	薛伯夷上士	檢驗士	儀電自動飛行操縱修護	
飛修大隊修護工場	吳正虹上士	保修士	儀電自動飛行操縱修護	
飛修大隊修護工場	史浩舜中士	保修士	儀電自動飛行操縱修護	
飛修大隊工品室	馬法仁中士	保修士	旋翼修護	
飛修大隊修護工場	韓紹曄上士	保修士	旋翼修護	
飛修大隊修護工場	劉醇來中士	保修士	旋翼修護	
航2大隊第21中隊	陳坤進上士	機工長	旋翼修護	
航指部第四科	鍾克偉上尉	通訊官	航電修護	
飛修大隊修護工場	湯建成中士	保修士	航電修護	
航2大隊觀連分隊	李信宏中士	保修士	航電修護	
航2大隊觀連分隊	錢盛龍中士	保修士	航電修護	

航指部空中運輸分隊

▲ 這是赴美受訓行程安排表，訓練分別在位於賓州費城附近的波音公司 (Boeing Helicopter, Ridley Park, Pennsylvania) 及康乃狄克州製造發動機的萊康明公司進行 (Lycoming Engines in Stratford, Connecticut)，在備考欄列出的是兩批各三位人員，他們在我方的 B234 生產出廠後，要展開 "隨機飛行訓練"，領隊的任務則是分成兩期，第一期主是前往波音及萊康明公司安排訓練事宜，第二期是處理驗收和接裝的相關安排，除了飛行人員後來從 4/20 提前至 3/17 出發之外，其餘均按表進行。

位空勤機工長，對戰力影響相當大，有些單位人力比較吃緊，當時就不放人參加甄試（甚至就不發佈公文），11 中隊是將公文張貼在公佈欄，雖然中隊長最後還是有權限否決有意願參加甄試的人員，但是國家裝備的更新建軍也是大事，隊長李自龍在人力吃緊下仍然以更大的格局同意了 4 位機工長的報名，當時由於各種受訓、支援及 0422 李大維叛逃案後的人員調整等因素，正是空勤人員短缺的一段過渡期，可以想像中隊長要儲訓戰力，又要達成各項任務的艱難處境，常常早點名聽到這位去支援，那位去受訓，應到跟實到數字有相當差異乃是家常便飯，那段期間主官是非常辛苦的。

接裝人員最早一批在民國 74 年 2 月初與副署長鄭寶福一同出發，開始為期四個多月的各項訓練，當時的航指部林正衡指揮官還特別到桃園中正機場去送機表達對此軍售案及空運分隊建軍的重視。

商用版的軍售模式

最早出發的保修受訓人員在到達美國後，立刻前往位於費城附近的波音直昇機製造廠，由於 B234 並非美國軍方使用的型號，軍用版的 CH-47C/D 國會並不批准軍售給台灣，只能銷售商用的型號，B234 這種商規的版本產量本來就不多，是用已經量產的軍用版修改而來的，加大了航程並且在機艙內有商規的裝潢和空調等等，一開始銷售的市場是英國北海的海上鑽油平台，主要任務是人員物資運送，在銷售給中華民國陸軍時，又把商規版本的裝潢改回軍規的內裝，即便有部分軍規的裝配，這樣的機型也仍不是美軍的制式裝備，所以跟以前到美國陸軍航校或運輸學校換裝訓練的模式完全不同，整個 B234 接裝的空地勤訓練是直接在波音原廠及萊康明發動機公司以商售專案的模式進行。

受訓人員到達費城後，由國防部出

資，請波音公司出面在廠區附近租了一個公寓房子供受訓人員住宿，在當時甚至上課時準備的咖啡、可樂和點心也都是由國防部報銷，可見取得新裝備的難度跟代價是非常高的，購買如此昂貴的裝備(據了解以當時美金匯率，每架B234的價格介於台幣6~7億之間)，結果卻連受訓上課時的飲料點心費用都還必須自理，所以張順廉副參謀長特別交待這些在教室中沒有用完的飲料物品請大家務必帶回去宿舍不要浪費了國家出的錢，不帶走也還是會被人拿走的。

受訓期間早上通常安排的是通用課目，下午則是分開上專業課目，由波音排出專業教官(液壓、發動機、旋翼、航電、機身結構)，這幾位教官後來共有四位來到台灣擔任顧問，協助B234成軍期間的一些疑難雜症，(其中一位來到台灣後不久病故，另外又調派一位來接替)，至於最後出發的飛行人員，因為美國陸軍航校不是用B234機型進行訓練，所以也是安排在波音接受飛行訓練，訓練初期，波音還正在組裝這三架B234，一直到第一架組裝試飛完成後才開始正式進行換裝訓練及機工長和保養人員的隨機訓練，這段飛機尚未出廠的時期就安排飛行人員到英國去飛模擬機，英國的海上鑽油平台產業是B234的最大客戶，當時英國有10架B234，由於北海油田的需求，英國是全世界擁有B234數量最多的國家，也購置了模擬機以供飛行員訓練等用途，所以B234在英國有模擬機，反而在美國是沒有的，不過受訓飛行員最終沒有去成英國，因為波音公司計畫這個模擬機訓練時，以為填寫相關資料即可申請入境英國，沒想到英國政府可能有所顧慮，所以不同意發給受訓人員簽證，不得已之下，波音公司只好考慮別的方法，正巧剛製造完兩架CH-47D的414機型(414型號是專

機身漆著美國註冊編碼「N241BV」的B234，在完成組裝後正在進行試飛，這架是陸軍採購的B234中第一架從波音出廠的，試飛時機身上已經漆上了國徽和陸軍字樣，待試飛都過關後還會再加上機尾的陸軍軍徽及陸軍航空部隊的機號，這架飛機出廠後，在波音受訓的飛行員、機工長及隨機保養訓練終於可以在自己的飛機上進行，而這架就是未來交付給空中運輸分隊編號7201的B234。

(彭金城教官提供)

航指部空中運輸分隊

▶ 漆上陸軍航空編號7201的B234正在波音公司邊上的德拉瓦河(Delaware River)進行水上著陸測試，據了解，每一架組裝好的B234和CH-47都要經過這樣的測試以確保飛機底部各項防水機制的組裝都沒有問題。

▲ 6位種子教官在飛行訓練的空檔拍下了這張珍貴的合照，因為種種的顧慮並且是在波音公司接受訓練，受訓期間是不可以穿軍服的，比較像是以老百姓的身份和波音進行專案合作，人員報到安頓後，波音有發放一些裝備，所有受訓的空勤人員都配發了這套飛行服，右胸前有一枚波音234奇努克字樣的繡章，繡章用海上的鑽油平台做為背景，正說明了這個機型的發展與英國鑽油平台的關聯，可能前幾批訂單都是為了這個產業生產的。由左至右分別是李金安上尉、張陶甄少校、井延淵少校、波音教官Ron Meclin、顧永明中校、王建新少校、何麟上尉。（李金安教官提供）

門提供外銷給盟國的CH-47D，也被稱為國際版奇努克）要交機給奈及利亞，沒想到奈國發生政變，飛機就一直擱置在波音工廠內，折衷的訓練方法就是先在這兩架414的機上進行例如開、關車及一般飛行等基礎訓練，飛了一些時數之後，陸軍的第一架B234完成組裝試飛，訓練馬上改在我國的飛機上進行，畢竟還是有不少地方B234跟414機型是不同的，例如飛操部分、油箱的大小、引擎出力還有外型上兩側窗戶的形狀和數量，B234還有為因應北海寒冷氣候在右

▲▶李金安教官在完成不同的訓練課程後，接受波音公司頒發證書的畫面，從每個課程都有一張證書可以看出波音在這方面是很嚴謹的，這邊呈現了三張李金安教官保存的證書，其中一張比較特殊的就是試飛官證書，在這麼短的時間要完成換裝，及試飛官的訓練實屬不易。
（李金安教官提供）

航指部空中運輸分隊

▶三架B234陸續完成組裝試飛出廠，飛行訓練及機工長等保修人員的隨機訓練也有了更充裕的施訓環境，這張是7202剛執行完訓練飛行回到停機坪落地關車後，機工長彭金城在停機坪與飛機的合影，彭金城戴的帽子也是波音公司發的，上面繡有Boeing Helicopter字樣。
(彭金城教官提供)

◀▼波音頒發證書給彭金城的照片，左下角是機工長(Crew Chief)證書，右下角則是保養訓練專業的證書，第三張證書跟李金安教官的共通課程(Familiarization)相同，所以在此就不再列出，此時彭金城的頭髮相當長，在美國四個月大部分受訓人員都沒有去剪頭髮，所以到了這個階段很多人都留了一頭長髮。

(彭金城教官提供)

144 陸航建軍史話 II

▲驗收前波音公司安排了一頓非常正式的晚餐，之後再帶大家觀看NBA費城76人隊的比賽，這讓領隊張順廉有了警覺，特地提醒大家驗收的重要性，這是當晚用餐時部分人員的合影，由左至右分別是馬法仁中士、李信宏中士、史浩舜中士、波音公司副總裁、彭金城上士及陳正容上士。(彭金城教官提供)

前方機頂上設置的機艙加溫器等等。當時我國的B234漆上美國的註冊號碼(例如:N241BV)，訓練場地遍及費城、德拉瓦州、新澤西及德拉瓦州的威明頓，一個多月的飛行訓練，飛行員必須熟讀4本手冊，試飛官則要搞定9本手冊(約6-7公分厚)，還好有很多學科是在國內都讀過，所以才能跟上，而且還回到學生時代用畫重點，查字典來加深學習的效果，在如此短的訓練期間，除了換裝飛行的各項課目之外，也曾有做一些基本吊掛的演練，完成過20000磅的吊掛訓練，不含414機型共計飛行接近30多個小時，飛行官與機工長搭配輪流上場訓練，以累積經驗及時數，從早上八點多開飛，08:00-18:00之間飛四批，其中也有安排幾次夜航，一天飛幾批下來回到宿舍睡覺時，整個耳朵還是嗡嗡作響。

在各項訓練都接近完成的階段，來到了接收飛機的驗收環節，就在驗收的前一晚，波音公司招待所有接機人員穿著正式的服裝去吃厚片牛排，晚餐後則是去看費城76人隊的NBA球賽，由於第二天要驗收，當晚陸航的領隊張順廉中校特別把所有的人員集合起來精神講話：「牛排也吃了，球也看了，但是一碼歸一碼，該各位要克盡職守，好好把關飛機品質了，未來飛機接收回去，也是各位要使用，有毛病也是要自己承受的。」結果第二天驗收列出的問題共有一百四十餘項，這個結果遞交給波音的專案負責人員時，他們感到很震驚，接下來幾天大家明顯感受到波音人員的火氣與不友善，這些缺點還包含了飛行員驗收時發現駕駛艙裏面的操控面板甚至儀表，集體桿都是舊品，波音把廠內二手零件裝在應該是全新品交貨的飛機上，昨晚安排的饗宴及NBA的球賽不免讓人聯想是別有用心的！而從另外的角度來想，或許他們是在試探台灣來的接裝人員是不是可能因此而放鬆驗收的標準，結果這些問題都被要求要徹底解決，該換回新的部件，通通都沒有打折扣要更換，接機人員是以使用者的立場鉅細靡遺來檢查驗收，而且這個銷售案本來就是買新飛機，當然要用新品的概念去驗收，後續張順廉中校花了很多工夫跟波音副總裁(負責直昇機部門)會議、溝通，反覆的確認細節以保證接收到完整沒問題的飛機，圓滿達成任務。

航指部空中運輸分隊

▲ 這是B234交機儀式的大合照，時間大約是民國74年的4月上旬，照片中央是波音公司副總裁，他正將出廠的7201相關文件交到張順廉副領隊手中，參加交機的人員後排左至右：顧永明、井延淵、湯建成、陳正容、吳振虹、韓紹嘩、于戀安、李龍展、張順廉、波音副總裁、曾祥雯、波音代表、何麟、王昌言、王建新、馬法仁、李金安、錢盛龍、張陶甄、江建興。前排左至右：楊德龍、張宴皓、王士文、張峰銘、張裕澄、薛伯夷、李熙旻、史浩舜、鍾克偉、彭金城、劉醇來、陳坤進、李信宏、施養和。
（施養和教官提供）

空中運輸分隊的成軍

在B234接機人員到台南歸仁報到進行前置集訓的同時，航指部在歸仁基地也同步展開棚廠及新單位房舍的興建，至於新裝備的編裝規劃，因為並沒有預期到這個軍售案，現在必須根據B234的性能及運用從零開始進行規劃，民國73年10月15日，航指部向陸軍總部提報初版的「空中運輸中隊」編裝草案，以中隊為單位編制12架的B234/CH-47D，其任務在於作戰中提供部隊之戰術空中運動，於戰區中提供戰鬥補給品及裝備之運輸，編裝草案提到能夠同時空運兩個突擊步兵連，組織則佈建有中隊部、勤務分隊和運輸分隊（人員計250多員），由於B234還可以改裝成配備24副擔架的救護機，編裝草案中也包含了航空醫官及航空救護士，為完善四級補保能力，草案中也提報飛修大隊擴編增加36人來配合空中運輸中隊的成軍。

這份以滿編12架B234為藍本的草案並沒有被陸總部認可，雖然已確定購買3架B234，並將在一年內交貨，但未來是否能夠繼續採購？這一點沒有任何的能見度，就這樣以12架作為編制數量與採購的3架現實上相差過大，人員編制也太高，結論就是再研究。編裝案幾經檢討直到翌年4月，人數精簡到139員，總司令蔣仲苓仍然認為人員太多，下修到104員才上呈給國防部，沒想到郝總長的批示是不同意，最終國防部於民國74年7月3日核定陸軍B234直昇機以獨立分隊編制准自74年7月16日生效，也就是空中運輸分隊的編裝是在成立前兩周左右才拍定的，這個獨立分隊直屬陸軍航空指揮部，編制人員74員（中校1、少校3、上尉10、中尉1、士官長22、上士18、中士9、下士3、上兵5、一兵2）組織架構有分隊部、運輸組和保修支援組，飛修大隊擴編的部分則是同意增加14員保修士，至此終於定案。此時留美受訓人員在完訓後已經陸續啟程返國，唯部分人員需留下來驗收最後出廠的飛機，三架B234分別於4

▲▶ 上面的照片中，波音公司員工正在巴爾的摩碼頭進行 B234 的最裏層封裝，主旋翼在運到碼頭之前都已經拆卸下來固定在機艙內，封裝是為了避免海運時鹽分的侵蝕。右邊的照片則是 1985(民國74)年7月5日，封裝完成的 B234 正由吊車緩緩吊起，準備放在陽明海運的貨輪上運回台灣，下面入鏡的這台箱型車以現在的眼光看來樣式非常老舊，畢竟 1985 年距離現在已經將近有 40 年的歷史。

月8日、5月24日及6月22日完成出廠驗收，並由波音公司執行最後檢整及海運包裝，在7月5日由巴爾的摩港啟運回台，尚未返國的人員則是在7月初全員返回到台灣，7月16日陸軍航空指揮部空中運輸分隊在歸仁基地成軍，首任隊長由顧永明中校擔任，輔導長為井延淵少校，運輸組長王建新少校，保修組長則是王昌言少校，此時新的飛機棚廠雖然尚未完工但已經可用，空運分隊就暫時以6位飛行員和3位機工長加上其它赴美受訓人員這樣的陣容開始運作。

民國74年8月7日，三架 B234 由波音委託陽明海運的貨輪運送到高雄港70號碼頭，受訓歸來的機工長和飛行官整裝前往高雄港接機，代號「飛鷹演習」，前往的人員還有波音公司的代表及在台灣長駐的顧問，抵達碼頭時正好趕上飛機被吊車從船上放到碼頭的時間點，當時飛機的主旋翼都被拆除放在機艙內，其他部份則維持原狀以這樣的方式封裝運送，吊放到碼頭後就地與波音公司代表完成驗收，進行解封並將置放在機艙中的旋翼吊出來安裝測試，再驅車前往屏東空軍基地進行油料化驗，因為在美國 B234 使用的是 Jet A1 燃油，空軍屏南基地是以 JP4 燃油的規格化驗，所以得到數據不正確，只好現場找老外確認畫押後才可以試車，完成必要的檢測後，8月9日飛機飛回歸仁整備，然後在歸仁密集的進行飛行訓練，畢竟在美國受訓的飛行時間還是很有限，據 7201 機工長彭金城回憶，接機回到歸仁，隔一天就出任務到陸軍總部以 7201 來做展示，飛機先飛到龍潭基地，第二天再飛到隔壁陸總部，龍潭落地時基地就如颳起一陣旋風，大家爭相來看新飛機，翌日從龍潭起飛到隔壁陸軍總部的直昇機落地點，彭金城回憶這大概是他有生以來第一次看到那麼多星星，包括總司令蔣仲苓，幾乎整個總部的星星都來參觀 B234，可能連附近部隊主官都被召來一起觀看，現場可謂是星光閃爍，可以想像一邊還在密集訓練的空運分隊一邊已經被預告未來要接受各式各樣的挑戰了。

航指部空中運輸分隊

▲ 左邊這枚是空中運輸分隊在民國 74 年成立時的隊徽，是由首任隊長顧永明委外設計的，上方的雙旋翼直升機圖案就是 B234，而機身部份則用 ATB 三個英文字母組成，代表 Above The Best（有超越顛峰的意思），右邊這枚則是空運分隊擴編成空中運輸營接收 CH-47SD 後使用的隊徽，機身上的 5 個圓窗清楚地呈現了 CH-47SD 的機型，代表了空中運輸營的主力裝備，配上象徵榮譽的圓形桂冠以及有頂尖和專業意涵的配色及圖案，除了承襲空運分隊的傳統之外，更有登峰造極的意念!!

◀ 三架 B234 經過波音公司專業的封裝後，被吊車放置在陽明海運貨輪的甲板上，經過大約一個月的海上旅程來到台灣的高雄港，海運的過程無法避免會籠罩在充滿鹽分的環境，層層的封裝最主要就是要防範機體不要受到鹽分的侵蝕，這是像波音這樣的公司最基本的專業。

▶ 高雄港的 70 號碼頭，日立公司的橋式起重機正在將一架 B234 從陽明貨輪的甲板吊向地面，也象徵陸軍航空部隊豎立了另一個新的里程碑，從 UH-1H 的運輸酬載進入到載重更大，航程更遠的運輸能量。

「龍馬四號」演習

陸軍的 B234 在 1985(民國 74)年 8 月透過海運送抵台灣，早在半年前陸總部就開始陸續發文給航指部、砲兵訓練指揮部、陸軍工兵學校及空降特戰司令部等單位，在公文中提供了 B234 的性能數據，據此訴求各單位就各自專業提供對 B234 運用有關的研究資料，甚至在 6 月份還曾發函給中科院要求提供 111 榴炮的吊掛資訊來做研究，(111 榴砲專案即是岸置雄蜂一型反艦飛彈)。下面節錄航指部以空中機動和空中運輸等任務特性向陸總部提報的運用分析：

1. 空中機動作戰：一架 B234 可運輸 44 員全副武裝士兵，以 12 架的兵力可運輸一個步兵營實施機動作戰，惟必須配合觀測直升機及武裝直升機作為前導及護航，B234 有較大的運輸能量，只需較少之飛機即可達成上述任務，若使用 UH-1H 則必須使用 4 倍數量始可達成，故在攻勢或守勢作戰均有其優越性。

2. 空中運補：一架 B234 直升機可擔負 20000 磅軍品之機內裝載運輸或 28000 磅軍品之機外吊掛，若使用 UH-1H，則需 6 架始可達成。可見 B234 在戰場上之機動補給能力。作戰所須之裝備亦可由其迅速完成運輸，例如建制之火砲、車輛及其它武器等均可實施機動變換陣地以支援作戰，另外亦可實施吊掛如工兵使用之橋材、推土機、平路機等，對戰時交通網路斷絕後之重建可產生決定性之影響。

除了運用之外，航指部也要籌畫留美人員返國後的訓練，舉凡師資熟飛、空地勤人員精進訓練，飛機操作手冊編撰、技術書刊翻譯及商用的 B234 加裝必要的軍用設備，例如正副駕駛座椅加裝防彈裝甲板等等，可見接收新的裝備，從零開始到能夠發揮戰力是需要投入相當的時間和人力才可能完成的。

由於長官們都迫不及待想快點看到 B234 的性能展示，6 月 4 日陸總部特別

▲ 為使其它單位能掌握 B234 的性能，航指部製作了 UH-1H 與 B234 比較表，兩者雖然並非同一等級，但可藉著熟悉的 UH-1H 來舉一反三！！

▲ B234 才接回歸仁，馬上要為 9 月下旬的龍馬演習做準備，上表的項目並沒有全部執行，但也執行了 8、9 成，筆者當時正在航 1 大隊服役，每天都看到這些項目的演練，龍潭上空開始出現 B234 吊著砲或 2½ 軍卡車在空中飛行的景象！！

航指部空中運輸分隊

舉行直昇機簡介及性能示範協調會議，這個會議的結論就是9月下旬要舉行「龍馬四號」演習的藍本，從8月初在高雄港接機到9月下旬的龍馬演習，空運分隊根本無暇展開新進人員的培訓，因為馬上就有展演及各項任務要執行，計畫中的精進訓練或是部訓等等的工作都不可能在當下全力進行，當年也不像現在有初始作戰能力(IOC)或完全作戰能力(FOC)的定義來評估戰備的完成度，空運分隊的初期運作，就是6位飛行員、3位機工長和其它赴美受訓的人員這樣的陣容，大家咬緊牙關來達成所有的任務。

從所有操演需要的裝備完全備齊開始演練到「龍馬四號」演習的D日大約只有一個月左右，尤其這些操演的課目並沒有在波音訓練中演練過，現在只有透過全體人員的努力，不斷的練習，再加上波音顧問的協助來完成展演的任務，有一次在演練1/4偵搜吉普車上下B234時，地板上的載貨扣環正好被輪子壓過去，直接就把機艙蜂巢地板壓出一個凹陷的洞，還花了很多工夫修理，據了解這個課目是由空特部62旅派出的偵搜

◀「龍馬四號」演習於民國74年9月21日在龍潭基地實施，天候狀況並不理想，但在空運分隊全體人員上下一心的努力下，演習任務順利圓滿，這是B234吊掛2½軍卡車的畫面，幾位穿橘色飛行服戴著頭盔的吊掛作業人員不是別人，正是赴美受訓的保養人員，剛起步的空運分隊還沒有專職的吊掛人員，所以部分人員得要身兼不同的職務。

▶這是空特部62旅的戰場偵搜車從B234開下來的畫面，一共有三輛偵搜吉普車，每部搭載四位特戰隊員。其實執行2½軍卡車吊掛的也是7203，當天一架飛機要負責不同的課目，如何在預定的操演時間內以有限的人力，一氣呵成將課目完成，對一個剛起步的單位真是非常高難度的挑戰。

航指部空中運輸分隊

車，由該旅派員駕駛，也負責車輛裝載的固定工作，因為綁帶固定時，人員沒有將扣環歸回地板凹槽定位處，吉普車壓過導致發生這個事故，這部份正好也是商規與軍規用料有顯著不同的地方，商規用的是蜂巢式玻璃纖維，軍規則是高強硬度鋁合金板。「龍馬四號」演習並未執行水上降落課目，因為水上著陸的操演場地不適合校閱其它的課目，而且總共只有三架飛機，一次能操演的課目是有限的，9月5日，課目演練已經相對成熟，空降特戰司令部先在歸仁基地執行了一次「龍馬演習」，可以說是一場正式的預演，讓空中運輸分隊有機會針對需要改進的地方做檢討及調整。

9月21日，「龍馬四號」演習正式在龍潭基地舉行，由參謀總長郝柏村親自主持，所有長官被安排在一個敞開大門面向停機坪的棚廠來觀看B234的操演，當天操演時下著不小的雨，但是空運分隊的成員全力以赴，圓滿達成任務，其中吊掛155或者105榴砲的想定是快速砲陣地轉移，課目執行時，砲手先進入機艙，B234再保持滯空讓地面吊掛作業的人員可以將155榴彈砲主體的前端和後端砲架吊掛施力點透過吊繩掛上機腹的前後兩個掛點，砲彈則是被吊掛在砲架下方，吊掛作業人員不上飛機，掛勾確實穩妥的掛上後，飛機開始帶集體桿緩緩拉高，直到彈藥台也離地後才開始前進，到達釋放的目標區時，先滯空下降，直到彈藥台著地，接著飛機向前

▼「龍馬四號」演習當天，105榴砲吊掛的操演課目基本上跟這張照片是相同的，照片中兩門105榴砲的砲架已經被固定在一起，根據吊掛的教範將吊掛的繩帶綁定在兩門105砲的吊點上，彈藥台的吊掛繩帶則被繫在砲架上與砲架保持適當距離，B234正緩緩的移動到吊掛手的上方以便將繩帶掛上機腹的兩個掛鉤上，確定穩妥後才帶集體桿慢慢爬升高度，直到機工長報告所有下方吊掛的裝備都離開地面，飛行員才會操作B234開始向前飛行。　　　　　　　　　　　　　　（李金安教官提供）

這是在演練龍馬演習中吊掛155榴炮的畫面,B234可以吊掛一門155榴炮及彈藥40發,一個155的炮兵班共有12人,吊掛時不含牽引車,扣除牽引車駕駛,機內同乘11員砲手,而且每一位的體重必須是在200磅以內,因為整體的重量已經接近B234的酬載最大值,照片中155榴彈砲主體前端和後端砲架吊掛施力點透過吊繩掛上機腹的前後兩個掛點,砲彈則是被吊掛在砲架下方,飛機已經開始帶集體桿升空,彈藥台剛剛離開地面,龍潭基地在謝深智大隊長及全體官士兵努力之下,早在「龍馬四號」演習之前就進行了徹底的環境整理,也把基地內的綠草區域都修剪乾淨,本來機場邊陲地帶是高度及腰的草叢,現在也都變成了整潔的草坪。　　　　　　　　（李金安教官提供）

航指部空中運輸分隊

◀ 龍馬演習當天，長官雲集，龍潭基地某一棚廠被清空整理出足以容納數十位高級長官的空間，沙發茶几應該是由其他單位支援來的，筆者當時在航1大隊服役，從沒在大隊看到能擺出這等陣仗的家俱，郝總長正聚精會神的注視操演的進行，為了迎接高級長官的蒞臨，光是環境就動員了全大隊上下做了翻天覆地的整理。

▶ 在郝柏村總長右邊是時任陸軍航空指揮部指揮官的林正衡將軍，這是展演的結尾，機工長彭金城將7201的機門打開後，郝總長正要前去登機參觀的畫面，內文中提到的緊張插曲就是在這個階段發生的，雖有些小波折，整個演習在空運分隊全員團結努力之下圓滿達成任務。

或兩側移動使砲身與彈藥台的釋放地點產生間距，繼續滯空下降將砲身置於地面後釋放，完成吊掛作業後，飛機移動至與釋放砲身砲彈處有足夠距離的位置落地，讓機上的砲手下機，即可開始進行砲陣地的架設，展現強大的機動能力。美國的軍工產業很先進，在設計時都有考慮吊點，例如105的砲架可以併起來，(因為重量較輕體積較小)，用這個方式B234一次可以吊起兩門105榴砲，也可以用三個吊點個別前後吊兩門砲及彈藥，空運分隊初期的編制是一架飛機一位機工長，後來才增編為每架飛機兩位機工長和一位裝載士，(美軍編制是三位FE Flight Engineer，一位CC Crew Chief)演習當天就是一機一位機工長的安排，地面的吊掛手則全部是當初一起在美國受訓的保養人員來擔任，彭金城回憶演習當天擔當的課目是吊掛155砲，之後還要開啟機門讓郝總長走上飛機參觀，首先執行吊掛，機上搭載砲兵班後飛機滯空滑行靠近地面的155砲，吊掛手好幾位在地面配合，其中一位要負責用金屬棒去釋放靜電，但因為搭地棒在展演時還沒有完全做好，且在先前演練期間也都沒有碰到過靜電問題，所以並不認為會有靜電的顧慮，然而沒想到的事就發生了，吊掛手站在砲架上準備掛勾，機工長透過機腹的觀察口向機長報出距離方向(以呎為單位)等資訊以便飛機的掛勾能移動到吊掛手可以將繩索掛上的位置，五呎...兩呎...一呎..好Hold住，

153

航指部空中運輸分隊

結果吊掛手一觸到掛勾馬上倒在砲的輪胎邊，馬上遞補上來一位，在做同樣吊掛動作時也被電擊倒地，就這樣前仆後繼倒下三位之後，吊掛手張晏皓繼續遞補上去，但他改為縱身跳起將繩索拋向掛勾的方式終於將繩索掛上，依吊掛程序，飛行員要等機工長回覆吊掛完成可以起飛的口令才可以從滯空進入起飛的模式，機長正好是隊長顧永明，應該感覺這次的吊掛用去了不少時間，怎麼掛了這麼久，彭金城當時心情激動，看著同僚們為達成任務一個一個被電擊的情景，一時之間想不出要怎麼回覆機長，回神過來後迅速回覆"吊掛完成可以起飛"，瞬時飛機引擎發出大承載時很不同的聲音吊起 155 榴砲起飛，繼續將操演課目順利的完成。雖然台灣的氣候理論上是不容易產生靜電，但當天在陰雨的情況下旋翼旋轉產生的靜電是很可能達到非常高的伏特數，事先沒想到的靜電議題在正式演習時讓吊掛手吃足了的苦頭，任務結束後跟隊長報告發生的情形，對靜電釋放的執行細節，裝備，再做檢討改進，以便不會再遭遇這樣的問題。龍馬演習進入最後的階段，吊掛課目執行完成後要開門迎接郝總長登機參觀，由於前面的吊掛課目，彭金城必須趴在飛機的地板，又因為下雨，導致衣服會弄髒，當郝總長登機時，彭打開機門必須以乾淨的軍服迎接長官，所以預先設計好在飛行衣的裡面穿著軍服，飛一圈回來落地後趕快在機艙裡進行換裝，沒想到一時之間拉鍊卡住，飛行衣脫不下來，在那段脫飛行服的延遲過程中，飛機已經在地面進入慢車狀態，彭金城急的是滿身大汗，從窗口看去包含總長在內所有參觀的貴賓都在等下面的動作，就是要打開機門，還清楚的看到鄭寶福副署長一直在張望門怎麼還沒開，龍馬演習就在這些刺激插曲中圓滿完成操演。空運分隊順利通過成軍後的第一場考驗。

緊接在龍馬演習之後的是民國 70 年代的年度「僑泰演習」，陸航在該年的演習總共出動的兵力如下：

B234 x 3　　UH-1H x 32
OH-6A x 4　U-6A x 5

▲1985(民國 74) 年 10 月 21 日的「僑泰演習」中，B234 就是以這個隊形的空中分列式通過湖口操演區的觀禮台上空，編隊中兩架僚機則是各自吊掛了兩門 105 榴砲以及彈藥台，這段期間龍潭基地相當熱鬧，各基地參與任務的飛機和人員進駐了很長一段時間，每次預習或操演時，光是接近 50 架不同機種的發動機聲音就足以震撼人心。

航指部空中運輸分隊

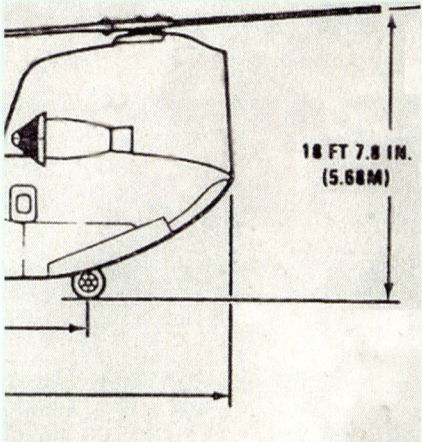

▲ 根據波音公司所提供的圖面，B234主旋翼最高點是5.86公尺，李金安教官回憶當時要推進龍潭的機棚避颱風，主旋翼最高處跟棚廠大門的高度就差那4~5公分，最後急中生智，將輪胎放一點氣降低高度終於能夠推進棚廠。

◀ 民國74年「僑泰演習」期間的空中分列式，B234採取基本隊形通過湖口操演區上空，編隊中兩架僚機就是如照片中吊掛了兩門105榴炮以及彈藥台，這也是「龍馬四號」演習中的操演課目，第一次公開呈現在國人面前就有不鳴則已的氣勢。（李金安教官提供）

參演單位從9/23日開始集訓一直到11/3日最後一次正式操演，共計預演5次，正式操演5次，這也是B234第一次公開呈現在國人面前，演習計畫中提到的B234三架，是沒有預備機的一個操演計畫，臨時要是有狀況再應變，三架B234準備以基本隊形(三角形)通過湖口台地操演區，除了編隊的長機以外，後面兩架都吊著105榴炮兩門展現B234強大的吊掛能力，這段將近1個多月的時間，三架B234都進駐在龍潭基地，10月初，中度颱風白蘭黛由台灣東南外海一路北上，在沒有登陸的情況下削過台灣的東北角，龍潭的「僑泰演習」任務機一開始接收到的預報並沒有說颱風會造成影響，後來可能因為地形關係，風速比預報的大了很多，早上還在餐廳吃早餐時，飛行員就來餐廳找機工長，要趕快起飛前往新竹空軍基地避風，李金安教官當時為三號機，飛機開車後，其中一架的ESU (Electronic Sequencing Unit) 出現一些問題導致發動機無法啟動，李教官完成開車後立刻將ESU拆下給這架B234使用，在成功開車並完成起飛前檢查後，這架原本ESU故障的B234跟在長機之後順利起飛，就在此時來了一陣較大的風雨，三號機在確定問題都排除，自己正要起飛時，龍潭機場測得的風速已經太大，塔台通知關場，這架三號機就在地面保持大車來對抗陣風，筆者當時就在航1大隊作戰組，透過窗戶看到在風雨中保持大車的B234正在與陣風對

航指部空中運輸分隊

抗，組長王湘洲也用望遠鏡密切注意著狀況並與塔台及飛行員保持聯絡，確保在安全數據內，起飛的兩架飛機很快就進雲循新竹機場的導航資料改為儀器飛往新竹，新竹空軍基地有完整的儀降設施可以應付當時的天氣狀況，龍潭塔臺則持續對李金安教官報出風向風速直到在許可範圍後，馬上使用旋翼煞車減速關車(避免陣風造成旋翼上下晃動傷到機身)，恰巧地面整備用的拖桿等裝備都已經裝載在已經起飛的B234中，只能用人力的方式將這個大個子推進棚廠保護，龍潭基地並沒有為B234改建棚廠，現有的棚廠都是UH-1H或是U-6A在使用，結果棚廠大門不夠高，主旋翼的最高處比棚廠大門還高一點點因而無法將飛機推進去，經過量測落差後，想出將輪胎放氣的辦法，降低機身高度始得推入棚廠避風，大家也鬆了一口氣。

B234 救援友機

民國74年國慶日，一大早觀測連絡中隊執行總統府前拉煙幕的任務，U-6A機群在11:00之前完成任務返回龍潭基地，當天是國定假日，航1大隊並沒有安排其他的任務，大約11時許，第10中隊編號404的UH-1H開車執行試飛，沒想到在三邊轉四邊龍潭大池附近，發動機發生狀況，所幸完好的迫降在場外的田地裏，正好因為執行「僑泰演習」，三架B234都在龍潭，大隊部高勤官與作戰組長王湘洲決定請空運分隊的B234出動，將UH-1H吊回基地，接近午餐時刻，作戰士背了一台77無線電搭上吉普車前往現場建立ACT通聯，在確認吊掛的繩帶穩妥的綁定在直升機的主承桿，並且升空測試確認不會在起飛後打轉纏繞後，大約下午一點多，這架落在場外的UH-1H完好無損的被吊回龍潭基地，這是空運分隊第一次執行飛機吊掛的任務，成軍還沒滿三個月已經又建立了新的里程碑，其實B234還曾經出動前往台中吊掛一架迫降在葡萄園的UH-1H，

1986(民國75)年7月29日，航2大隊的UH-1H 342因機件故障返場未及(後來的調查顯示是傳動箱輸出套軸出狀況導致尾旋翼失效)，在機場外葡萄園迫降時撞擊鐵絲網水泥樁翻覆，7201當時在歸仁，大約午休的時候機工長及飛行員被喚起馬上出任務去新社，要把UH-1H調回基地，飛到現場時空特部空投連已經將飛機捆綁好，處於準備吊掛的狀態，彭金城在達到現場時聽說機工長受輕傷，看到飛機傳動箱的損壞情形(旋翼打地後傳動箱翻出來)，推測坐在旁邊的機工長應該很危險，後來知道只受輕傷，而且還是自己的同學，真的感到慶幸，

▲B234在台灣曾有兩次吊掛UH-1H的紀錄，很可惜當時沒有留下任何影像紀錄，美國陸軍在越南戰場上經常利用CH-47來救援直升機，照片中的CH-47正在吊掛一架尾旋翼故障的UH-1D，可藉這張照片推想內文所述B234在龍潭救援UH-1H 404的大概狀況。(照片來源:United States Army Aviation Digest May, 1972)

這次雖然也是吊掛 UH-1H，但因為飛機受損，在 B234 到達之前，旋翼都已經被拆除，整個吊掛的作業進行的很順利，7201 完成任務就直接飛回歸仁。

民國 76~77 年間，航 28 期孫魯之與教官曾枝初駕駛 O-1 從歸仁起飛在高屏地區執行編隊訓練，過程中引擎故障喪失馬力，但安全降落在屏南機場，當時決定要將 O-1 運回歸仁檢修，但車載方案比較困難執行，於是出動了空運分隊 7201，因為從沒有吊定翼機的經驗，光是翻資料研究如何吊掛 O-1 就搞了一兩天，屏東空特部也調遣空投連來進行捆綁處理，當時 B234 的美籍代表仍在台灣，就請美方人員一起討論如何將 O-1 吊掛回歸仁，這架編號 9306 的 O-1 是在民國 74 年由空軍 71 中隊撥交給陸航的，這次的吊掛任務由李金安與張陶甄兩位教官去屏東執行，由於 O-1 機翼的設計性能，只要有一點空速就會產生相當的升力，因此在吊掛前還對 O-1 的翼面結構做了一些「破壞」，使得升力減少，以免在吊掛過程中 O-1 在機腹下方產生太大幅度的上揚，在機翼的升力問題解決後，利用 B234 機腹下方的三個吊點開始嘗試將 O-1 吊起，第一次吊起後發現機尾會有太輕的問題（因為發動機的重量），一經吊起若是在機尾也使用一個吊點，機尾會翹起，就算後面的繩索固定在機尾，但不會有實際的吊掛力量產生，後來經過多次測試後找出適合的吊掛方式才得以將 O-1 吊回歸仁基地，到達歸仁基地後又發生要釋放時，因為 B234 滯空的強大下洗氣流造成 O-1 的機鼻螺旋槳會有先觸及地面受損的風險。就這樣嘗試了 5-6 次，最後採取 O-1 著地前，B234 往後帶的方式讓繩索將 O-1 的機頭帶起，再釋放下去，賽斯納公司當初設計 O-1 時就號稱起落架的鋼板是可以承受非常大的撞擊力，甚至曾經頒獎給能夠將這個起落架鋼板衝擊到變形的飛行員，所以最後選擇在離地仍有一點距離時釋放吊掛也並沒有傷及飛機，只有尾輪有受到一些損傷，孫魯之教官本人也一起回到歸仁。而這一次 O-1 的吊掛是唯一的一次定翼機吊掛紀錄。

▲ 這張照片是在空軍的屏東機場，地面人員正在確認吊掛繩索的各項細節，O-1 的機翼上有很多白色包覆，應該就是李金安教官所述用來破壞升力的安排，因為定翼機的主翼設計，前進時就是會產生升力，這樣吊掛向前飛行時 O-1 才不會有大幅的上揚造成危險。（彭金城教官提供）

航指部空中運輸分隊

▶在屏南機場研究了幾天之後,終於掌握吊掛 O-1 的繩索該如何固定,主翼的保護及升力的控制等各項細節也都確認之後,7201 緩緩將 O-1 從地面吊起來,目測都沒有問題後,以低於平常巡航的速度從屏東飛回歸仁基地。O-1 在空中因為阻力的關係有點向後傾,但是已經沒有風力造成飛機上揚的問題了。　　（彭金城教官提供）

▼釋放著陸後的 O-1 9306,襟翼、副翼、方向舵及升降舵都還是吊掛時的固定狀態,兩位波音公司的老外顧問也在現場協助,他們正在檢視機尾的狀況,在釋放落下地面的過程中,因為離地還有一段距離,O-1 的尾輪在觸地的衝擊中有一點受到損傷　（彭金城教官提供）

7201將O-1吊掛回到歸仁基地，正要釋放到地面的畫面。好不容易飛回到歸仁，還沒辦法馬上就釋放，像B234這樣的運輸直升機在滯空時，旋翼外側某些區域有可能產生非常強的風力，如何能確保這架空氣動力性能非常好的O-1定翼機可以安全回到地面是非常有難度的，這也是當時李金安和張陶甄教官要經過多次嘗試才能安全釋放O-1到地面的緣故。

(彭金城教官提供)

航指部空中運輸分隊

登山涉水的性能

「龍馬四號」演習時，空運分隊並沒有執行水上降落的操演，但後來在民國 75~76 年間曾在阿公店水庫及石門水庫分別執行過這個課目，石門水庫的操演還包含了用機外絞盤進行吊掛救援水面人員的項目。B234/CH-47 擁有能在三級海象以下在水上降落的特性，藉著兩個油箱形成的浮筒可以平穩的在水面上漂浮以達到任務或自救的目的，美軍的特種部隊如海豹、三角洲等等 (Delta) 都藉由軍規的 CH-47 在水面回收橡皮艇和人員來執行戰術後撤任務，直升機降落在水面後，尾部斜板開啟浸入水中，橡皮艇向斜板駛來，到達後直接拉入機身，連人帶艇一起回收。類似方式也被特種部隊採用來做兵力的投送，至於商規的 B234，初期波音總共生產了十多架，其中英國買了 10 架，中華民國則有 3 架，大客戶英國主要用於北海勘油、探油平台的人員運送，吃的喝的用的物資都是靠 B234 在海上飛行運送，因此對航程、安全性及水上落地漂浮的性能與軍規一樣有很高的要求 (其實航程還較 CH-47D 更遠)，尤其水上降落是奇努克非常獨特的性能。曾有 B234 在北海因機件出狀況降落到海上漂浮等待救援，人員因此而平安獲救。執行水上任務時，斜板會被放下浸入水面，艙內必須要安裝一塊擋水柵以防止大量的水滲進機艙，B234 購買來台灣時並沒有附帶這片擋水柵 (Water Dam)，後來由波音顧問提供相關資料，再自行購買材料來製作加裝，位置就在機尾斜板關節附近，兩邊用插銷固定，高度達到小腿左右，7202 於民國 75 年 11 月初完成了防水柵的安裝測試，接下來就安排了幾次水上測試，除了這一塊重要的防水擋板，做水上降落之前需要檢查各個水封，確定沒問題始可執行，任務結束後還需要檢查清理，機腹的洩水塞要打開來洩水，清潔潤滑，一趟這樣的任務下來機務要處理幾十個

7202 在阿公店水庫進行水上降落的照片，推測是 7202 安裝防水柵之後於民國 76 年執行的，靠著兩側龐大的油箱設計，奇努克直升機得以有獨特的水上起降性能，這兩側的油箱容量是 UH-1H 的 10 倍，也因此 B234 經常前往空軍基地加油，以減少陸航自己油車的負擔。

(彭金城教官提供)

7202 剛剛要離開水面起飛的瞬間，駕駛艙因太陽照射的六角反光被捕捉個正著，彭金城士官長在 UH-1H 機工長時期，因緣際會支援過攝影大師董敏的國防部任務，從此迷上攝影，B234 的很多珍貴照片都是當時指揮官特准他攜帶相機所做的紀錄，阿公店水庫的任務他被指派擔任攝影工作，藉著手持無線電與機上聯絡以確定攝影的效果。（彭金城教官提供）

這是蒐集到唯一的石門水庫後池水上降落照片，演練亦包含水面人員吊掛，吊掛用的絞盤是跟著飛機來的，3 架共用一付，可快速拆裝，待救人員則是由感冒中的張晏皓士官長等兩人著救生衣在水中擔任，張晏皓在完成任務回來後馬上感冒加劇。

（彭金城教官提供）

7202 另一次水上降落的照片，機艙頂上的白色天線已被漆成了消光黑色，判斷是另一次的水上演練，在水上漂浮時，B234 是保持在慢車的狀態。

航指部空中運輸分隊

小時（幾乎要投入一個星期的時間）才能恢復可以執行任務的狀態，當時的兵力只有三架，水上著陸又非常影響妥善及任務能量，因此後來就很少執行。

民國 76 年，空軍救護隊從 UH-1H 換裝成 S-70C-1 並已開始上線執行任務，當時國內的軍方直升機，以 B234 的實用升限 4570 公尺是最高的，(UH-1H 3800 公尺，S-70C-1 大約是 3962 公尺) 為了測試 B234 在高山上的性能，陸總部下令到寒訓基地執行雪地試降，地點是空特部的武嶺寒訓中心，大約在合歡山主峰東南側的山谷中，海拔 3089 公尺，這個時間點空運分隊已經加入了一些新血，鄔恆貴、陳健財（後來曾任航特部指揮官）、陳正宗和李建明等飛行官陸續加入自訓換裝，（教官帶飛一定的時數，沒有機會飛行時也上機觀摩），他們和當時的常進範副指揮官一起參加了這趟從歸仁基地出發的任務，孰料試降還真的碰到了問題。B234 雖然是商務規格，而且最初的需求是北海鑽油的人員和裝備運輸，屬於寒帶的使用環境，但賣到亞熱帶的台灣就一直處在溫度比較高的環境，這趟雪地試降的任務大約是在 B234 來台灣兩年以後執行的，測試要求是在寒訓基地降落後必須全停關車，等待兩個小時以上，再開車起飛返航，任務機 7201

在寒訓基地旁降落後，按試航的要求全停關車，機組人員利用難得的機會在寒訓基地參觀，到了預定的兩個小時之後，大夥就準備啟動引擎返航，結果只聽見發動機啟動時發出「嗯嗯」很努力的聲音，但啟動不了，這時候的處置就是機工長要去用機上配置的手動幫浦上下搖將近 180 多次讓壓力達到指定的 3000psi，以便啟用 APU(輔助動力) 來啟動引擎，但只聽到一次又一次啟動失敗的聲音，之後兩位機工長（此時一架飛機已經編有兩位機工長，當天是彭金城和張晏皓兩位）加上其他人員輪流來操作手搖幫浦，並且執行故障分析和排除的程序，就這樣嘗試了 10 餘次都沒成功，此刻大家已經精疲力竭，遂請空特部的長官去召集幾位戰士來支援，可能大家對新的直昇機很好奇，主動報名來支援的人相當踴躍，彭金城注意到這些特戰部隊的戰士，嘴唇都有乾裂的現象，但是每個人的體格都非常的壯碩，在簡單示範如何操作後，機組人員需要雙手操作的手搖幫浦，輪到這些戰士來只消單手就可輕鬆的一直運作，而且還可以一邊跟機組人員聊天，裂開的嘴唇不時還有血滲流出來，沒想到他們只是把血舔掉，跟沒事情發生一樣繼續談笑風生，真是讓人印象深刻，當一步一步執行到手冊中的 ESU 故障排

▶ *7201 降落在武嶺寒訓中心前面的空地，按照試航的要求必須全停關車最少兩個小時以上再重新開車回航，執行任務的機組人員就趁此難得的機會參觀了這個位在海拔近 3100 公尺的特戰寒訓單位。*

（彭金城教官提供）

航指部空中運輸分隊

▲彭金城記得那趟任務飛機一落地,機門打開他走下飛機就摔了一跤,空特部寒訓中心的阿兵哥忍住不敢笑的趕快跑向前遞雪杖給他及其他人員,參加試航的人員站在 7201 前與雪景合影,由右至左:彭金城、鄔恆貴、陳健財、顧永明、張陶甄、薛伯夷、何麟、陳正宗、李建明、張宴皓。

(彭金城教官提供)

在寒訓中心發動機無法啟動時大家努力手搖的把手及其大約的位置

綠色部分:水面起降時需安裝的防水板位置

▲利用 CH-47C 的結構圖來呈現水上落地時防水柵的位置,請參考右下角說明。在寒訓中心因 ESU 問題無法開車時,手動幫浦的加壓手柄位置,請參考上方說明。　　(圖面:波音 CH-47C 介紹手冊)

航指部空中運輸分隊

除時,(這個啟動程序控制器會指揮發動過程各個相關單元應該要在什麼時間做出什麼動作,燃油、液壓、電力、點火等)赴美受電氣專長訓練的薛伯夷士官長檢視 ESU 並沒有發現任何問題,但經過大家討論,提出「會不會是太冷了導致 ESU 無法正常工作?」,也許這個啟動小電腦已經習慣了亞熱帶的溫度(尤其在台南),反而在如此低溫的雪地就無法運作了,後來就把 ESU 拆下拿進去寒訓中心去加溫,當時寒訓中心並沒有電力,只有發電機,啟動了發電機用吹風機把 ECU 的溫度升高,然後保持這個溫度迅速跑回機上安裝固定,接上電纜線接頭,沒想到就成功啟動了,好不容易發動機開車成功,驚魂甫定之下還聽到空特部人員說當天晚上將有大雪,預計會造成幾十公分的積雪,大家火速把所有的隨身物件三件作兩件的帶回機艙馬上起飛返航,結束了這場有驚無險的雪地試航。

▲這是由另外一個角度拍攝 7201 停放的寒訓中心場地,後來發生無法開車後,機工長及空特部的戰士們就站在機尾斜板往內靠右側的地方運作手搖幫浦。
(彭金城教官提供)

▶經過一番努力,7201 的發動機終於啟動,試車後可以起飛了,大家趕快收拾裝具,登上飛機準備啟程返回歸仁,除了達成任務,也獲得寶貴的經驗。
(彭金城教官提供)

B234 的專機任務

空運分隊隊史紀錄上的第一次專機任務是在 1985(民國 74) 年 11 月 11 日，專機搭載了陸軍總司令蔣仲苓由松山經大坪頂前往花蓮，其實 B234 本來就是商用的直升機，原始就採用客機的佈局，兩邊靠窗各兩張座椅，一排 4 張，可以有 44 張，大小如一般民航機經濟艙的座椅，機上還提供一個簡易洗手間及一個設置在前登機門附近的小吧檯，我國陸軍購買 B234 時因為是商規軍用，裝配的是戰鬥內裝，並沒有購買原廠商用座椅，分隊成軍後專機任務非常的多，波音駐台的服務代表強烈建議陸軍把商用裝潢整套裝回來，但整套裝潢的費用非常昂貴，後來的解決方案是向波音購買 12 張標準商用座椅 (椅墊可當浮板)，自己找廠商設計主座及其他的附件，按照一排 4 張的方式。主座後面有三排 6 張沙發，機艙另一側則安裝另外三排 6 張，由於預算有限，要訂做主座、椅套、地毯甚至機上提供的茶水等都要錢，在經費不足之下，就將各種任務獲頒的加菜金、紅包及慰勞獎金累積起來挹注改裝專機的經費，總長郝柏村每次搭乘專機在任務結束要下機前，會親自走到駕駛艙拍拍正駕駛的背，正駕駛轉過頭來他就將紅包致贈給機員。相較於波音提供北海

◀中華民國陸軍購買的 B234 將商用的沙發椅改變成與 CH-47 相同的軍用座椅，機艙也仿軍規採用隔音毯而不是商用客機的裝潢，以照片中這樣的座椅配置，B234 可以搭載 44 員武裝士兵，在必要時，將中間整排椅子拆除，兩邊的椅子收起，機艙內可以最多容納到 65 人。
(彭金城教官提供)

▶B234 的機艙最多可以配置 24 副擔架，照片中機艙的前段配置了專機的沙發座椅，後面則搭配兩側都是正常的軍用座椅，然後架上 8 副擔架，最後放置飛行頭盔的兩張椅子則是兩位機工長的座位。一開始航指部提報的編裝裡面還有包含醫官和醫護士就是因為 B234 可以改裝成一輛大型的空中救護車。
(彭金城教官提供)

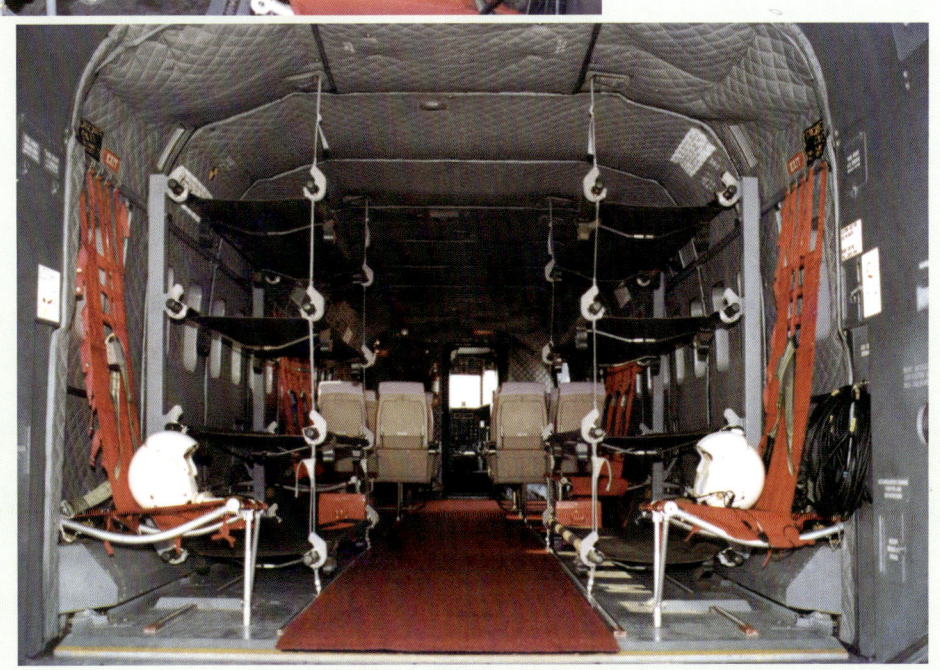

航指部空中運輸分隊

◀ 民國 75 年 8 月 26 日行政院長俞國華的專機任務，余院長正在空中視察韋恩颱風的受災地區，他所坐的就是兩個座椅寬的沙發主座，前面還有一張小桌子可以使用，院長後面是陳廷寵將軍及空軍總司令郭汝霖將軍，該次任務從松山機場接余院長及幕僚登機，途中到湖南國小及員林工專，最後到台中清泉崗機場。

（彭金城教官提供）

▶ 行政院長專機任務，這是在後段機艙，安全和攝影人員、機工長還有配合任務的機員都坐在這，左邊兩位飛官是陳正宗(左1)及張四福(左3)，在中間座椅的則是機工長彭金城，張四福後來在民國 90 年曾升任改編後之空中運輸營長。照片中看得很清楚後艙門與機外是通透的，飛行員必須保持在溫度較舒適的高度以免機艙內的乘員們感到太冷。

（彭金城教官提供）

鑽油商用版包含空調（冷暖氣）及整套的裝潢，陸軍的商規軍用版只提供駕駛艙加溫，後艙則是沒有空調的，通常出任務時機工長在後艙會準備好夾克以備不時之需，但專機任務考量高級長官在後艙不能太冷，機組人員都會在安全顧慮下維持溫度較為舒適的飛行高度。

專機任務的飛機通常要先將機號向上呈報，接著這架特定的飛機就被佈置成專機內裝保持一段時間，在這段期間這架飛機不會被運用在不適用的任務上，通常執行專機的命令最少都會早一天下達，以便有足夠的時間將紅地毯等等的細節佈置完成來執行任務。UH-1H 的專機在安裝完專機的套件後，雖不執行其他任務，但還是可以執行一些航線飛行或本場練習，同時保持在隨時可出專機任務的狀態，但 B234 只有三架，一旦有需要異動，整個專機出勤的序列就要做調整，並且以公文上報，費時又複雜，因此不會隨便挪用專機。至於專機的機組人員，如同 UH-1H 的機組一樣，正副駕駛與搭配機工長的組合都事先排定，並且經過公文上報核准。空運分隊的隊

航指部空中運輸分隊

▲俞院長在航程中途下機視察，媒體擠在機門口爭取好的畫面，執行這次任務的機長是顧永明隊長，恰巧也有入鏡。
（彭金城教官提供）

◀民國84年執行陸軍副總司令張光錦中將專機，機身上插上中將的將星牌顯示機上VIP的官階，航指部陪同副總司令搭機則是當時的副指揮官張行宇上校。
（張行宇將軍提供）

長和副隊長就都是專機的機組人員，只是兩位不能編在同組以分散風險，空運分隊共編了兩組人員來因應專機任務。

由於B234相較其他軍方的直升機更為寬敞，載運量大，航電系統更新穎，是安全舒適又便利的交通方式，蔣仲苓總司令第一次使用後不久，航指部就在民國75年2月14日呈報陸總部，正式提出使用B234擔任行政專機的安排，以安全性高、可降落水面、飛行速度較快、搭載人數更多等等的諸元得到了總部的核准，之後搭載的高級長官從參謀總長、各軍種總司令到國防部長等，可以說高級長官經常善用B234專機來便利其公務之執行，民國75年8月26日空運分隊執行行政院長俞國華專機，視察韋恩颱風受災地區，民國77年05月13日更執行過李登輝總統專機至台東志航基地的任務，這兩次任務隨行人員眾多，如果不是B234的酬載量是沒辦法滿足的。

航指部空中運輸分隊

B234 的運輸能力可以運用在前述的各種任務外，其他如外島運補、傷患後送、海上運補、傘兵空降、水上滲透等的任務都有其發揮的空間，參謀總長郝柏村在「龍馬四號」演習後提出 B234 很適合擔任外島傷患後送和緊急運補的任務，陸總部隨即展開計畫，並在民國75年中安排了外島試航任務，同時也配套空軍和海軍的護航及協調，當時兩岸的局勢也很緊張，B234 雖然很適合執行離島的任務，但還是有敵情的顧慮，擔心會成為空中的目標，執行任務時也不免有點緊張，無法預期對岸會有何反應，所以在飛行中除了密切與航管及戰管保持聯繫之外，還在飛機底部前、中吊掛點之間及機尾兩側的位置噴上了紅色十字的救護標誌以便降低被擊落的風險，當年試航的計畫共列出了19個點，實際試航涵蓋哪些地點已經不可考，有紀錄的地點有金門、北竿、南竿、東莒、西莒、東引、烏坵及澎湖，另外 B234 也曾出任務到蘭嶼、綠島、彭佳嶼等地。

民國 75 年 6 月舉行的「漢光三號」演習，是 B234 漢光演習的處女秀，當時在宜蘭利澤簡模擬有物資和藥品在公海，必須用直升機飛到海上直接吊掛小貨櫃回內陸使用，李金安和張陶甄教官這組人員很早就進駐在蘇澳的利澤簡，提前演練檢討，以便吊掛貨櫃的任務能夠順利的達成，經過不斷的演練後，正式操演時 B234 飛到公海從陽明海運貨櫃輪將貨櫃箱吊回利澤簡的整個過程都非常順利，圓滿達成任務。當時只有三架飛機的空運分隊其實並沒有多餘的資源轉圜，除了這架任務機，另一架則擔任此任務的預備機，而實際上從練習到操演都是同一組人員在執行，分隊還剩下的那一

▲「漢光三號」演習，B234 首次亮相飛到宜蘭外海，從陽明海運貨輪上將貨櫃吊回利澤簡，由於當時沒有留下照片，只好用波音公司 CH-47C 的資料照片來模擬當時的情境。

（照片來源：波音 CH-47C 介紹手冊）

▶ 這是執行外島試航任務的 B234，空運分隊特別在這架 7202 的機尾兩側漆上紅色的十字，其實在機腹介於第一和第二個吊掛點之間也漆有同樣的紅十字，因為當時有傳出老共放話直昇機飛去外島會開火擊落，所以才上了紅十字去試航以降低在前線被擊落的風險。

（彭金城教官提供）

▲ 民國 75 年中，B234 7202 執行外島試航的任務，這是在馬祖北竿大道機場的照片，背景出現的是陸航馬祖分遣隊所使用的棚廠及半山腰的營舍，金門與馬祖分遣隊在民國 75 年的 2 月已經返防台灣。

▶ 這是試航降落在烏坵的照片，按照試航計畫，烏坵跟馬祖是分開在不同的日程進行的，機上除人員及空運分隊長外，還有 8 位乘員，最高階的是陸總部少將署長。

▼ B234 降落在東莒的照片，馬祖試航的起降地點包含了北竿、南竿、東莒和西莒，再加上東引就是當天試航的完整行程。

航指部空中運輸分隊

▲ 照片中的任務是吊掛裝備去蘭嶼架設氣象站，B234 從蘭嶼國中將貨櫃車頭、貨櫃和拖車分兩次吊掛至氣象站附近的籃球場，吊掛完成後，工作人員再將拖車結合開往指定的地點，很多原住民及小朋友過來看飛機，此時後艙裝載的一些櫃子等物件正在下貨，彭金城從機上隔音毯後面平常屯放零食乾糧處拿出一包可口奶滋贈送給這位原住民，並用手勢邀他一起拍照。　　　（彭金城教官提供）

▲1999(民國88)年921大地震期間，穿梭在中部山區執行救援任務的B234，當時陸軍航空部隊也投入了大量的UH-1H參與救災任務，在嘉義、南投、台中之間執行交通中斷災區的救援，尤其在補給品運送及災民後撤的行動中，更體現出B234驚人的載運量。

架當時就在北部基地待命擔任專機任務。

B234 也曾出過中科院的任務，中科院在綠島、蘭嶼及九棚間建立測試場域，必須在蘭嶼和綠島的指定位置安置裝備來協助目標的分析，但指定的地點拖車無法將裝備運送上去，在進行現場空勘後，李金安上尉提出了如何移除障礙建立落地區的方案，整理完善後再由李教官和張陶甄教官駕駛 B234 將整套組裝完成的裝備以類似貨櫃箱吊掛方式安放在蘭嶼和綠島的指定位置。除此之外，B234 更在 921 大地震期間發揮了巨大的救援功效，舉凡交通中斷地區的運補、災民的後撤、救災機具的運送等，都突顯了奇努克優異的性能，及機組人員的訓練有素，始得完成各種艱難的任務。

空運分隊從成立以來面對過各種疑難雜症，B234 的三個吊點可以有千變萬化的吊掛方式，但每一次遇到新的吊掛都需要仔細查閱教範，並且還要研究裝備本身的說明，初期隊部甚至有安裝一條專線可以直接打到美國的波音公司，用 FAX 尋求答案，將問題詳細呈現透過 FAX 發到美國後，第二天波音就會將參考資料的指引以及需要的相關料件規格，甚至直接將資料一頁頁的傳真過來給分隊成員研究分析，這段從無到有的過程，整個空運分隊上上下下可謂是投入了非常大的心力，而波音原廠支援的效率也是非常的到位，曾經有申請料件的 FAX 傳到波音之後，48 小時內料件就已經空運抵達台灣的紀錄。

光陰似箭，日月如梭，這段 40 年前從零開始的成軍歷史值得珍藏，空中運輸分隊在經歷顧永明、王建新、張陶甄、張金生、黃元保、陳健財六任隊長後適逢國軍「精實案」，於民國 87(1998) 年 7 月改編為空中運輸營，民國 90 年 12 月 25 日內政部空中消防隊籌備處成立，空運營於民國 91 年將三架 B234 撥交給消防署空消隊籌備處，B234 在陸軍的服務告一段落，空運營從民國 91 年 5 月起至 92 年完成 9 架 CH-47SD 的接裝，同年 6 月於歸仁成軍，民國 108 年 1 月因應國防部陸航部隊調整，空中運輸營改為空中運輸直升機作戰隊，回首來時路，前輩們歷經各種酸甜苦辣為陸軍航空的運輸主力奠定了堅實的基礎，空中運輸作戰隊在新的裝備和優秀的成員努力之下定能創造更輝煌的歷史。

民國 75~76 年間，空中運輸分隊的團體照，可能因為任務或其他因素，並不是所有的隊員都有入鏡，航訓中心於民國 74 年 8 月中就委請空運分隊赴美受訓人員，開辦 B234 旋翼機保養士官班，照片中很多都是成軍後不久就加入的 B234 旋翼機保養人員，正中央顧永明隊長旁邊是波音駐台顧問，因為協助空運分隊解決各種疑難雜症，已經被視為分隊的一分子了。　　　　（彭金城教官提供）

航指部空中運輸分隊

▲▼ 空中運輸分隊後來擴編為空中運輸營，復於民國 108 年改編為空中運輸直升機作戰隊，並在民國 111 年 1 月奉令改隸陸軍航空特戰指揮部飛行訓練指揮部，照片中漆著低視度陸軍軍徽的就是空運作戰隊的 CH-47SD，特戰單位運用直升機正在進行戰場偵蒐車投送及空中突擊的戰鬥操演。

馬博拉斯山搜救 AT-3

航指部空中運輸分隊在「精實案」之後，改編為直屬航特部的空中運輸營，並在民國92年完成9架CH-47SD的接裝，除沿襲空中運輸分隊時期的優良傳統，更在航空特戰司令部/指揮部的架構下精進各種與特戰部隊結合的戰術戰法，例如空中突擊、機動運補、前進基地與補給點架設、水域滲透及高空滲透等，同時也根據救災需求，對森林救火、高山運補、山難救援及搜救人員機具運輸等作業，持續進行裝備與技能的訓練以儲備戰力。有人覺得現在的部隊好像救災任務比較多，實際上每一次救災任務就是在考驗平日的訓練以及裝備的妥善，尤其救援任務更沒有出錯的空間。民國104年9月，航特部的空運營與特種作戰指揮部緊密的結合，完成了當年總長嚴德發所述之「驚嘆號」搜救任務，基本上，執行的過程就是一場作戰的演練，而且無前例可循，無論是特指部或是空運營，都是隊史上重要的里程碑。

民國104年9月22日中午大約11:55，岡山空軍官校一架編號0851的AT-3教練機，由前座王勁鈞少校擔任教官，執行後座官校103年班戰鬥組學員黃俊榮中尉的訓練任務，課目為儀器飛行訓練，就是後座為蓋罩方式的儀器飛行，飛機起飛後由戰管引導於12:09到達南投與花蓮交界的訓練空域開始實施訓練，12:25分飛機在戰管雷達上的光點消失，位置在馬博拉斯山的空域，馬博拉斯山標高3785公尺，是台灣百岳前十名的高山，山脈陡峭，原始叢林密佈，光從這樣的資訊就可以判斷搜救任務難度很高，航特部戰情室於中午13:14分接獲聯合作戰指揮中心(JOCC)下達的電話指示，要求立刻派遣搜救待命機CH-47SD 7309向戰管報到執行搜救，同時，在辦公室的航特部指揮官黃國明也接到總長的指示：特戰部隊立刻組織特搜小組。航特部隨即開設搜救指揮所，除了立刻派出7309進行搜救外，並指示特搜小組迅速完成整備，將利用空中及地面的運輸方式立即向花蓮集結，支援搜救。當天傍晚，搜救小組即搭乘C機從歸仁基地起飛前往花蓮基地，這次搜救行動，陸航部隊擔任空軍搜救部隊的預備隊，

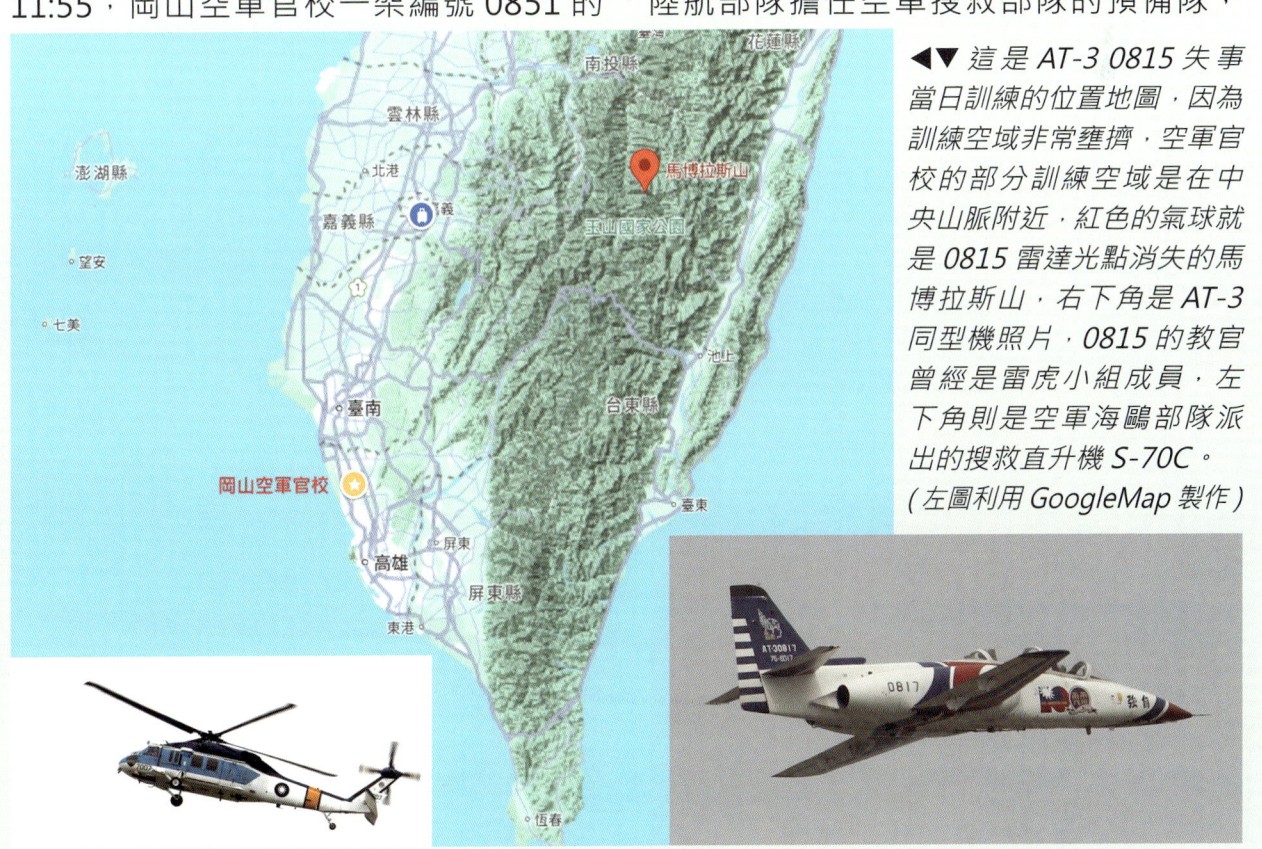

◀▼ 這是AT-3 0815失事當日訓練的位置地圖，因為訓練空域非常壅擠，空軍官校的部分訓練空域是在中央山脈附近，紅色的氣球就是0815雷達光點消失的馬博拉斯山，右下角是AT-3同型機照片，0815的教官曾經是雷虎小組成員，左下角則是空軍海鷗部隊派出的搜救直升機S-70C。
（左圖利用GoogleMap製作）

航指部空中運輸分隊

這支於 19:15 抵達花蓮的特戰地面搜救小組，以高空特勤中隊 6-8 人編成，由時任特指部副指揮官方裕原上校指揮，經由第二戰區安排車輛接駁到達花防部副指揮官古勝文少將所在的前進指揮所，將由山青引導進入山區展開救援行動。同時，黃國明指揮官另外指示特戰單位編成空中垂降小組，於 23 日的早上搭乘 C 機在 08:40 到達花蓮基地，由特指部指揮官劉協慶少將指揮，將配合 C 機進行空偵並在必要時執行繩降救援任務。

從 9 月 23 日到 24 日之間，指揮中心分別派出 S-70C、CH-47SD 甚至 RF-5E 偵察機在光點消失處附近搜索但是都沒有結果，特指部劉指揮官親自率員參與空偵，發現失事地點附近屬於原始森林的高山絕壁地形，無任何地面接近路線，加上叢林密佈，所以搜尋非常困難，因此航特部 C 機與地面特搜部隊除了搜救，也積極尋找適合 C 機的落地點以便可以對地面搜救人員進行前進整補，在 23 日找到合適地點後，立即於 24 日早上完成試降，以做為後續搜救行動的前進整補地點。然而，連續幾日的空中搜索均無法發現失事飛機，期間甚至派出中科院 UAV 前來支援也均無所獲；就在此時，中央氣象局發出杜鵑颱風將於 9 月 29 日直撲宜蘭花蓮地區的颱風警報，使得搜救任務面臨嚴峻的時間挑戰。其實從 22 日一直到 25 日，聯合搜救任務都因為山區能見度太差，導致空中搜救沒辦法發揮實際效用，地面搜救小組則因進入人跡罕至的區域，必須自行朝前進目標區的方向劈砍出可行動的路線，途中還要跨越陡峭山林，整體的搜救進度可以說並不是很順利。

▶▼航特部的 CH-47SD 中型運輸直升機所提供的快速機動運輸能力，使得特搜小組在 9 月 22 日當天傍晚就已經與花防部古副指揮官的兵力完成整合，開始向山區推進，下面是特戰部隊進入山區的照片，看得出前往目標區的路途非常陡峭難行，搜救初期的天氣的狀況也相當不理想。

◀ 古勝文與方裕原兩位指揮的地面特搜隊伍於搜救途中眺望目標區的景象（前方第二高的山區），中間沒有任何路線可以接近，短時間內要靠徒步到達目標區，是不可能的任務。

▶ 在高空的空氣密度較低，發動機的功率和旋翼的效能都會因此減少，進行滯空吊掛必須非常注意發動機的狀態，因為滯空需要的馬力特別大，所以黃指揮官特別叮嚀機組人員要注意發動機的尾溫不要過高，因為那就是發動機過度負荷的訊號，寧可兜一圈再回來繼續吊掛，不要硬撐，以策安全。最終用了 40 分鐘，謹慎的完成了 8 位特勤人員的吊掛撤離作業。

在颱風警報的壓力下，9 月 25 日的搜救仍然沒有斬獲，當天晚上總長嚴德發指示調整搜救的部署（後詢問黃國明將軍《空降神兵》推薦序中，提到這個調整是在 9 月 26 日晚上下達，為筆誤），透過視訊指派航特部從預備隊的角色調整為直接接替空軍進入失事地區執行搜救任務。26 日上午 05:30，在花蓮待命的 C 機準備起飛實施空偵，起飛前黃指揮官特別指示注意利用晨曦的光線對失事區域稜線進行搜索，失事地點應該有撞擊的痕跡，在晨曦之下比較容易辨別，隨後編號 7301 的 C 機搭載特指部指揮官劉協慶少將所指揮的特戰分隊 16 人自花蓮機場起飛，06:00 進入目標區實施低空低速的空中偵查，06:38 發現疑似失事飛機殘骸燒灼的位置，經過空中勘查證實就是失事的 AT-3 教練機，但由於失事飛機是直接撞擊在標高 3000 公尺，60 度以上坡度的原始森林山壁上，四周根本沒有可以接近的路線，目測也無適合 C 機降落的地點，更因為失事位置山勢陡峭，無法實施吊掛進行救援。在飛機上的劉協慶指揮官就告知 C 機組員，要立刻實施繩索垂降，飛機上的特戰官兵就在劉指揮官的命令下，毫不遲疑的垂降到附近山勢較為平坦的山頂緩坡，並且馬上展開直升機野戰落地場的開設，另一部分的兵力則利用繩索從山頂緩緩下山，開闢進入失事現場的路線，隨後另一架 C

航指部空中運輸分隊

機載著增援的 16 位特戰弟兄，也以繩降的方式到達現場支援，這些特戰弟兄就在沒有其他外援之下，在標高 3000 公尺的原始叢林連夜將落地區的樹林等障礙物砍劈移除，一夜下來，高山上的低溫、體力的消耗加上已經砍出水泡的雙手，都沒有阻止他們執行任務的決心，沒到過這樣的環境根本很難想像特戰搜救隊員面臨的危險及困難。27 日清晨，利用完成的野戰落地場，搜救團隊終於成功的將空軍失事遇難的飛官遺骸送上 C 機，並與所有特戰弟兄脫離現場返回花蓮空軍基地。而原本要從地面進入的特勤搜救小組，因為山勢阻擋，無法按計畫到達目標區會合，同時也面臨補給用盡的困境，更沒足夠的時間在颱風來襲之前及時下山，就在這個緊張的情勢之下，C 機 7301 於當天上午 06:13 透過搜救小組的特勤隊員建立了地空聯合作業，設定吊掛地點，以極高難度的高高度吊掛（執

▲ 這是空運營用開闢野戰落地場砍下的樹枝加上當時 C 機落地時的實況照片，為任務成員製作的紀念文物，其中侯天汶就是當時的空運營長。

行吊掛時高度將近 8000 呎），而且繩索必須穿越高聳的原始森林，經過 40 分鐘的奮戰，8 名地面搜救人員都安全吊掛進入機艙，撤返空軍花蓮基地，至此終於圓滿達成搜救任務。

在達成任務之後，參謀總長嚴德發特別稱讚航空特戰部隊「在那麼困難複雜的地形，那麼惡劣的天候狀況，還能在那麼短的時間內達成任務，這是個『驚嘆號』；充分展現出航特部隊的高度專業和兵科特性，航特部隊無疑是國軍最有戰力而且無法取代的作戰部隊」。這段話闡述出航空與特戰結合的強大戰力以及特戰部隊達成任務的堅定決心和毅力，更驗證空運營與特戰部隊的紮實訓練及妥善裝備，救援任務沒有出錯的空間，就只是平日訓練整備的兌現。

▲ 包含花防部副指揮官古勝文將軍（左）以及特指部副指揮官方裕原上校（右）都是最後由 C 機 7301 以吊掛方式撤離的，他們的地面搜救過程非常艱辛，還好在颱風來襲前及時撤離。

飛鷹專案-A、O機種能教官赴美訓練

1993(民國82)年10月19日,第一批的A、O機運抵台灣,這是初期2架AH-1W及1架OH-58D組裝試飛完成後,在歸仁機場跑道上拍下的照片,在O機和A機的後方是一架UH-1H及殿後的B234,也可以說這是當時陸航所有第一線旋翼機的首次合影。

　　1967(民國56)年8月,AH-1G眼鏡蛇直升機進入量產並交付美國陸軍和陸戰隊在越南戰場嶄露頭角,此時我國的陸航部隊才剛剛建立在台灣自訓飛行員的初期能量,隨著航空大隊與航指部的成立,陸軍進入戰鬥直升機的建軍階段,從民國70年開始展開評估和選型,糾結在陸航的最好選擇與國際政局購買困境的拉扯之下長達10年,終於成功獲得最適合的機種,然而這只是一個開始,後續組織架構調整、裝備引進、飛行保養人員培訓、戰術發展等都需要投入大量的努力,還好建軍初期的骨幹人員均有共識、熱情投入、忘卻艱難,循序漸進,才得以初具規模,逐步由傳統飛行部隊邁入現代化的航空勁旅。

陸航武裝直升機的演進

　　民國59年底,陸軍航空部隊開始接收UH-1H直升機,透過美軍顧問團提供的越戰直升機作戰影片,剛成立的陸航旋翼機部隊就已經對機動作戰中的砲艇護衛機產生了濃厚的興趣,畢竟沒有武器直升機在戰場上就沒有接敵的機會。後來顧問團透過非正規的管道,從越南前線取得了大約20套的XM-3 2.75吋火箭發射器,配合投送兵力時架設M60機槍的UH-1H,這就是陸航第一代的武裝直升機,民國65年6月,陸軍航空指揮部於歸仁成立,在國家財力及國際處境的限制下,陸軍仍然積極想要建

飛鷹專案-A、O 機種能教官赴美訓練

◀▲ 陸軍航空部隊最早期的武裝直升機安裝了上面照片所示,可裝填一邊24枚2.75吋火箭的XM-3火箭發射器,運兵直升機則是在兩側裝了如左邊照片中的M60機槍來提供空中機動作戰著陸區上下飛機需要的火力掩護。

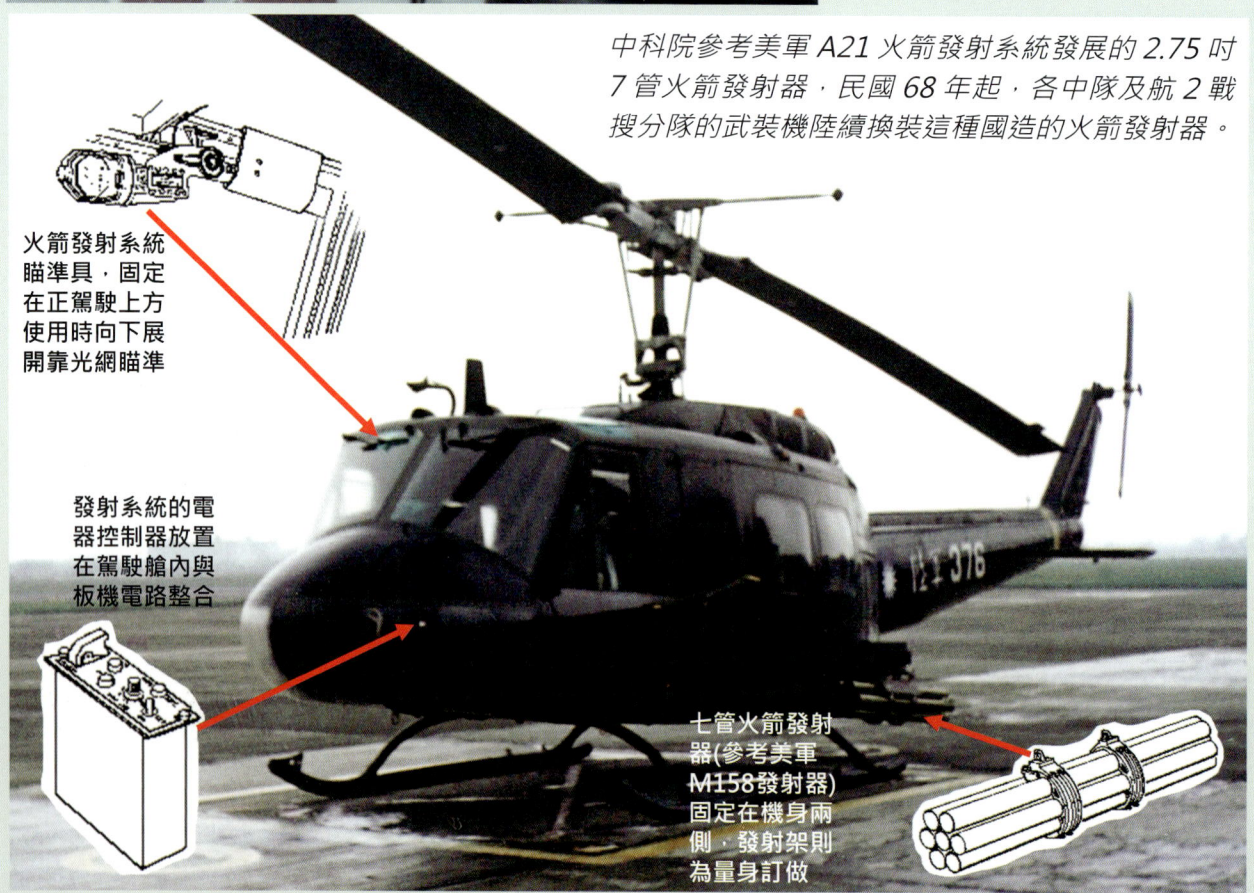

中科院參考美軍A21火箭發射系統發展的2.75吋7管火箭發射器,民國68年起,各中隊及航2戰搜分隊的武裝機陸續換裝這種國造的火箭發射器。

火箭發射系統瞄準具,固定在正駕駛上方使用時向下展開靠光網瞄準

發射系統的電器控制器放置在駕駛艙內與板機電路整合

七管火箭發射器(參考美軍M158發射器)固定在機身兩側,發射架則為量身訂做

178　陸航建軍史話 II

立直升機的反裝甲能力,從採用土法煉鋼的方式,找空軍航發中心自行研究在 UH-1H 安裝拖式飛彈不成,到早先顧問團送來的 XM-3 火箭發射器和 M60 機槍的組合因為射程、射控、耗彈量、成本、精準度及維護等等的問題,漸漸無法使用,陸軍的武裝直升機之路在一開始就不是很順利,大約在民國 68 年間,陸航的武裝從 XM-3 搭配 M60,變成只有在 UH-1H 上安裝中科院發展的 7 管裝 2.75 吋火箭發射器(類似美軍的 M158 火箭發射器,可裝填 7 x 2 共 14 發火箭)來延續武裝機的功能。

隨著 UH-1H 通用直升機接裝完成數年之後,機動中隊的運作進入純熟的階段,陸軍總部於民國 70 年底正式開始草擬「戰鬥直升機建軍及戰術運用」計畫,展開了陸軍獲得第一批戰鬥直升機的 10 年歷程,此時前述的國造 2.75 吋火箭發射器射擊精準度越來越差(可能因為光學瞄準具衰減),窮則變變則通,空地勤人員利用火箭發射器調教工具在飛行員的擋風玻璃上以紅色的蠟筆畫上刻線,並且在試射後區分近彈和遠彈的刻度及射擊要領,雖然改善了射擊的精準度,但這種克難的方法明顯的無法應付現代戰爭的強度,更突顯了戰鬥直升機建軍的迫切需要,陸總部於民國 71 年的初版戰鬥直升機建軍構想中有提到一段最基礎的理論,就是:「戰鬥直升機具有強大的機動性,當地面部隊遭遇時空限制或狀況劇變,有重大利益或危機時,

▶UH-1H 武裝機正對準目標快速前進,在陸軍航空指揮部前期,空中機動中隊最少會保持有四架裝著國造火箭發射器的武裝機,年度都會安排到靶場執行火箭射擊訓練,確保中隊的射擊能量維持在一定的水準。在沒有戰鬥直升機的這個時期,這些武裝機就是陸航唯一的空中武力。
(尖端科技雜誌)

◀UH-1H 發射火箭的瞬間,2.75 吋火箭在脫離發射筒之後,尾部用來穩定飛行路線的摺疊翼會自動展開,火箭沒有導引能力,發射時飛行員透過瞄準具光網將飛機姿態維持在目標鎖定的狀態就像照片中的 UH-1H 建立俯角發射就是這個目的。

飛鷹專案-A、O機種能教官赴美訓練

戰鬥直升機可迅速集中優勢之兵力與火力，適時投入決戰地區，爭取決戰的勝利。」，至於戰鬥直升機的攻擊火力，最主要就是要有當時最夯的反裝甲利器：拖式飛彈，再加上火箭及20mm機砲，至於機型的選擇，礙於國際政治的現實，能夠給陸軍做評估的都是輕型多用途直升機搭載有限武器組合的武裝直升機，在「陸航建軍史話」187頁的『陸軍戰鬥直升機選型』章節中有詳實的記述陸軍在民國70~73年間舉辦的BELL 206L、Hughes 500MD 及 500MD 與 MBB BO-105 直接較勁的三次「龍馬演習」，期間還派出徐春林指揮官前往德國評估BO-105的火力示範，繼任的馬登鶴指揮官也前往韓國考察500MD的使用情形，結果BO-105得到評比的第一名，但是在民國71年航指部就提出AH-1這種專為戰鬥設計的直升機才是首選，陸總部也因此決定將AH-1納入評估，上呈國防部後得到郝總長指示：在美國沒有拒絕銷售AH-1之前，暫緩考慮BO-105的購買，此後陸軍展開了近5年的努力向美國提出需求，然而在雷根總統任內，對台灣提供攻擊性武器的態度是相對保守的，只能耐心等待適當時機的到來。

▲ 這張非常珍貴的照片是從UH-1H駕駛艙視角拍攝國造火箭發射器發射火箭的瞬間，前方帶著煙塵的兩個紅點就是剛發射還正在飛行中的火箭，擋風玻璃上的紅線即是內文中所提到用來提高射擊精準度的輔助紅線。

◀ 國造2.75吋火箭發射器搭配的國造瞄準具安裝在正駕駛擋風玻璃的上方，後期射擊的精準度有越來越不理想的趨勢，所以才開始用畫紅色線條輔助瞄準的變通方法。

飛鷹專案－A、O機種能教官赴美訓練

One Helicopter Does it All
... Cost Effectively

◀美國休斯公司以500MD機型整合了整套拖式飛彈的發射系統，成為捍衛者此裝直升機，在陸軍評估戰鬥直升機時期，駐韓國的我方代表向國防部報告，韓國已經在使用500MD，而且機隊的數量達到200餘架，妥善率並不差，因此民國72年底陸總部下令航指部派員去韓國考察500MD的使用情形。（圖源：休斯公司型錄）

▲「陸航建軍史話」詳細說明了BELL 206L來到航指部歸仁基地的性能戰力展示，但是沒有提供直升機在展示時的照片，後來終於有蒐集到，特別在這本航指部的篇幅中呈現，這是民國70年1月23日在歸仁「龍馬一號」演習中，BELL 206L地面展示的情形，206L的機身長度比206長一截，以商務的角度就是多了一排座椅，從原本的5人座變成了7人座，寬敞的空間被用來整合拖式飛彈的瞄準、遙控及發射系統，就誕生了這個能發射拖式飛彈的構型，206L甚至還是商用型號，不是軍用的OH-58系列，與真正戰鬥直升機的規格相去甚遠。

飛鷹專案-A、O機種能教官赴美訓練

▲BELL 206L 在「龍馬一號」演習當天有一個非常重要的展演課目，就是拖式飛彈的實彈射擊，左邊的照片呈現拖式飛彈發射器還未裝上飛彈時的狀態，右邊則是裝上兩枚拖式飛彈之後的樣子，這架直升機裝填飛彈後起飛到歸仁基地隔壁的虎山靶場，空特部特別拉來一輛報廢的老裝甲車來擔任射擊的目標，BELL 老練的飛行員不負眾望命中了目標，不過 206L 滿載只能攜帶四枚飛彈，而且就不能有火箭與機砲共存，入選的機會渺茫。

▲ 為了盡快完成所有候選直升機的資料蒐集，陸總部於民國 70 年底指派航指部徐春林指揮官及基勤中隊林貽先隊長前往德國實地評估 MBB BO-105 的性能及拖式飛彈的火力示範，BO-105 原本標配的反裝甲武器是照片中歐系的 HOT 飛彈，但在美系武器為主的國家，當時屬意的反裝甲武器都是拖式飛彈，因此 MBB 也投入重本將拖式飛彈系統都整合到 BO-105 上，但當時還來不及提供拖式飛彈構型的宣傳照，只提供了這套照片，後來繼任的馬登鶴指揮官也出訪韓國更補足了 500MD 的資料，在 AH-1 不納入的條件下，兩次評比 (民國 71 年及 73 年) 結果都是 BO-105 獲得勝出，陸軍總部以建構兩個攻擊中隊的需求編列了 40 架的採購數量，最後在 AH-1 系列被納入評比後，AH-1W 有如絕處逢生般在 5 年後獲得批准出售，BO-105 的機會也畫下句點。

逢迴路轉的戰鬥直升機採購案

按照民國 71 年 4 月陸軍總部「戰鬥直升機建軍及戰術運用」的版本，戰鬥直升機建軍的時程訂在民國 73 年開始，因此 BO-105 勝出後，馬上展開了採購的細節計畫，雖然 BO-105 已經是三種候選機種中 (AH-1 除外)，武器配置靈活度最高的機種，武器的組合仍需要有清楚的定義，有關購買數量及武器配置的部分，特別節錄建軍構想的資料來說明：

陸軍戰鬥直升機編組擬案

一．基於本軍防衛作戰之需求，考量國防預算獲得的狀況，初期計畫建立兩個戰鬥直升機中隊，分別編配於兩個航空大隊，分駐台灣南北地區，作為防衛作戰預備隊之一部，依狀況需要，集中使用於決戰地區。

二．在編組型態上，參考 1973 年 5 月 15 日美軍 FM101-20「美國陸軍航空計畫作為」資料，其空中機動師之直升機部隊大致分為三種編組型態：

1. 空中騎兵隊：偵搜任務為主，每隊配賦偵搜用觀測機 (LOH Light Observation Helicopter) 10 架 (OH-6A, OH-58A)，支援用攻擊機 (AH-1G or AH-1B 砲艇機)9 架及通用機 8 架 (UH-1H) 合計 27 架。

2. 突擊直升機連：運輸部隊為主，每連配備通用直升機 (UH-1D, H)20 架。

3. 攻擊直升機連：以戰鬥任務為主，每連配賦攻擊直升機 (AH-1G)12 架。

三．陸軍建立戰鬥直升機部隊，為求最大戰術效益，參考美軍空中騎兵隊及攻擊直升機連之編組，以越戰及韓國戰鬥直升機部隊運作經驗做綜合分析，結論是要使偵搜力與打擊力相輔相成，配備反裝甲武器的直升機與配賦之偵搜直升機以最恰當的比例搭配組合，發揮最大的戰力 按照防衛作戰的需求，火力的

▲許多曾在民國 73 年初參與「龍馬三號」演習，親眼目睹 BO-105 與 MD500 在歸仁直接較勁的陸航飛行官都被 BO-105 靈活的飛行性能所吸引，尤其可以做觔斗及滾轉這樣等級的特技動作，對 UH-1H 的飛行員來說簡直是嘆為觀止，所以從飛行性能的角度來看幾乎沒有疑問，大家都認為三架被評比的機種裡面 BO-105 最優，加上雙發動機的設計，更是對使用的安全性是很大的加分。

▲MBB 對 BO-105 的性能深具信心，這是 MBB 公司提供的紀念品，從這張貼紙上的宣傳口號「連鳥都妒忌」就知道其優越的飛行性能，也不難想像 MBB 公司派到台灣的試飛員應該是使盡渾身解數來 PK 500MD 了。

飛鷹專案-A、O機種能教官赴美訓練

分配比例經過評估為 2:1，也就是每三架攻擊直升機，其中要有兩架是配備反裝甲武器，另一架則是裝備火箭與機槍。

當然，在 1982(民國 71)年當時，大概還沒人能夠預期陸軍最後到底可以買到哪一個機種，更不可能料到最後竟然可以一次買到兩個機型，同時能滿足攻擊跟偵搜的需求，但最少按照擬定的編組構想，在 BO-105 獲得評比第一之後，先展開相應的採購計畫，經過討論後，總共需要購買 BO-105 40 架，按照前述的火力分配的比例，其中 27 架採拖式飛彈構型，另 13 架安裝 7.62 機槍、12 發 2.75 火箭發射器及 20mm 機砲，唯執行採購的前提是向美方申請 AH-1S 的採購案被正式回絕。

至於建軍的時程，則是從民國 73 年開始分三個年度完成，評估包含訓練、測試、零件和彈藥需要的預算大約接近 40 億台幣。民國 72 年底為何會冒出一個美國主動同意的 B234 軍售案，推測就是想對戰鬥直升機的採購發生影響。回溯在 1979 年卡特總統任內，美國與中華人民共和國建交，並在雷根總統剛上任半年內的 1982 年 8 月 17 日發表了 817 公報，美方在該公報中就對台軍售問題做出了明確的承諾，最重要的三條包括：

1. 向台灣出售的武器在性能和數量上將不超過中美建交後近幾年供應的水平；
2. 準備逐步減少美國對台灣的武器出售；
3. 台灣問題經過一段時間最終得到解決

正巧就在這個時間點，陸軍的戰鬥直升機採購案已經將機種及採購細節都開出來了，唯一還卡住這個採購決定的就是美國是否願意願出售 AH-1S 給台灣，還在蜜月期的中美關係再加上對軍售限制

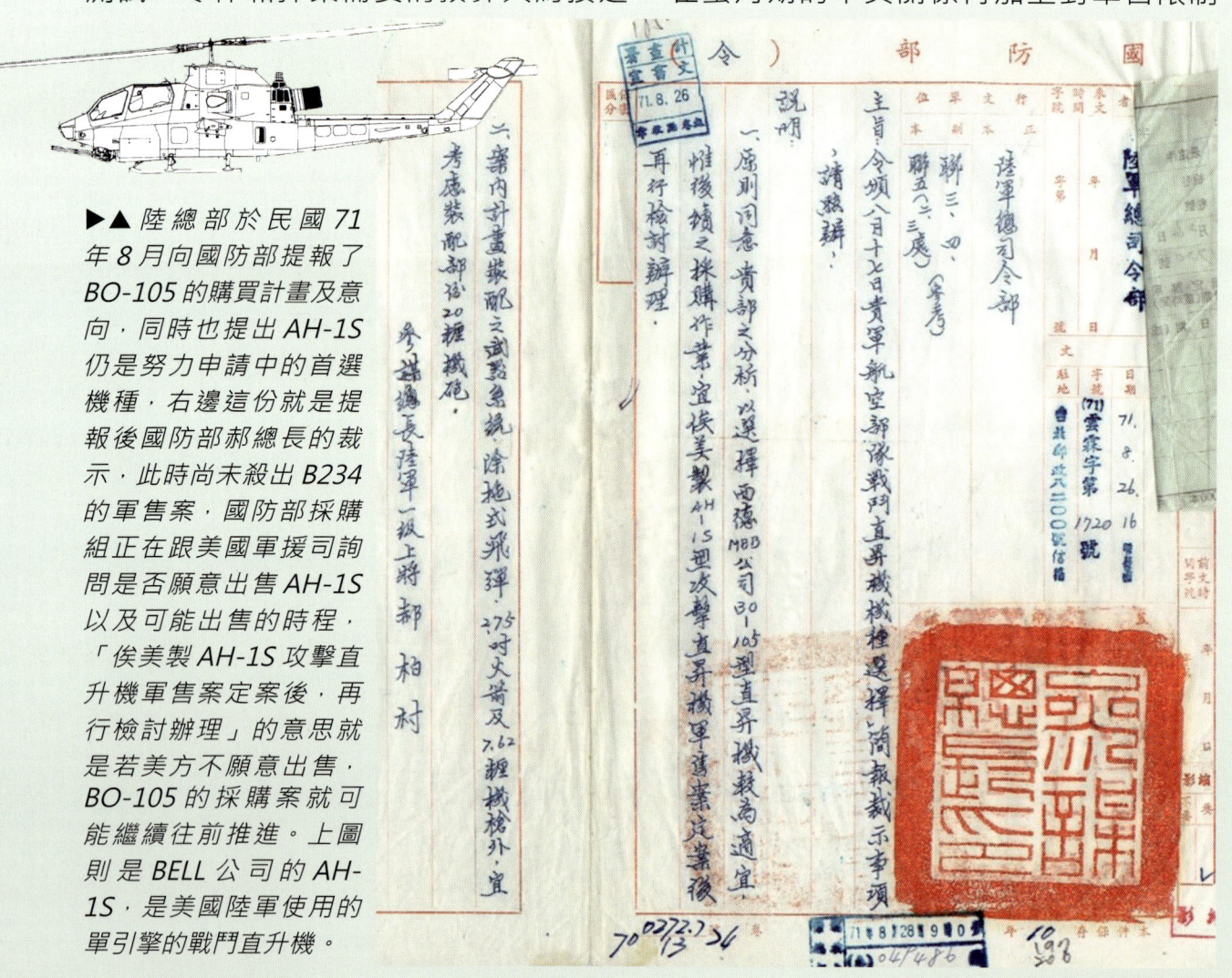

▶▲ 陸總部於民國 71 年 8 月向國防部提報了 BO-105 的購買計畫及意向，同時也提出 AH-1S 仍是努力申請中的首選機種，右邊這份就是提報後國防部郝總長的裁示，此時尚未殺出 B234 的軍售案，國防部採購組正在跟美國軍援司詢問是否願意出售 AH-1S 以及可能出售的時程，「俟美製 AH-1S 攻擊直升機軍售案定案後，再行檢討辦理」的意思就是若美方不願意出售，BO-105 的採購案就可能繼續往前推進。上圖則是 BELL 公司的 AH-1S，是美國陸軍使用的單引擎的戰鬥直升機。

AH-1 直升機發展進程

▼1967　　▼1978　　▼1979　　1986▼

美國陸軍

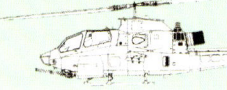

1967(民國56)年8月
AH-1G 投入越南戰場

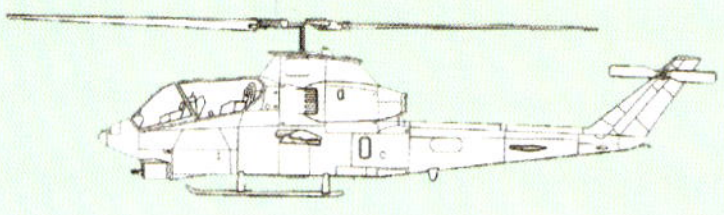

AH-1G

1978(民國67)年 AH-1S
完成驗證開始生產交機

AH-1S

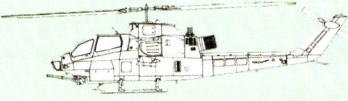

1979(民國68)年 AH-1F
完成驗證開始生產交機

AH-1F

1978(民國67)年美國陸
戰隊接收第一批 AH-1T

1986(民國75)年 AH-1T+
/AH-1W 開始生產交機

美國陸戰隊

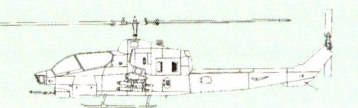

AH-1T

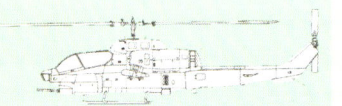

AH-1T+/AH-1W

陸軍航指部戰鬥直升機評選過程

▼1967　　▼1976　　1981▼　1983▼　1985▼

1967(民國56)年10月
陸軍航空指揮部尚未成立

1976(民國65)年航指部成立，
BELL公司建議空軍航發中心，
UH-1H只適合安裝M60機槍
及2.75吋火箭，順勢推銷正從
AH-1Q升級中的AH-1S，並提
議可採取合作生產的模式。

BELL AH-1 直升機發展演進與陸軍戰
鬥直升機評選過程的時間對照，主在呈
現戰鬥直升機申購過程發生的變化，同
時對照 AH-1 直升機各型號首批交機時
間，美國陸戰隊使用的 AH-1 系列直升
機是採用雙發動機，陸軍則都是單發動
機，最初選擇美國陸軍型號 AH-1S，
後來因為雙發動機安全性較高，更適合
台灣的環境而改成申請 AH-1T+，進
而在美國批准時，這個機型已經變成了
AH-1W。在此特別列出美國宣佈出售
B234 的時間點，因為這筆軍售有一部
份的目的應該是遲滯陸軍戰鬥直升機的
採購時間，推測美國當時還不能批准出
售 AH-1，但又不想失去這筆軍售。

1981(民國70)年陸軍總部開始研擬「戰鬥直
升機建軍及戰術運用」，航指部舉行龍馬一號
和龍馬二號演習，對 BELL 206L 及 Hughes
500MD 進行性能及火力的評估，並派指揮官
等人員赴德國評估 BO-105 的性能及火力示範

1982(民國71)年3月陸總部成立「陸軍航空部
隊戰鬥直升機機種選擇專案審查小組」，航指部
提出：「雖然不容易申購，但是 AH-1 是首選。」
陸總部於8月向參謀總長郝柏村簡報機型選擇，
並將 AH-1S 納入評估案結論中。國防部指示：
1.MBB BO-105 較適合，但須視 AH-1S 軍售案
申請之結果再討論辦理。
2.計畫採購 BO-105 40架，其中27架採拖式飛
彈構型，另13架安裝7.62機槍、12發2.75火
箭發射器及20mm機砲(13套)

1983(民國72)年底美國突然宣佈出售三架 B234

1984(民國73)年初，航指部舉行龍馬三號演習，對
500MD 及 BO-105 進行再次評估，4月指揮官前往韓
國考察 MD-500 的使用情形，陸總部於9月完成分析，
暫時只能選擇 BO-105，國防部指示對美國申請採購機
型改為 AH-1T，等待美國的結果，其餘暫緩考慮。

1985(民國74)年1月國防計畫參謀次長室請陸總部確
認是要申購 AH-1T 還是 AH-1T+ (後來改為 AH-1T+)

飛鷹專案-A、O機種能教官赴美訓練

1984(民國73)年，我方對美國申購的機型已經從 AH-1S 調整成了 AH-1T；簡單的來說，BELL 公司在越戰期間成功的推出 AH-1G 給美國陸軍和陸戰隊使用，在研發後續機型時，兩個軍種提出了兩種不同的需求，陸軍繼續採用 AH-1G 的單引擎設計，從 Q 到 S 一直到 F 型號都是如此，型號變化通常是引擎規格或武器航電系統的升級，至於陸戰隊的需求則是從 AH-1J 開始就採用雙發動機的設計，由於常常需要從直升機母艦出發，雙發動機的設計對海上飛行提供更好的安全性，在發展進程上，陸軍的 AH-1S 和陸戰隊的 AH-1T 都在 1978(民國67)年開始服役，對美的採購案到了民國73年仍然沒有明確的回覆，在陸總部深入分析後，決定調整機種，從 AH-1S 改為

作出承諾的 817 公報，美國的軍火商深知此時 AH-1 這樣的機種是不可能被批准賣給台灣的，於是政客與軍火商就展開運作並且成功的拋出了一個誰也沒想到的妙招，1983 年底美國政府在這關鍵的時刻指出，為了要平衡中華民國與美國的貿易逆差，決定出售 3 架商用的 B234 給中華民國陸軍，在不打臉自己對中國的承諾之下，不但陸總部的戰鬥直升機採購案會因此受到預算排擠的影響，(3 架 B234 加上其他如零件、訓練和裝備等等的花費幾乎就是戰鬥直升機建軍預算的一大部分)，就算錢不是問題，陸航的戰鬥直升機部隊想在民國 73 年成軍也要承受員額及受訓種子遴選已經被 B234 的建軍優先挪用的挑戰，這個衝擊自然就會幫 AH-1 的軍售爭取到更多的時間。

◀◀▲ 這份公文是民國 74 年 1 月國防部發出給陸軍總部的，在這個時間點，陸航 B234 的接機人員 30 多人正準備前往美國接受 B234 的訓練，公文內容提到「以向美申請 AH-1T 型攻擊直升機為主，如獲同意則採購，否則均暫緩考慮」，對比民國 71 年的指示「俟美製 AH-1S 攻擊直升機軍售案定案後，再行檢討辦理」，很明顯的有所不同，可以推測 B234 軍售案對陸軍的戰鬥直升機採購是有一定層面的影響，上圖是 AH-1T 的側視圖，這個時間點，陸軍經過研究後，決定美軍陸戰隊使用的機種才是適合在台灣操作的機種。因此公文中提到的已經不再是 AH-1S。

AH-1T，因為後者的雙發動機設計及防鏽處理更適合台灣的海島環境。

陸戰隊在使用AH-1T一段時間後，提出很多新的需求及問題，於是BELL對AH-1T進行了大幅度的改裝，換裝了兩具T 700 GE 401渦輪軸發動機，配合新的變速箱，在爬升率、油耗、單發動機飛行等方面都比原來使用P&W的T-400系列發動機有大幅度的改善，並且能在高溫、高空的環境下攜帶1噸重的武器自如的飛行及盤旋，除此之外還有航電系統的更新，並且增加射程更遠的地獄火雷射導引反戰車飛彈（射程達到8000公尺，是拖式飛彈射程的2倍）以及響尾蛇空對空飛彈的作戰能力，另外還提供了反制地對空武器的干擾絲投射系統，這個代號AH-1T+的專案於1986(民國75)年完成驗證開始量產，由於性能顯著的提升，AH-1T+被陸戰隊更名為AH-1W，已經服役的AH-1T也逐步進行性能的更新，就這樣，我方申購的型號也升級到AH-1W。1989(民國78)年，老布希總統走馬上任，新政府的對台軍售態度有了轉變，在一年內就傳出了美方要批准戰鬥直升機軍售案的消息，到了1991(民國80)年8月，陸軍正式獲得美方同意，申購18架AH-1W及12架OH-58D，代號「陸鵬專案」，比起原先只有申請攻擊直升機AH-1W，現在還同時獲得戰搜直升機OH-58D（美軍1986年7月開始服役），它的桅頂偵蒐儀(MMS)有自動對焦的紅外線熱影像儀、雷射測距及標定儀加上電視攝影機及可放大12倍的光學瞄準儀和穩定裝置，不僅提供日、夜間的觀測能力，也可替友軍攻擊直昇機提供發射地獄火反戰車飛彈的目標標定支援，此外，OH-58D本身就有足夠的火力參加戰鬥，一組7管裝的2.75吋火箭發射器或二發裝的地獄火反戰車飛彈發射架亦或是一挺50口徑機槍可任選兩種來組合使用。航指部等待多年的戰鬥直升機建軍終於有了初步的成果，「飛鷹專案」戰鬥直升機成軍訓練實施計畫也隨後就要登場。

▲這是BELL公司OH-58D奇歐瓦戰士的宣傳照，陸軍航空部隊最早擁有的觀測直升機是OH-6A，當時所謂的觀測，依靠的就是機上人員的觀測能力，OH-58D頂上的桅頂偵蒐儀(MMS)提供強大的偵蒐功能，對比OH-6A可謂是一日千里，這張宣傳照中的OH-58D掛載了兩枚地獄火飛彈及一挺50口徑機槍的莢艙，火力也是非常可觀。(張行宇將軍提供)

▲陸軍戰鬥直升機建軍構想中的首選機種隨著時間的演進，從BO-105變成AH-1S再調整到AH-1T及AH-1T+，最終竟然獲得了火力強大且最適合台灣海島環境的AH-1W超級眼鏡蛇，這個10年的歷程，從國防部、陸總部到航指部，歷任承辦及決策的長官們所付出的努力值得被記錄，因為這個決定對陸軍航空部隊的後續發展影響非常之深遠。(張行宇將軍提供)

飛鷹專案-A、O機種能教官赴美訓練

「飛鷹專案」- 艱鉅的接裝任務

1991(民國80)年11月20日，國防部核定了「飛鷹計畫投資綱要」，隨即陸總部在隔年啟動「飛鷹專案」，簡言之，專案的目標就是「期使本軍飛鷹專案成軍期間，能藉完整訓練，培育飛行、保修、通電、軍械等專業人才，發揮裝備特性，達成陸軍現代化，立體化的使命。」，然而執行面是非常複雜的，據杜勳民指揮官回憶，在美方鬆口要批准戰鬥直升機出售的時候，高層還曾研究要不要乾脆申購AH-64阿帕契，杜將軍很客觀以兵監單位的立場表達，要是美國同意賣AH-64給陸軍，我們豈有不想要的道理，但問題不是經費或意願，而是執行能力，從UH-1H一步跨到阿帕契太巨大了，如何維持妥善率、確保安全係數等等，風險太高了，陸航要跨入戰鬥直升機的領域，飛行、保修、武器、電子、通信各方面需要進階升級已經是巨大的工作量，因此還是踏踏實實的申請AH-1W及OH-58D為陸軍航空的現代化踏出穩健的第一步比較恰當。

1992(民國81)年初，航指部開始選訓作業，陸航獲得戰鬥直升機後，必需有效的經營才能建立紮實的作戰能力，因此人員方面以建軍的目標適材適任，所謂適任就是經歷不需太高，大約中校隊長或是經驗成熟在少校層級左右，從個性與實務表現來區分適合的機型，配合品德考核、留營意願審查等等，這些條件都符合之下，剩下就是要通過語文能力的考驗，以飛行人員為例，外語能力一定要足夠，才可確保受訓時能徹底吸收，飛行訓練時只有教官和學員在飛機上，如果前後座的溝通都不順暢如何能夠達到學習的目的，為培養陸航官兵的英文能力，航訓中心每年都有開英文班隊，但這次的接裝非同小可，因此也循B234接裝的模式特別開了「飛鷹專案」英文班來加強送訓人員的語文能力。

航指部在民國81年初開始篩選適當的人員，從4月17日起在歸仁集中送訓人員參加集訓，此時已經遴選出飛鷹案的人員，並完成了一個假編成，對受訓人員在成軍後的角色職務都有初步的定義，集訓的內容就是英文，透過手冊技

▲民國82年9月，航指部頒訂的成軍實施計畫，內容包括從民國81年開始的選訓到種子教官返國放大量能的換裝訓練、成軍後的駐地訓練、彈藥控管及武器射擊場地等等，都有詳細的規劃，要同時接裝攻擊和戰搜兩個機型是非常不容易的。

▲民國81年4月17日開始，軍售案接裝的選訓人員來到歸仁基地航訓中心接受語文的培訓，根據計劃，分批送訓接裝的空地勤人員總共有105人，第一批人員通過AIT考試後，指揮官杜勳民將軍在10月15日特別舉行了一場結訓的座談會，除了聽取意見之外也親自期勉所有人員共同肩負起陸軍現代化的歷史重任。

令的研讀和翻譯，做先期的準備，空勤與補保人員一起受訓，集訓後參加AIT的考試，若考試通過，就按計畫的行程赴美，其餘人員則持續訓練，成為第二批受訓的人員，當時請到留美多次的飛行保養軍官或外聘英文老師，甚至還請來美軍顧問的眷屬來任教，即使經過這個試煉，學員們到了美國的第一關仍然是要先通過美軍的專業英文訓練及考試，合格後才能進入後續接裝的相關訓練。

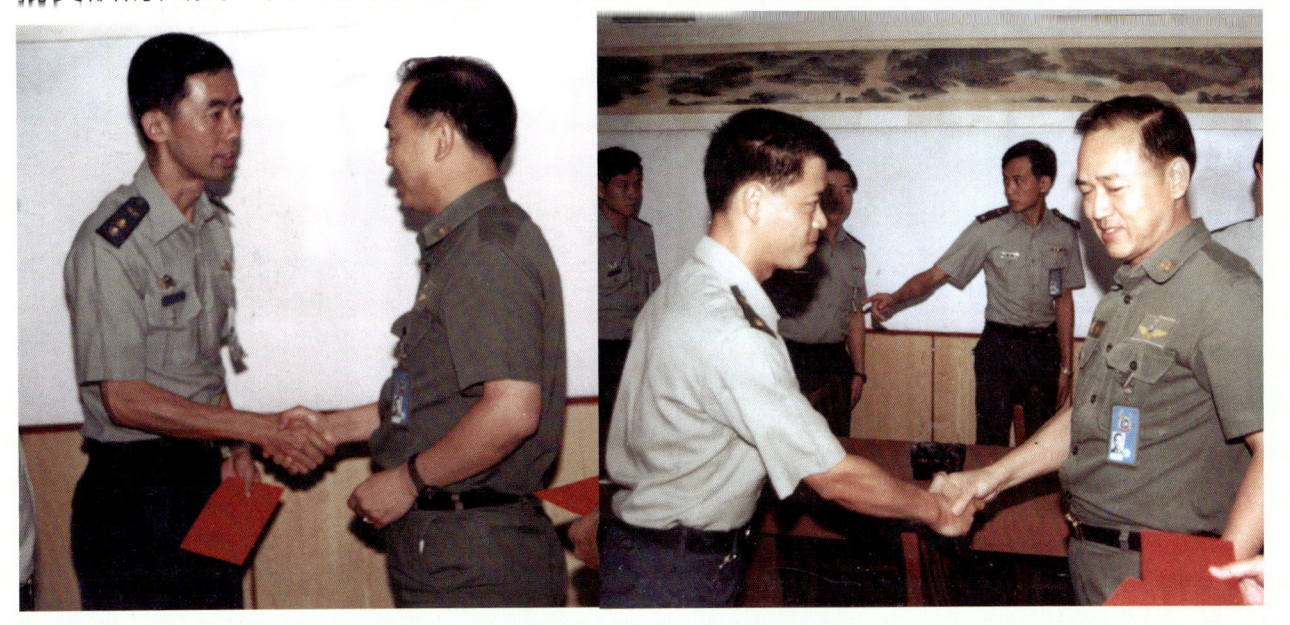

▲10月15日的結訓座談會後，杜勳民指揮官對受訓學員做了精神講話，鼓勵士氣並頒發獎金，這是頒獎金給A機領隊張怒潮中校的畫面。

▲杜指揮官頒發獎金給O機領隊潘其岳中校，兩位領隊是當時戰鬥直升機建軍的重要人物，多年之後分別在民國98年及100年晉任航特部中將指揮官。

級職	姓名	職掌
中校組長	張怒潮	A型機主任教官兼考試官
中校隊長	高勝利	A型機隊長兼帶飛教官
少校作戰官	王翼瑤	A型機帶飛教官兼試飛官
少校情報官	蔡國偉	A型機帶飛教官
少校分隊長	張立全	A型機帶飛教官
少校分隊長	方家齊	A型機帶飛教官
少校分隊長	林國俊	A型機帶飛教官
上尉飛行官	張可彪	A型機帶飛教官
中校隊長	潘其岳	O型機隊長兼考試官
少校輔導長	譚展之	O型機試飛官及考試官
上尉飛安官	張宗棠	O型機帶飛教官及試飛官
少校分隊長	魏建華	O型機帶飛教官
少校情報官	蔣思胤	O型機帶飛教官
上尉飛行官	王和華	O型機帶飛教官
上尉飛行官	洪文龍	O型機帶飛教官

▲這是民國81年10月16日陸總部發出的赴美受訓公文附件，附件中可以看到有部份不是空勤的人員，他們有的是去接受武器相關的訓練，有的則是保養方面，另外附件中僅有3位O機的種子教官，其他幾位則是安排在另一批出發。（張可彪教官提供）

▲由於沒有掌握完整赴美受訓的地勤人員名單，這裏僅列出最早赴美的A、O型機種子教官，第一個級職欄位的內容是送訓教官回國後預定要擔任的職務，例如攻擊中隊中隊長，其實幾年後飛鷹計畫仍然還有再送飛行人員赴美受訓，但因為不在本章節涵蓋的內容，因此沒有在此呈現。

飛鷹專案－A、O機種能教官赴美訓練

飛鷹專案一次接收兩個機種，其中AH-1W並不是美國陸軍使用的機型，所以A機與O機的受訓安排是不太一樣的：

A型機飛行人員受訓的流程：
1. 聖安東尼奧美國國防語文學校英文班
2. 美國陸軍航校（Fort Rucker）
　UH-1H夜視鏡教官班 (4位飛官參訓)
3. 美國貝爾公司 (Fort Worth, Texas)
　AH-1W基礎學科及換裝訓練
4. 美國陸戰隊（El Centro, California)
　AH-1W包含夜視鏡的戰術飛行訓練

O型機飛行人員受訓的流程：
1. 聖安東尼奧美國國防語文學校英文班
2. 美國陸軍航校（Fort Rucker）
　UH-1H夜視鏡教官班
3. 美國陸軍航校OH-58D合格班
4. 美國陸軍航校OH-58D教官班

按軍售案流程，赴美受訓人員都要先到聖安尼奧拉克蘭空軍基地國防語言學院報到，(Defense Language Institute) A、O機的受訓學員分批出發來此地接受語文訓練，在商售軍用的B234接裝過程就不是這樣安排，而是直接前往飛機和引擎的製造廠商報到接受訓練，DLI報到後除了發放個人裝備，還馬上再考一次英文以確認學員的語文能力是沒問題的，課程分成基本和專業兩個階段，(飛行和保養的專業課程不同) 最後必須考試合格才能夠畢業進入後續接機的各項訓練。

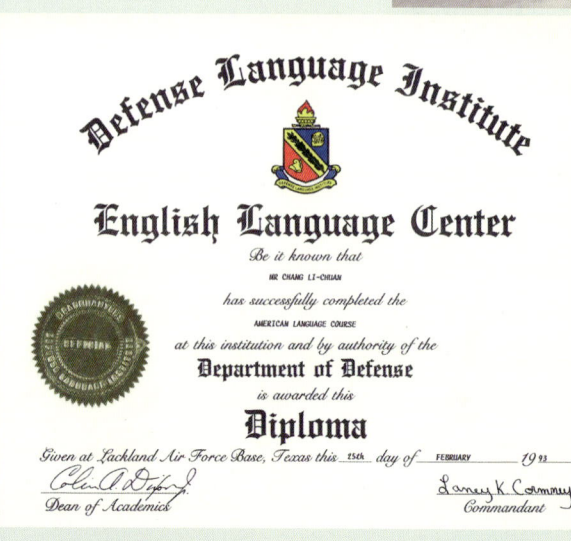

▶ 最早一批出發前往國防語文學校的受訓人員是O機的4位飛官，他們在民國81年8月出國，11月5日畢業，第二排左1是王和華、左3是蔣思胤、左4是魏建華、第三排右2是洪文龍。(蔣思胤教官提供)

▼ 下面這張是A機張立全教官在DLI獲頒的畢業證書，張教官與其它A機的同伴大約是在1992(民國81)年10月底出發的，畢業時大約是1993(民國82)年2月。
（張立全教官提供）

▲ 這是A機張可彪教官在國防語文學校英文班畢業典禮上與學校授課的老師合影。
（張可彪教官提供）

飛鷹專案−A、O機種能教官赴美訓練

▲ 利用假日在國防語文學校BBQ的A、O機教官們，站在兩位A機教官張可彪和張立全中間的是O機教官譚展之少校。在DLI期間，飛行人員要學習7~8大本的英文教材，只要考試不過關就沒辦法畢業，當然也就無法啟動後面重要的飛行訓練，回到讀書考試的壓力生活，偶爾還是要放鬆一下。

（張可彪教官提供）

▲ 飛鷹專案A機送訓的部分人員於1993年4月1日在美國防語文學校的畢業合照，其中第一排右1蔡良治、左1葉景施，第二排右1蔡國偉、右4鄒江祿、右5劉世毅、右8陳穎仁，第三排左1張世偉、左3張可彪、左4方家齊、右1譯音為CHANG-CHING TU、右4虞立仁、右5是林國俊及在他旁邊的廖明德，其它畢業的學員則來自菲律賓、肯亞、泰國、莫三比克、捷克、埃及、查德、宏都拉斯、阿爾及利亞、哥倫比亞、厄瓜多及委內瑞拉，可以說是來自五湖四海，A機飛行教官張怒潮、高勝利、張立全及王翼瑤4人並不在合影內，請參考後面內文說明，他們已在2月底畢業，先前往美國陸軍航校接受夜視鏡的飛行訓練。

（張可彪教官提供）

飛鷹專案-A、O機種能教官赴美訓練

成為奇歐瓦的戰士

完成國防語文學校的訓練並且通過考試後，潘其岳中校等七位O型機的受訓飛官來到阿拉巴馬州的美國陸軍航校開始接受後續的訓練，第一階段是夜視鏡教官班的課程，從二次大戰、韓戰到越戰，夜間作戰能力一直是各國在軍事上努力突破的重點，隨著光學和電子技術的發展，逐漸出現功能較完善的夜視裝備，藉由這樣的裝備可以在黑暗能見度不佳的情況下執行航訓或作戰任務，1970年代，美軍將夜視鏡導入越戰使用，並在巴拿馬戰役及沙漠風暴中經過多次戰場試煉而日益成熟，夜間軍事行動日益頻繁，夜戰能力逐漸受到重視，成為各國建構戰力的重點。

中華民國陸軍獲得戰鬥直升機的時期，美軍攻擊直升機已經完全具備夜間戴夜視鏡的攻擊能力，不光是戰鬥直升機，所有直升機飛行員都具備夜視鏡(NVG Night Vision Goggles)的飛行作戰能力。因此陸航的戰鬥直升機受訓飛官的第一階段訓練就是夜視鏡飛行，其實A機與O機的教官們都要接受NVG的訓練，但A機在美軍陸戰隊的戰術訓練中也有夜視鏡的課程，所以軍售案在陸軍航校的夜視鏡名額都分配給了O機教官，另外還爭取到4個名額就由A機教官中先派出4人來接受訓練，航校採用UH-1H實施夜視鏡的訓練，1993年初，這一批A、O機的飛行員開始分批接受夜視鏡的訓練，也是陸航歷史上首批完訓夜視鏡的飛官，在訓練時他們戴上夜視鏡先適應正常飛行，之後再進行戰鬥直升機的訓練課目，例如貼地的戰術飛行、利用地形掩蔽觀察敵情等，累積飛行30-40小時才可以結業，NVG與蓋罩不同，蓋罩是透過儀器來飛行，夜視鏡基本上就是夜間目視飛行，穿戴夜視裝備後，視野範圍從正常的180度縮減為30~40度，需不斷來回掃描來擴大視野，經過一定的訓練時數後，生理上逐步適應這樣的視覺反饋，之後才可以像白天一樣自如的目視飛行，透過NVG看到物件的輪廓很清楚，但光線跟深度感與白天肉眼的視覺反應是不一樣的，

▶ 陸航的A、O型機飛行官於接機後陸續獲撥夜視鏡裝備，該裝備由BELL Hawell公司研發製造，分為AN/AVS-6 (V)1及(V)2兩型，主要的差異在於安裝座的位置不同，因為A機的飛行頭盔配備了頭盔瞄準具(HSS)，夜視鏡安裝座必須讓出HSS的空間，所以A機的夜視鏡是(V)2這一型號(請參考右圖固定架位置)，左上角是當時獲得的夜視鏡安裝在配備有HSS頭盔上的實際照片，從夜視鏡下方看到伸出的就是HSS瞄準具。
(右圖源：美陸軍技術手冊 TM 11-5855-263-10)

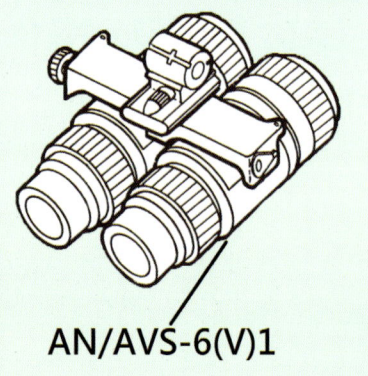

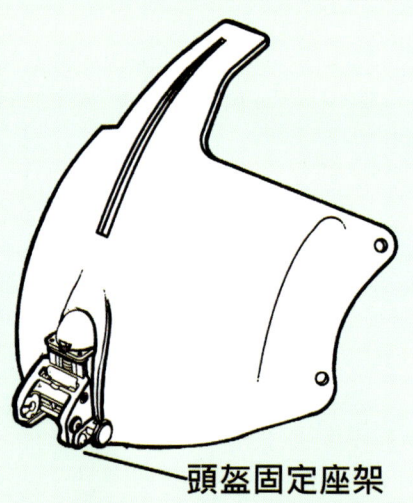

頭盔固定座架

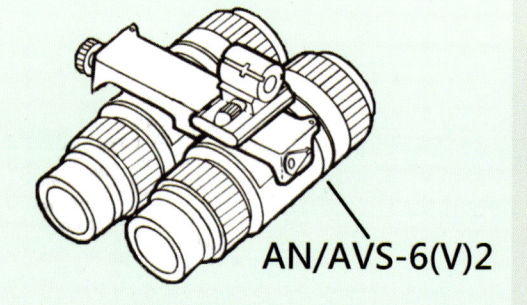

AN/AVS-6(V)1

AN/AVS-6(V)2

遠近距離的判斷就需要適應，戴夜視鏡時仍可透過鏡片的空隙掃描儀表，早期夜視鏡要避免燈光直射，只要被燈光照到夜視鏡，會發生太亮無法目視的狀況，隨著科技的進步，這樣的問題已經不復存在，理想的夜視鏡訓練時間通常是在午夜之後，美軍的訓練就是按照這樣的原則，訓練前的白天活動要有所節制，基本上下午就不能做戶外活動，調節好身體，才能順利進入狀況。在美國軍方的常態訓練裏面，旅級單位隨時都有一個營是以日夜顛倒的方式在運作，因為夜間作戰不單只有飛行人員、後勤、基地勤務、保修人員都需要同樣環境的訓練。飛鷹案教官們從美國回來後，仍需持續保持夜視鏡的訓練，跟夜航不一樣，進行夜視鏡飛行訓練時，基地的燈光都要進行管制，部隊行動也都要配合。

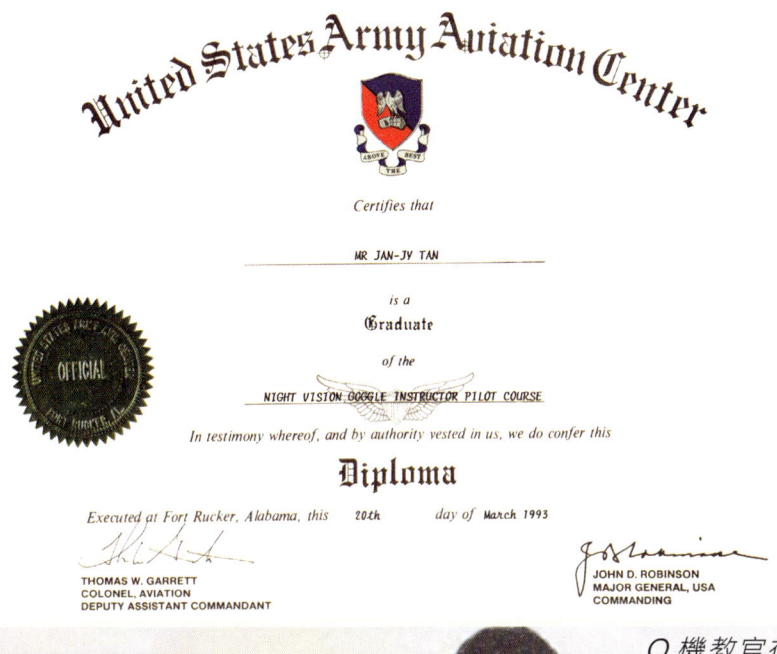

◂這是1993年3月美國陸軍航空訓練中心發給O機受訓教官譚展之少校的夜視鏡教官班完訓證書(United States Army Aviation Center)。譚教官於若干年前曾來此接受旋翼機儀器合格班的訓練，就在大約5個月前，才又來到Fort Rucker拿到旋翼機儀器複訓班的證書，這一次入選飛鷹案送訓已經是譚教官第三次來到美國陸軍航校接受訓練，可見他的語文能力是非常優秀的。（譚展之教官提供）

O機教官在飛過夜視鏡後，才正式開始登上OH-58D進行飛行訓練，航校的訓練用機都漆有鮮豔的顏色以便清楚識別這是正在訓練中的飛機，連機號都特別放大，更容易透過機號掌握飛行訓練的動態。（魏建華教官提供）

飛鷹專案-A、O機種能教官赴美訓練

飛行、偵搜與攻擊

　　夜視鏡完訓後，接著展開的是OH-58D的合格班及教官班訓練，OH-58D是貝爾公司開發，配備先進觀測與武器系統，能在日、夜間作戰的武裝斥候直昇機(Scout Helicopter)，儀錶板裝置了多功能整合螢幕(MFD Multi Function Display)可以即時將偵蒐的目標資料、導航系統、通訊、飛行姿態、方向等資料呈現給飛行員，並可將搜尋到的目標資料迅速透過空中目標傳遞系統(ATI IS)傳送給地面具有相同系統的砲兵單位或友軍攻擊直昇機執行攻擊。主旋翼採用了四葉片複合材料設計，強化了機動性與操控能力，大幅增進地貌掩蔽的飛行能力以利於觀測作業，適用的任務包括野戰砲兵觀測、協同攻擊直升機執行地獄火反戰車攻擊任務等，執行砲兵觀測任務時，它可以直接從空中測得的目標方位、距離資料，透過ATHS迅速傳給友軍砲兵單位的射控中心，比起以前用無線電口述，資訊傳遞快且不易出錯，同時OH-58D也能為雷射導引的銅斑蛇砲彈提供雷射照射支援精準的砲擊行動。

　　從前面精簡的OH-58D介紹可以想像，這是陸航不同世代之直升機，一位成熟的O機飛行員須具備的作戰技能是遠超過以前UH-1H飛行時的負荷，從台灣前往美國受訓的飛行官，要在很短的時間內熟悉OH-58D的飛操及性能，學習戰鬥直升機的各項戰術飛行及MMS獨特的索敵戰法，還要在這段期間掌握從來沒接觸過的裝備及系統，訓練的能量非常之大，在航校受合格班訓練的時候，合格的條件不只是要會操作飛機，還要

◀MMS整合了先進的光電偵測設備，包括可見光、紅外線、熱顯像感應以及高解析度的攝影機等等，能夠全面的偵測各種目標。

▲OH-58D獨特的槍頂偵蒐儀被安裝在旋翼頭的基座，特殊的座架使其不受主旋翼影響，能穩定的進行目標偵蒐，四片旋翼提供操控的靈活性，更大幅降低旋翼的噪音，與MMS結合後可以利用地形地物，隱蔽起來執行偵察任務，不易暴露自己的蹤跡，所以經常看到OH-58D操演掩蔽在樹後滯空偵察的課目。

▲OH-58D的駕駛艙沒有傳統儀表，取代的是多功能螢幕，飛行、偵蒐、武器等資訊都整合在此，從UH-1H轉換過來需要學習的已經不再是單純的飛行而已。

熟練偵蒐及武器系統，因為每一位O機的飛行員都有可能在擔任正、副駕駛時要操作這些裝備和系統，據了解，光是儀錶板上的MFD顯示器在運作時，呈現的各種資料，就有多達400多個畫面，有的畫面還相互是有關連性的，剛開始接受訓練時感覺非常複雜，另外每位飛行員還需先研究氣動力、武器原理、彈道學、射擊程序、參數設定、砲兵射擊程序與彈道修正等等，要有這些基礎才能夠發揮OH-58D強大的戰力，受訓的過程可以說是非常的辛苦，有的時候早上飛行，下午進教室上課，透過電腦教學，在冷氣房中學習，常常因為早上的飛行訓練很累而不知不覺睡著了，但是時間一到立刻就在電腦上進行進階的考試，沒過就要再重來一遍，受訓的教官們可以說是體力，腦力之外還要有強大

▶ 3位O機的教官於1993年2月來到美國陸軍航校，看得出來仍然是寒冷的冬天，左邊是張宗棠上尉，中間是領隊潘其岳中校，右邊則是譚展之少校。潘中校特別在帽子上別了兩顆梅花突顯在此地受訓的中華民國軍官不能配掛階級這項不被認同的規定。(潘其岳將軍提供)

◀ 另外兩位O機教官無獨有偶的與上面一張照片一樣也選擇了航校校園中的CH-54展示機做背景合影，但是這張照片可以清楚看到這一款由賽考斯基飛機公司發展的重型運輸直升機，它可以同時吊起兩架UH-1執行運輸的任務，是不太容易見到的機型，照片左邊是魏建華少校，右邊則是蔣思胤少校，他們剛展開O型機的訓練。(魏建華教官提供)

飛鷹專案-A、O機種能教官赴美訓練

▲ 這是受訓期間在航校停機坪的OH-58D前，三位我方受訓教官與三位美方教官的合影，由左至右是張宗棠上尉，譚展之少校，美方教官，潘其岳中校。　　（譚展之教官提供）

▲ 譚展之少校與帶飛教官在訓練使用的OH-58D前合影留念，這是架掛有50口徑機槍莢的OH-58D，譚少校頭上戴的應該是SPH-4飛行盔並且附有夜視鏡的座架，當時陸航還沒有這樣的裝備。

的意志力才能堅持下去完成所有的訓練，OH-58D 的左座為副駕駛觀測員，右座則是正駕駛，每位 OH-58D 的飛行員均要勝任左右座之飛行並熟練觀測、射擊、彈著修正與報告之技能，甚至後面還有跟其他部隊要配合的戰術(裝、步、砲、特種部隊等等)，跟以前飛 UH-1H 所需要掌握的內容相差非常的大。所以要達到能夠作戰的狀態是非常艱辛的過程。對武器系統光只是熟悉是不夠的，而是要熟練，如果在戰場上操作系統就花很久的時間，那早就被敵人給掌握先機了，在航校受訓時的要求是必須在 10 秒內能夠完成飛彈的射擊，這樣的射擊有大約

▲ 正在進行 O 機飛行訓練的譚展之教官，從寒冬時節到達此地開始在 UH-1H 飛夜視鏡，到密集展開 OH-58D 的各項訓練，時序已經漸漸由春季進入夏季，陸軍航空部隊的現代化步伐就在受訓教官們的努力堅持下向前邁進。注意到遠處有一架供訓練用的 AH-1F，如果陸軍當時維持申購 AH-1S，這一架 AH-1F 應該就是 A 機教官的訓練機種。　　　　　　　　　　　　　　　(譚展之教官提供)

10 個程序要操作，勢必要非常熟練整個過程，才可能達到快又不出錯這樣的成果。至於 O 機教官班的主要訓練內容，則是學習如何扮演教官的角色，但不管是教官訓或是合格訓，在 Fort Rucker 均有實施空用武器的實彈射擊，讓教官們能夠有機會累積實際的射擊經驗，以便返國後能勝任種能教官的任務。

這段受訓過程中比較可惜的是，不管是 A 機或 O 機的訓練內容，美方都會跳過特定的課程，一般的想法是老美應該會對機上本來就配有的裝備提供完整的訓練或資料，但實際的情形則不是這樣，可能在當時的國情下，美方是有所

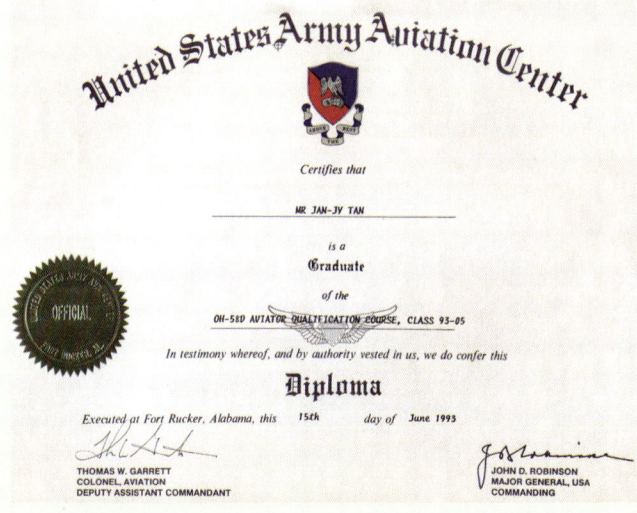

▲ 譚展之少校的 OH-58D 合格班結業證書，通過合格班的考驗，接下來就進入教官班的訓練。　　　　(譚展之教官提供)

飛鷹專案－A、O 機種能教官赴美訓練

▲與自己接受訓練時使用的 OH-58D 合影別具特別的意義，然而譚少校豎起大拇指不是擺個 POSE 而已，代表所有受訓教官經過艱辛的過程和高強度的挑戰，順利的完成在美國陸軍航校的訓練，但這只是建軍的起點而已，豎起的大拇指也代表對後續的任務已經做好準備。（譚展之教官提供）

▶譚展之少校的 OH-58D 教官班證書，陸航部隊陸續要成立兩個操作 OH-58D 的戰鬥搜索中隊，擴編訓練的擔子將要由種子教官們挑起，任重而道遠。（譚展之教官提供）

顧慮的，這些課程確實有開課，但是台灣的學員並不能夠進去上課，教官們有特別去詢問，得到的回覆是台灣學員不用上，美國的學員才需要上，就是刻意對我方保留特殊戰術和敏感裝備的相關訓練（例如電戰系統、加密跳頻無線電等等），但是上有政策，下有對策，教官們使出渾身解數，在教室只要有看到這類對我方隱藏的課程講義，或是老美同學有在上這些教材，就想盡辦法去弄到手，回國後再自己努力研究、學習、測試，可以說我陸航現有之戰術訓練的根源就是來自這批 A、O 機留美教官們想辦法取得的資料，共同研究，再適當的融合美軍與我軍的戰術戰法，討論驗證而得來，從零到有的過程是非常不容易的。

超級眼鏡蛇換裝訓練

1993(民國82)年2月，張怒潮領隊及高勝利、張立全和王翼瑤4位教官從拉克蘭的國防語文學校結業，利用軍售案爭取到的4個名額先到美國陸軍航校去接受戰術合格班及夜視鏡教官班的訓練(後面到陸戰隊的戰術訓練也涵蓋夜視鏡及戰術飛行)，所謂的戰術合格班主要就是操作UH-1H進行低空的各種飛行動作，內容均為飛鷹案武裝直升機作戰所需要的低空課目，例如地形障礙物掩蔽、低空航路、閉塞區起飛進場、落地、起飛滯空觀測敵情再回到地面等等，早年陸軍航空部隊並沒有統一規範的戰術訓練，有被標準化的大概是500呎高度的低空航路訓練，至於在美國陸軍航校的戰術訓練主要是貼著不同地形的低空飛行，夜視鏡訓練則是在初階入門後進行一樣的低空戰術飛行，基本上就是武裝直升機需要的日、夜間作戰飛行技能基礎訓練，也是我陸航部隊首次接觸到

▲貝爾公司的換裝訓練包含120小時的地面學科，教材就是這本陸戰隊AH-1W飛行手冊，海軍手冊制式的封面讓人聯想起捍衛戰士2阿湯哥把F-18飛行手冊丟到垃圾筒的那一幕。

▲貝爾客戶訓練學院派出的換裝訓教官與同組學員張怒潮中校和張立全少校的合影，兩位受訓教官穿的飛行服並不是貝爾公司發的，而是在來到美國的第一站拉克蘭空軍基地發放的。
（張立全教官提供）

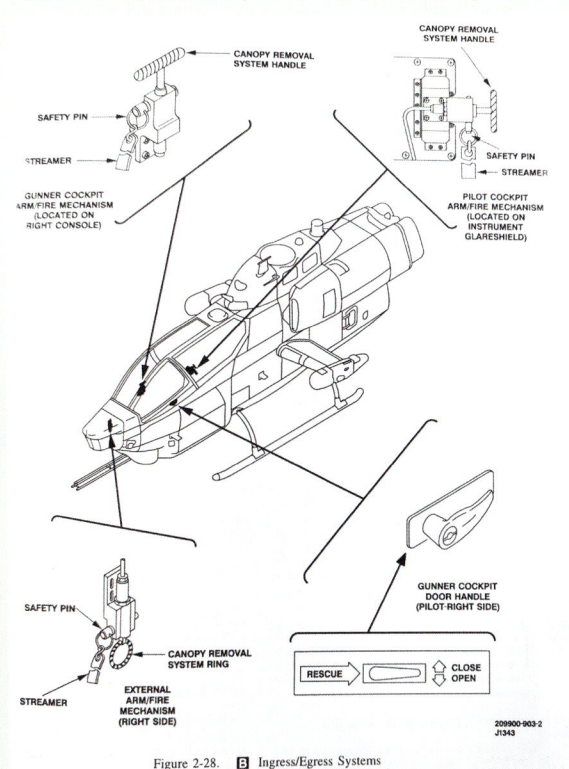

▲120小時的地面學科主要就是建立飛行員對AH-1W的基本熟悉度，上圖就是AH-1W手冊中的其中一頁。而這整本教材有超過400頁以上的資料，是蠻厚重的一本手冊。

飛鷹專案－A、O 機種能教官赴美訓練

完整的戰鬥飛行技能課程，如同航指部成立的初期曾經原汁原味地將美國陸軍航校的儀器飛行班課程複製到航訓中心，教官們也希望未來在回國後，在國內的訓練中導入這些戰術訓練的經驗和內容，並且整合國軍的特性，以得到最佳的訓練成果，航校的課程完訓後（在 O 機的篇幅已經有呈現 NVG 飛行的證書，在此就不再占用篇幅），8 位眼鏡蛇種子教官及送訓的 A 機保養教官於 1993（民國 82）年 4 月前往德州達拉斯福和市（Fort Worth）的貝爾公司報到，接受由貝爾公司提供的 AH-1W 換裝訓練。

由於 AH-1W 不是美國陸軍使用的機型，陸軍航校並沒有 AH-1W 的換裝訓練能量，這點跟 B234 的情形很類似，航校也沒有辦法提供 B234 的飛行訓練，所以 A 機的送訓人員就直接前往原廠接受換裝保養等等的訓練，在貝爾公司的狀況類似商售專案的模式，由「貝爾客

▲王翼瑤（右）、蔡國偉（左）和貝爾教官的合影，筆者民國 73 年服役時與王翼瑤教官同屬 11 中隊，對王教官努力 K 書印象深刻，在飛鷹案之前他已經赴美受訓多次。（王翼瑤教官提供）

▲張可彪（右）、林國俊（左）和貝爾教官 Dale Courts 的合影。Dale 不久後就到台灣帶飛原本第二批要赴美的受訓教官，林國俊後來在擔任 601 旅副旅長任內因為演習任務在高雄旗山附近發生的 UH-1H 事故中不幸殉職。（張可彪教官提供）

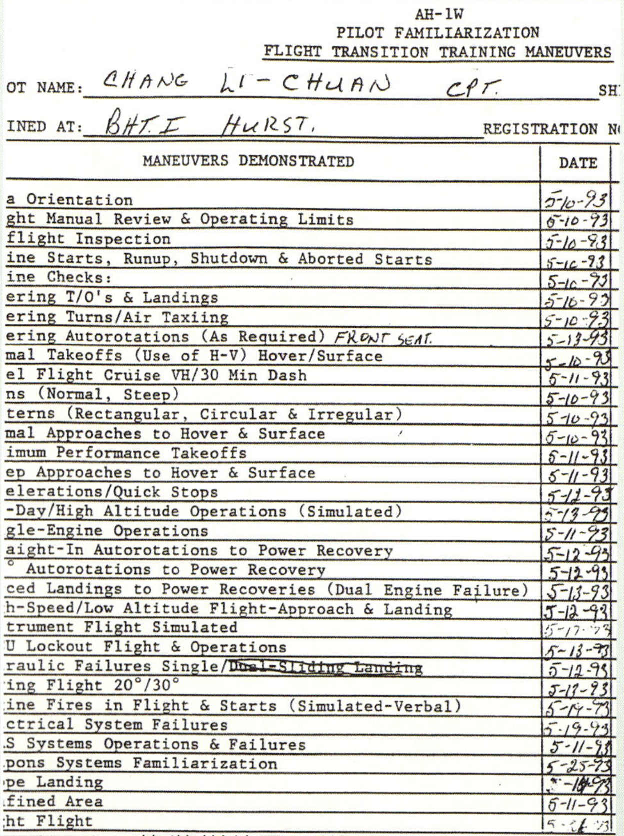

▲AH-1W 換裝訓練要飛滿 25 小時，課目主要是來自這張表格，包含飛機操控、性能掌握、緊急程序、夜間飛行等，貝爾教官會在飛行日誌中評分，過關後頒發證書。（張立全教官提供）

▲ 張立全教官在貝爾公司受訓期間,與訓練時的超級眼鏡蛇座騎合影,從拖式飛彈掛架與火箭發射器之間的空隙看過去,可以看到這架 AH-1W 已經漆上中華民國的國徽以及陸軍字樣,貝爾公司的換裝訓練只是 A 機教官赴美受訓的前菜,這個階段主要的訓練目標是能夠熟悉操控這架飛機,後續到陸戰隊的訓練內容就偏重在作戰的飛行技能還有武器的使用。（張立全教官提供）

戶培訓學院」(BELL Customer Training Academy) 負責所有訓練的安排,在貝爾公司接受飛行及保養訓練使用的飛機已經是陸軍購買的 AH-1W,當時先完成了 4 架飛機來搭配飛行訓練。受訓教官要完成 120 小時的機種熟悉地面學科,同時也要進行 25 小時的換裝飛行課程,兩者都要考試合格,貝爾派出 4 位帶飛教官,每一位教官帶兩名受訓學員,換裝訓著重於基本操作、飛機性能、緊急程序及武器系統認識等等,訓練時前後座都飛,前座飛一段時間熟悉後開始飛後座,因為前後座的射控系統程序不一樣,一定要熟悉,以張立全教官為例,他從 5 月 1 日開始飛行訓練,6 月 1 日完成 25.1 小時的換訓時數,在這一個月的時間裏,共有 17 天有上飛機訓練,每次飛行都最

▲ 張立全教官完成 25 小時換裝訓練後,獲頒的證書。AH-1W 的浮水印漂亮而且有儀式感,拿到證書後,受訓人員即將啟程到美國西岸的陸戰隊基地繼續下一階段的訓練。(張立全教官提供)

飛鷹專案-A、O機種能教官赴美訓練

▲ 杜勳民指揮官(右)率領總教官唐小威(右2)及飛修大隊的大隊長曾馮斯(右3)前來德州貝爾公司視導受訓人員的狀況，正在向指揮官簡報的是來此受訓的王翼瑤教官，桌上擺放的正是那本120小時地面學科的教材。

◀ 王翼瑤少校除了要完成AH-1W的換裝訓練之外，他在陸航將要成立的攻擊中隊還要兼任試飛官的角色，所以他除了有換訓和地面課程的證書之外，另外還有這張AH-1W FCF Pilot的試飛官證書。(FCF Function Check Flight)

（王翼瑤教官提供）

少累積1.5小時的飛行時數，其中還有幾次是一天飛2小時的課程，加上地面學科，尤其高勝利與王翼瑤兩位教官另外要接受AH-1W的試飛訓練，受訓的過程是非常繁忙緊湊的，另外在此地受訓期間，指揮官杜勳民將軍還曾率領航訓中心總教官唐小威上校及飛修大隊大隊長曾馮斯上校前來達拉斯，一方面就近了解A機和O機的交機進程及生產線的狀況，另外一方面就是來視導全體受訓人員的訓練情形並適時給予鼓勵，畢竟這次接機任務非常艱鉅，受訓人員雖然都有使命感，但難免會碰到壓力和挑戰，在全體努力加上指揮官的關心鼓勵下，換裝訓練很快告一段落，貝爾公司特別派了兩架BELL 412載大家去一個鄉村俱樂部吃牛排，慶祝大家即將圓滿完訓，張可彪教官還坐上其中一架的前座飛行了一段，接下來西岸的陸戰隊教官來到德州，將與陸航教官們一起將訓練用的AH-1W飛往加州艾爾森卓(El Centro)陸戰隊基地展開下一階段的訓練。

飛鷹專案 A、O 機種能教官赴美訓練

▲ 杜指揮官 (站立者) 正在對受訓的飛行保修人員精神講話，陪同指揮官前來的總教官唐小威 (第三排右 3) 及飛修大隊長曾逢斯 (第三排左 1) 分別代表飛行訓練及保養修護單位的高階長官，如果受訓人員有任何問題或建議，他們兩位就可以協助，沒有到場的空勤人員應該是在飛行訓練。

▶ 地面學科 (Ground School) 完訓 120 小時的證書，不同的證書因為課目的特性會採用不同的浮水印，這張證書上印有五架貝爾公司不同的機型，看得出來歷史悠久的貝爾公司辦學的態度也是非常嚴謹。

(張可彪教官提供)

Certificate of Achievement

This is to Certify that

Chang Ko-Piao

has satisfactorily completed the
AH-1W Pilot Familiarization Course
provided by the Bell Helicopter Customer Training Academy
Training Completed the 7th day of May 1993

(120 hours)

Bell Helicopter TEXTRON

◀ 張可彪教官與 BELL 412 的合影，換裝即將完訓之際，貝爾公司派了兩架 412 載大家去吃牛排，張教官被安排坐在前座也飛了一段，這是休伊家族在 1981 年問世的機種，也是配備有雙發動機的通用直升機。412 以及它的前身 BELL 212 在台灣的民間航空公司有多年的服役紀錄，專門經營鑽油平台的業務。

(張可彪教官提供)

飛鷹專案－A、O機種能教官赴美訓練

▶ 在貝爾公司的訓練即將結束，領隊張怒潮特別代表我方致贈貝爾公司一面預先訂製好的紀念獎牌，高勝利教官則在旁見證這個輕鬆的致贈儀式，這面獎牌上除了兩國國旗及陸航的飛行胸章之外，還有「惠我良多」及全體受訓飛行人員的姓名，但沒有任何英文字，也許這就是相片中貝爾的代表笑得那麼開心的原因吧!!
（張可彪教官提供）

▲ 受訓飛行人員拿到完訓證書後於貝爾公司的棚廠內與AH-1W合照，由左至右，林國俊、王翼瑤、張立全、方家齊、蔡國偉、高勝利、張怒潮以及張可彪，從DLI，美國陸軍航校到A機的換裝訓練，他們已經在美國超過七個月，超級眼鏡蛇的使用單位陸戰隊將提供最後的訓練。（張可彪教官提供）

AH-1W 交機儀式

　　1993(民國 82)年 5 月，貝爾公司在德州的總部舉辦了 AH-1W 超級眼鏡蛇的交機儀式，由陸軍總司令陳廷寵上將代表陸軍來到福和市 (Fort Worth) 參加典禮，此時從台灣來到貝爾受訓的空地勤人員仍然在進行換裝的訓練，但受訓已經有相當時日，所以交機儀式中的地面展示部分就直接由領隊張怒潮中校擔任解說，空中的飛行性能展示則是由貝爾的教官與高勝利教官擔任，他們讓台灣來參加典禮的貴賓第一次見識到 AH-1W 的飛行性能，尤其是那個從棚廠後方低空大馬力衝場的震撼畫面，據了解這是貝爾公司展示眼鏡蛇直升機的招牌動作，後來也成為陸軍航空部隊 AH-1W 在展演時採用的課目之一，來到德州的陸總部長官們可以說見證了陸軍立體作戰的未來，陸航的作戰能力將會有空前的改變，陸軍的建軍史也翻開新的一頁。

◀AH-1W 的交機儀式安排在貝爾總部的棚廠舉行，特別搭建了一個舞台，台上安排了座位給應邀前來的貴賓們，台下則有我方受訓的人員、貝爾公司的人員及其他來賓，棚廠的另一端則擺放了一架組裝出廠漆著陸航塗裝的 AH-1W，機號暫時是被布幔掩蓋住的。

▶交機儀式開始後，先由貝爾公司的代表針對交機的軍售專案做一些說明，然後播放了一段歡迎影片，接下來就由我方人員致詞，棚廠裏面高掛的橫幅很清楚的呈現 AH-1W 交機給陸軍陳總司令的字樣，照片中陳廷寵總司令正在致詞。

飛鷹專案-A、O機種能教官赴美訓練

◀儀式開始前，貝爾公司在接待室已經先致贈裱框一副給陳總司令作為紀念品，裱框內有兩張中華民國陸軍塗裝的AH-1W照片，總司令則回送了一份三星上將的紀念牌，因此交機過程沒有再安排其它文件的交付，講台旁邊的布幔掀開，出現一架「陸軍503」字樣的超級眼鏡蛇，象徵完成了交機。

▶交機儀式後，棚廠大門打開，將要進行地面展示及飛行性能操演，總司令與前來受訓的人員在 AH-1W 503 前合影，前排右起，張立全、方家齊、蔡國偉、張怒潮、林國俊、王翼瑤及張可彪，後排右起蔡良治、虞立仁、葉景施、鄒江祿、陳總司令、陳穎仁、張世偉及廖明德。

◀貝爾棚廠的大門推開後，外面停機坪停著陸軍編號 504 的 AH-1W，掛載了地獄火飛彈發射架及 2.75 吋火箭發射器，展現強大的火力酬載，張怒潮中校正在向陳總司令解說超級眼鏡蛇前端的目標搜索瞄準系統，這架 504 的主旋翼已經被鬆綁拉開在準備開車的位置，稍後就會用這一架飛機進行飛行性能展示。

206 陸航建軍史話Ⅱ

飛鷹專案—A、O機種能教官赴美訓練

◀從棚廠內往外看的情景，執行飛行性能展示的AH-1W 504正好與停機坪駐足觀看的來賓們一起入鏡，當時表演的內容就是貝爾公司為AH-1W量身訂做的一整套課目，這些動作可以凸顯這架飛機的特性及霸氣。據了解平常在訓練時，雖然用的裝備是我國的飛機，但是國徽和陸軍字樣都是遮起來的，只有這次飛行性能表演例外。

▲受訓人員與總部長官在AH-1W 503前合影，由右至左蔡良治、葉景施、虞立仁、陳穎仁、鄒江祿、王翼瑤、劉世益、張世偉、廖明德，林國俊、張立全、陸總部長官、張怒潮、蔡國偉、飛鷹案聯絡官楊志龍、方家齊及張可彪，高勝利教官因為擔任飛行展示的任務而沒有入鏡。（張可彪教官提供）

飛鷹專案─A、O 機種能教官赴美訓練

陸戰隊的部隊訓練

A機種子教官們受訓的最後一站是要接受美軍陸戰隊的戰術訓練，美軍陸戰隊大約在1986年3月開始接收AH-1T+，並在後續更改型號為AH-1W，是該機型最主要的使用部隊，因此具備豐富的操作與戰術應用經驗，主辦這次訓練任務的是陸戰隊「移動訓練團隊」(Mobile Training Team)，之所以稱為「移動」是因為這個單位會根據需要，前往受訓對象的所在位置，例如在貝爾換裝訓的後段，陸戰隊的部分人員就已經進駐到貝爾工廠，進行訓練前的準備工作，以確保後續課程能夠順利的銜接。

1993(民國82)年6月初，陸戰隊的教官搭配部分我方種能教官將4架陸軍的AH-1W從德州福和市飛到位於南加州艾爾森卓市(El Centro)的海軍飛行基地(Naval Air Facility NAF)，以這4架AH-1W作為訓練裝備，展開各類戰術訓練及實彈射擊，這一趟從美國中南部橫跨至西岸的飛行，堪稱是我國陸軍航空

◀這是張可彪教官與美軍陸戰隊的Coz少校，於橫越美國德州至加州途中，在猶馬市落地關車後爬到AH-1W旋翼頭的合影，他們在這裏休息一個晚上，第二天再繼續前往艾爾森卓市。
(張可彪教官提供)

▶陸戰隊負責訓練的教官及保修人員在猶馬市與我方的AH-1W合影，擔任此次訓練任務的陸戰隊教官有好幾位都是屬於預備役人員(Reserve)，在美軍的定義裏，預備役必須保持隨時能上戰場的狀態，所以他們平日會不間斷的進行相關的演練以維持戰力。
(張立全教官提供)

▲ 美軍陸戰隊在艾爾森卓基地租借了一個棚廠給我方,以便在訓練過程中可以對飛機做適當的保修作業,尤其我方受訓的保養人員也來到這邊進行保修的實習,這一架放在半露天棚架下面的是陸軍編號 506 的 AH-1W,在棚廠中則停放了另一架我國的 A 機正在進行保養。(張可彪教官提供)

◀ 停放在艾爾森卓陸戰隊停機坪的 AH-1W 502,在美國內陸飛行時,國徽及陸軍字樣已經被遮蓋,此時也還沒有漆上陸軍軍徽 (張可彪教官提供)

人員在美國受訓期間最破天荒的長距離飛行,除了飛行途中需要落地數次補充油料之外,為避免疲勞影響飛安,陸戰隊教官特別安排中途於亞利桑那州猶馬市(Yuma)過夜,所以算是一個兩天一夜的行程,其餘受訓人員及貝爾的支援團隊則分別搭機或駕車陸續到達位於南加州的陸戰隊訓練基地。

艾爾森卓位於加州南部靠近墨西哥邊境,受訓的人員報到後進駐營區,並且由陸戰隊安排一個專用的棚廠來執行後續的訓練,當地屬於美國海軍與陸戰隊共用的飛行基地,基地內設有兩條跑道,並配備與航空母艦相同的光學著艦系統(OLS, Optical Landing System),使海軍飛行員能夠模擬航空母艦上的降落程序。因此,該基地除了是美軍陸戰隊的主要訓練場地,同時也是海軍艦載機部隊的重要訓練據點,基地內可以見到 F/A-18 大黃蜂戰機頻繁的起降,甚至也是聞名世界美國海軍藍天使特技飛行隊(Blue Angels)的冬季訓練基地。

陸戰隊的訓練課程主要聚焦於戰術飛行與武器操作,雖然種子教官們已經

飛鷹專案-A、O機種能教官赴美訓練

完成換裝訓練,為了確保能夠銜接後續的戰術訓練,一開始仍從基礎開始,先複習在貝爾所學的內容,並逐步進階到戰術課程。另外就是,陸戰隊戰術訓練也涵蓋夜視鏡飛行,其中有四位種子教官,是到了此地才首次進行夜視鏡的訓練,這是未來陸航夜間作戰的重要基礎。

艾爾森卓東側至亞利桑那州一帶,地形屬於廣闊的沙漠地區,這片區域被規劃為美軍陸戰隊的空對地武器靶場,其中靠近猶馬附近的大型空射武器靶場,更是美軍進行對地攻擊訓練的重要場地。該靶場範圍極大,直升機飛行半小時仍在靶場內,場內設有各式各樣的地面目標,包括碉堡、車輛、坦克等,供飛行員進行模擬實戰攻擊,種子教官們在這裡執行實彈射擊訓練,陸軍購買的AH-1W共配備有下列幾種武器系統:

地獄火飛彈
拖式飛彈
20mm機砲
2.75吋火箭
AIM-9響尾蛇飛彈

由於響尾蛇與地獄火飛彈的價格昂貴,本次訓練並未進行實彈射擊,主要針對機砲、火箭與拖式飛彈進行空對地武器射擊演練,AH-1W的前後座在武器系統的操作上有所不同,因此教官們需分別於前、後座執行實彈射擊,以熟悉不同的作戰情境與操作方式。張可彪教官回憶這段期間,每天都是戰術課程和空用武器射擊,尤其那挺機砲是最基本的,

▲正在教室中上課的情形,這是很典型老美的風格,他們對關鍵學習紀律要求很高,例如準時、課前準備等等,但是並不會在課堂上對服裝儀容這些非關鍵因素過度的要求,尤其南加州的夏天非常的炎熱,一切以達到學習目的為最高原則。

▶這是AH-1W正要開車執行訓練任務的景象,站在機身前面穿著藍色制服帶著耳機的地勤人員,其實是由貝爾公司派來支援的,因為我方的地勤人員仍在接受培訓的狀態,老美對於很多細節的要求是一板一眼的,例如戴上這個保護耳朵的耳機這樣的動作就不可能馬虎,因為渦輪引擎啟動時尖銳的頻率會造成聽力的受損。當下可能沒事但在年長後才會逐漸顯現。 (張可彪教官提供)

在南加州的炎炎夏日之下進行各項訓練,種子教官們雖來自亞熱帶的台灣也感覺到溫度有時高得受不了,但是像照片中這樣好天氣才不會延誤飛行訓練的行程安排。（張可彪教官提供）

◀ 方家齊教官坐進了 AH-1W 的前座駕駛艙,由陸戰隊教官進行系統熟悉課程。前座主要負責武器控制（Gunner）,但也具備飛行能力;後座則以飛行為主,同時可操作武器。飛行教官須熟練前後座的操作,才能靈活執行任務並且扮演教官的角色。

每天「噹噹噹噹」的打,而且目標還包括了陸戰隊的 M1 戰車,印象最深刻的是,這些 M1 戰車都是開進去靶場的,並不是拖過去的,推論是汰舊換新廢物利用,只是看在眼裏感覺很不可思議。

實彈射擊很講究的是武器的射控及攻擊的航線,A 機的一些獨特設計也在實彈射擊時展露無疑,方家齊教官在貝爾第一次接觸到 A 機的時候,感覺跟 UH-1H 相比非常的壯碩,簡直跟無敵鐵金剛一樣!但飛起來很穩,只要不亂動迴旋桿,飛機就不會亂晃亂飄,就好像放在地上一樣,即便是風很大,十幾浬的風一樣很穩,它有 SCAS (Stability and Control Argumentation System) 系統,會自動修正,理論上風吹過來時應該會被吹移

飛鷹專案-A、O機種能教官赴美訓練

▲張可彪教官在A機後座正與陸戰隊教官們討論後座訓練的課目，三位教官同時來到駕駛艙邊上顯示討論的內容應該有其複雜程度。

▶陸戰隊教官利用假日休息時間，帶著受訓種子教官到他住家附近，找了一處凹地就開始練習射擊。胸前掛著槍械執照的陸戰隊教官，正在指導張可彪射擊散彈槍，穿藍色上衣的則是高勝利。（張可彪教官提供）

動，但是十浬以下的風它會自動修正旋翼片，在使用機砲隱蔽射擊時可確保彈道不會偏移，當然不同武器有不同的特性，要提高射擊精準度就會有不同的飛行高度、速度及姿態來配合，舉例，要射擊火箭的時候，火箭是直射武器，在打地面目標時要建立瞄準的航線，俯衝的角度讓瞄準具可以瞄準目標後實施射擊，而機砲則如前述的方式找一個隱蔽的地點，然後找有利射擊的風向，直接轉動砲塔對準目標射擊，地獄火飛彈則是雷射標定下的射後不理反裝甲武器。

教官們接受訓練的時期，正好是6月到10月最熱的時候，在這種類似沙漠的環境，飛機長時間曝曬在陽光下，要登機時都需要戴手套以避免被機身金屬材質給燙傷了，進飛機扣好安全帶做好開車前檢查，已經全身濕透，雖然A機

▲ 在艾爾森卓陸戰隊的訓練漸漸接近尾聲，受訓的種子教官與陸戰隊的教官們在停機坪的 AH-1W 前合影留念，這五位教官中的阿里教官(右1)很想退伍後來台灣生活，還曾打趣的提出可以到台灣繼續當教官。（張立全教官提供）

◀ 這是陸戰隊移動訓練團隊所頒發的完訓證書，上面有列出受訓的時間是 1993 年的 6 月 17 日到 10 月 9 日，相較貝爾公司或美國陸軍航校所頒發的證書是比較簡潔的。（張立全教官提供）

▶ 我方的領隊張怒潮中校與陸戰隊 Coz 少校握手表達我方的感謝之意，這兩位的體格都非常的精實，據了解在受訓期間張怒潮、高勝利曾經與 Coz 在沙漠裡比劃過五千公尺，兩位我方的中校跑回來完全沒有給國家丟臉。（張可彪教官提供）

▲ 離開艾爾森卓前的合照，身穿白色洋裝的女士負責專案的行政事務，包括場地設施的安排、文具申請等工作。穿藍色服裝的是貝爾的支援人員，包括飛行教官與地勤人員；此外，還有部分是陸戰隊的行政士以及負責飛彈、火箭與彈藥等裝備管理的人員。此次訓練的成果可說是全體人員共同努力的結晶。（張可彪教官提供）

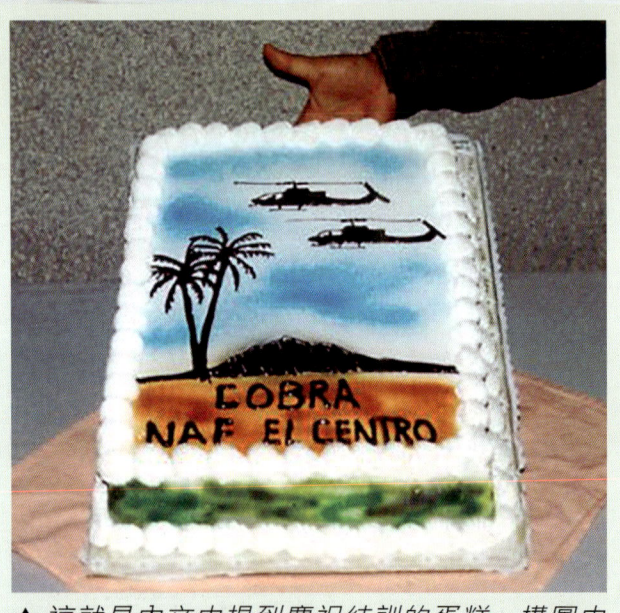

▲ 這就是內文中提到慶祝結訓的蛋糕，構圖中除了有AH-1W直升機之外，還有南加州風味的場景，寫著COBRA NAF EL CENTRO (NAF Naval Air Facility)。（張可彪教官提供）

有空調但得要在發動機啟動之後才可以運作，而且那巨大的引擎也是產生溫度的另一個源頭，所以發動機一啟動馬上就把空調打開調至最大風量，而且是直接對著臉吹，不然熱的汗直流眼睛都睜不開根本就沒辦法飛行。

在陸戰隊四個月，住在基地裏面的營舍，排了很多課程，雖然不怎麼干涉受訓人員的生活作息，但是對安排好上課的時間及紀律是有絕對的要求，有一次要做任務提示，08：00準時要開始，其中某位受訓的教官晚到了5分鐘，陸戰隊教官就當場表達對不準時的不滿，完全不保留，這也是典型的美式風格，其它時間給你很大的自由度，但是該投入時是一點都不能馬虎，至於軍事基地的住宿，基本上就是飯店式管理，這部分被列為個人的內務並不用嚴格管理，但是對專業或與戰力發揮相關的事務，要求就很高很嚴格，例如在美國飛夜視鏡，一定要在幾點到，幾點開飛，都幾乎是很晚的時間(通常是深夜1點2點)簡單的說，El Centro 的訓練環境，除了夏天的溫度太高之外，要打靶有靶場，提供各式的目標，夜視鏡飛行也不會有擾民的顧慮，加上老美在專業上認真的態度，每個階段訓練都有驗收的考試，種子教官們可以說受益匪淺，1993(民國82)年10月初，訓練正式結束。主辦單位準備了蛋糕慶祝這段艱辛的訓練歷程。事實上，早在同年7月1日，龍潭航1大隊便已成立了空中攻擊中隊與空中戰搜中隊，剛成立的中隊正在等待著後續工作的展開。種子教官們從歸仁集中訓練開始，已接受各式訓練長達一年多，終於完成美國受訓階段。然而，陸軍戰鬥直升機部隊的建軍才剛剛開始。

TH-67 教練直升機的換裝

▲ 陸軍直升機飛行員的搖籃，台南歸仁基地，這是一架在西側大坪正準備滑回停機位置的 TH-67，後方入鏡的，是寫著「標高 63 呎」的歸仁基地塔台，除了西側停機坪以外，在停機坪靠近圍牆邊的滯空區，以及為 TH-67 訓練規劃的西航線，這些訓練區域就是所有想要成為陸航飛行員的夢想起點。

　　1977(民國 66)年，航訓中心所使用的 OH-13 教練機妥善率日益下降，飛訓的進度及安全受到很大的影響，隨即在翌年開始換裝 TH-55 直升機，這個時期，飛行軍官班的訓練已經改採定翼機和旋翼機分流的方式，分流到旋翼機的學員要在 TH-55 和 UH-1H 飛滿 200 小時的飛行時數才能夠結業。民國 82 年，飛鷹案戰鬥直升機成軍，陸航正式結束了定翼機的時代，TH-55 也被評估無法滿足新一代飛行訓練的需求，於是陸軍從民國 83 年開始與 BELL 公司接觸，進行購買 TH-67 的初步討論，在民國 87 年 3 月開始進行換裝。

TH-55 時期的航訓中心

　　1978（民國 67）年 6 月，第一批 4 架國防部核定採購的 TH-55 初級教練機以零件的方式運送到台灣，由飛修大隊進行組裝，後續交付的 TH-55 在第二年的 3 月全數組裝完成，航訓中心因此擺脫了 OH-13 機務狀況不佳的問題，此時，陸航的發展已經是朝著旋翼機的方向邁進。航訓中心開始採用分流方式進行訓練，以便因應陸航部隊飛行員的需求，當時航指部共有 5 個操作直升機的機動中隊及 1 個定翼機的觀測連絡中隊，剛接收完 118 架 UH-1H，旋翼機飛行員會有缺額是很正常的。因此，從航訓 18 期，也就是開始採用 TH-55 進行訓練的第一期開始，只要定翼機飛行員沒有缺額，所有學員就只接受旋翼機的訓練，不再安排定翼機的課程，飛訓以 TH-55 進行初級訓練，通過後再進入 UH-1H 的換裝訓練。若觀測連絡中隊有缺額，則

TH-67教練直升機的換裝

從正要開訓的學員中挑選志願者，或選拔適合定翼機屬性的學員。他們將從訓練開始就被分流，接受 O-1 和 U-6A 的飛行訓練，其他的學員則全部進行旋翼機訓練。此外，航訓中心當時還有多個班隊，針對不同機型與層面的飛行課程進行訓練，例如 UH-1H 儀器教官班、試飛官班及 O-1 教官班或是複訓班等等。所以定翼機仍然在航訓中心不間斷的被使用著，不過，受政策與機務狀況的影響，飛行軍官班各期學員旋翼機的飛行時數分配有所不同，只是總時數仍維持 200 小時不變。例如：

航訓 14 期：OH-13 初級訓練 80 小時
　　　　　　UH-1H 訓練 120 小時。
航訓 19 期：TH-55 初級訓 40 小時，
　　　　　　UH-1H 訓練 160 小時
航訓 21 期：TH-55 初級訓練 100 小時，
　　　　　　UH-1H 訓練 100 小時

通常初級訓練包含單飛、基本及緊急課目，UH-1H 的換訓則包含基本、戰術、夜航及儀器課目，整體而言，此時期的航訓模式已逐步確立，並針對旋翼機與定翼機飛行員的需求做出相應調整。

◀ 民國 68 年 5 月份開訓的航訓 19 期接受 TH-55 編隊飛行訓練的畫面，編隊正進入歸仁基地的西側大坪準備落地，當時航訓中心才換裝 TH-55 大約一年而已，方家齊教官還記得編隊飛行的訓練空域在新化虎頭碑水庫附近，而且訓練的要求非常紮實。
（方家齊教官提供）

▶ 航 19 期部份學員與 TH-55 林榮達教官 (後排中) 合影，前排左是方家齊教官，他和後排左的潘丁賢教官在結業後被分發到龍潭 11 中隊，潘丁賢應該是陸航有史以來身高最高的飛行官，航 9 期的林教官後來轉入空中警察隊，在民國 89 年 9 月 6 日駕駛編號 AP-018 的 AS365 直升機於台南麻善大橋水上救援演習時發生事故因公殉職。
（方家齊教官提供）

其實 TH-55 與 OH-13 一樣，是屬於手動油門的設計，飛行員只要做了任何改變旋翼角度的動作，就必須自己顧好旋翼的轉速，該補油門讓轉速保持還是該鬆油門讓轉速不要過高都必須由飛行員全程控制，對剛開始習飛的菜鳥是非常大的挑戰，尤其飛行時要不斷的針對機外狀態和機內儀表做確實的掌握，不太可能一直專注在集體桿跟油門的動作上面，所以，能夠通過 TH-55 的挑戰，就代表對飛直升機已經有了一定的掌握度。除了飛訓，航訓中心的教官們也執行其他的任務，例如砲兵觀測與地空通聯等，尤其在民國 74 年之後，這類任務用 UH-1H 執行起來成本太高，部分的任務就由教官組安排 TH-55 來執行，通常在航訓中心飛行訓練時，TH-55 只安裝一個油箱，但是在執行 ACT 通聯任務時，飛行的區域涵蓋台南以南一直到屏東，所以會把 TH-55 的兩個油箱都裝上，整個任務飛行時間達到 3 小時。通常都是在中午 12:00 起飛，飛到下午三點左右才落地，由於 TH-55 的手動油門設計，飛行三個小時是非常辛苦的，而且還要提醒自己飛行前盡量少喝水，以免途中想要上洗手間。(執行地空通聯任務前，空中與地面雙方會先協調好通訊使用的頻率以及通訊內容，在進入試通空域時開始呼叫並做通聯的紀錄)。民國 77 年，一方面是為了減少 TH-55 的使用時數，另一方面據說空軍有意要將一些定翼機(中興號)及相關的任務都移轉給陸航，從航訓 31 期開始，飛行軍官班的第一階段訓練又恢復以 O-1 定翼機來施訓，而且飛行時數的分配一下子調整到 O-1 100 小時，TH-55 30 小時，UH-1H 70 小時，這個調整的前提是基於民國 74 年陸航接收了來自陸戰隊及空軍 71 中隊多達 22 架的 O-1，所以航訓中心絕對有足夠的飛機數量應付這樣的定翼機訓練負載。

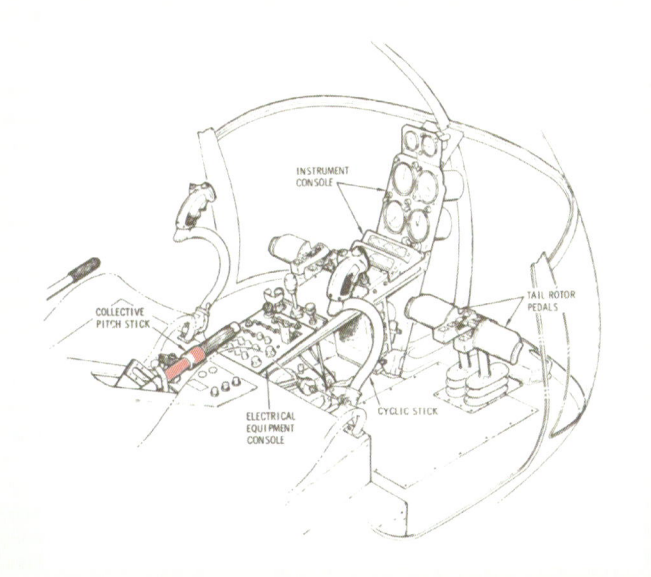

◀ 紅色標示的桿子就是 TH-55 正駕駛的集體桿，上下提放會改變主旋翼的角度產生更大的升力或是減少升力，同時手要握著前端的握把像摩托車的油門一樣旋轉來調控，對初學者這是個挑戰，對已經熟練的教官，長途飛行則是一個負擔。

民國 77 年春，航訓 31 期開訓，那批來自空軍跟海軍陸戰隊空觀隊的 O-1 派上了用場，這是航訓中心執行的編隊練習，由 9304 領隊，帶領 9306、9312、9314 以及 9318 在做人字編隊的畫面，後來 9304 於民國 77 年 12 月 10 日因為與 TH-55 在歸仁基地訓練時發生空中碰撞而失事墜毀。

TH-67教練直升機的換裝

　　民國74年的5月開始,原先只有操作U-6A的觀測連絡中隊加入了O-1定翼機,中隊也開始建立O-1飛行員的訓練能量,民國77年秋,觀測中隊的黃國明上尉向隊長提報希望到航訓中心接受O-1教官班的訓練,以便後續可以在中隊擔負O-1的飛行訓練任務,獲得隊長季國熊的批准後,黃國明就到歸仁報到,開始為期2-3個月的O-1教官訓練,12月10日這一天,本來安排由江浩教官帶飛的兩名學員其中一人請假,正好黃國明的進度有些落後,就和江浩教官溝通是否可以把原來另一位帶飛的時段轉給黃國明,以便可以趕上進度,經過教官同意後兩人遂前去變更任務派遣單,長官一看週六還那麼努力要追趕進度,馬上就蓋章批准,於是在江教官帶飛完前一位學官宋永全之後,輪到黃國明上場。通常O-1在出任務時,正駕駛飛前座,副駕駛或是觀測官在後座,執行飛行員訓練時教官在後座,接受訓練的飛行員在前座飛行,但是黃國明這回是接受O-1的教官訓,所以反而是坐在後座飛行,以便熟悉教官該有的視野及操縱體驗,教官江浩則是在前座下達課目,考核學員的反應,並不碰駕駛桿。編號9304的O-1於上午大約09:00起飛,按訓練計畫執行起落航線課目,完成5個航線後進入第六個航線的練習,按照飛航線的要領在三邊轉四邊的時候向塔台報告:「歸仁塔台,9304轉四邊,Touch & Go(觸地後直接滾行起飛的練習)」,塔台回覆:「9304可以轉四邊,Touch & Go,你是第二架」,意思就是可以繼續進場執行課目,但是前面還有一架飛機,由於塔台並沒有進一步告知第一架的航情資訊(機型和位置),黃國明按塔台的回覆轉入四邊並開始進行落地前檢查,同時對跑道和即將轉入的五邊空域進行目視確認,都沒有任何狀況,而且看到另外一架剛起飛的O-1正在轉入航線二邊,其實從9304起飛訓練之後,就一直有掌握同樣在歸仁東航線進行航線訓練的另一架O-1,歸仁基地的東航線有跑道,通常是定翼機或是需要執行有跑道課目的旋翼機在使用,西航線則是在西側大坪上設定四個直升機落地點專門供直升機訓練使用,兩個航線完全獨立,而且塔台針對兩個航線設置了兩組管制人員,甚至兩個航線使用的無線電頻率也刻意使用不同的頻道,所以黃國明認為那架正加入二邊的O-1就是塔台所指的第一架,於是轉入航線五邊放下襟翼,一邊下降高度,一邊開始對準跑道,正當9304已經在五邊跑道頭要落地之際,塔台突然呼叫:「9304!請你重飛」,這個指示的意思就是要9304停止繼續下降的動作,加油門爬高加入航線再申請落地,通常由塔台主動下達重飛就是塔台判定有影響落地安全的因素,比如說

▶ 觀測中隊的黃國明在經歷9304空中碰撞事件後,802醫院的醫生用鋼釘將他折斷的小腿骨接回,但是沒辦法保證是否還能正常走路,更不用說能否回到飛行線,經過不懈的努力,終於在四個月後可以開始不用拐杖站立行走,半年後回到飛行線從起落航線開始找回感覺,這是後續黃國明在觀測中隊擔任教官時,在編號9310的O-1後座上飛行時的照片。
(黃國明將軍提供)

突然發現野狗衝上了跑道或是跑道發現有FOD之類，也可能是目前五邊正在降落的飛機有不正常的狀況，舉例，輪子沒放，但是黃國明很清楚自己的操縱並沒有問題，所以對這突然來的重飛指令感到非常納悶，馬上透過飛行頭盔的耳麥跟前座的江浩教官求證是否知道被要求重飛的原因，江教官背對著黃國明聳了一下肩，就是他也不知道塔台為何這個時間點叫出重飛的指示，雖然對這個狀況有疑問，但可以在落地後再檢討，於是黃國明回覆：「9304 Roger，現在重飛」隨後帶桿加油門，開始拉起正在降落的飛機，就在此時，突然「砰」的一聲巨響，飛機的姿態瞬間變成頭下尾上，黃國明仍然努力握住操縱桿往後拉，同時感覺到江浩教官在前座的操縱桿也做出同樣的努力，但是飛機已經失去飛行的姿態衝向地面，下一瞬間黃國明只看到一個土堤衝到面前就失去了意識！

原來塔台認定的第一架，是一架從西航線申請到東航線做緊急課目練習的TH-55，按照規定，這架從西航線加入東航線的TH-55，一定會加入東航線的無線電頻率，但是因為TH-55的無線電不支援VHF，只能用FM的頻率，所以雖然加入了東航線，9304的飛行員沒辦法在無線電中聽到這架航機加入了東航線，兩架飛機又正好在互相的視線死角，除非塔台主動對兩機報出對方的航情資料，這兩架飛機其實完全不知道雙方已經進入接近，甚至碰撞的航線上，因此正在重飛上升中的O-1與正在下降的TH-55就發生了碰撞，O-1的螺旋槳旋轉的力道把TH-55的滑翹切斷，直升機的尾旋翼則在碰撞瞬間把O-1的左邊主翼削斷，定翼機喪失升力後馬上墜向地面，TH-55則勉強飛到西側大坪成功的迫降。

江浩教官因為嚴重的撞擊當場殉職，昏迷的黃國明甦醒過來時，已經在航訓中心教官井延淵所駕駛的UH-1H機上，正在飛往高雄的國軍802醫院，由於兩隻小腿的四根骨頭都已經折斷，醫生決定必須打鋼釘治療，事後經歷了半年的努力才重回飛行線，陸航也因此保住了一位未來的航特部指揮官。事後檢討，除了塔台人員要加強訓練以外，TH-55的無線電立即被更換，而且以後不管是東航線還是西航線的飛行任務，雙方都要派員參與對方的任務提示，以便在還沒開飛前就已掌握了必要的航情動態，確保未來不要再發生同樣的問題。

◀ 美國陸軍航空學校的訓練用機都漆有鮮豔的顏色，以便在天空中比較好區別，但是在台灣因為訓練用機在必要時也會轉用其它的任務，所以沒有這樣處理，加上TH-55的體積小，加入東航線時正好在9304的視線死角，除非塔台告知航線上的動態，這起碰撞事故幾乎不可能避免。

TH-67 教練直升機的換裝

換裝 TH-67 教練直升機

民國82年，陸航的戰鬥直升機開始接裝建軍。由於完全是新的裝備與新的建置，一切要從零開始，如何紮實有效地完成編制人員的訓練，使裝備能夠發揮戰力，是非常大的挑戰。歐介仁指揮官在民國82年12月上任時，正值戰鬥直升機擴訓與戰術研發的階段。他除了在各項相關的政策進行必要的調整來配合建軍的需求外，也重新評估航訓中心的訓練能量，尤其在種子教官回國展開擴訓後，航指部對於戰鬥直升機的訓練內容得到了更深入的了解，便以此為基礎，評估未來建立近100架A、O機的作戰隊伍過程中需要填補的訓練能量。分析後發現，現在航訓中心飛行軍官班的初級飛行訓練內容需要補強，不然可能會在這些飛官下部隊時造成部訓的負擔，加上活塞引擎的TH-55已經開始出現老化、馬力不足等機務問題，而且該機型的各項配備均無法為陸航二代兵力提供有效的基礎訓練，應該盡快調整。

民國83年1月，歐指揮官至航1大隊主持BELL公司的TH-67直升機展示及簡報會議，正式為陸航下一代初級教練機的換裝計畫播下種子。他也同步向上級溝通以便盡快建案，確保未來飛行軍官班能夠在訓練期間實現質與量的變化，緊跟上建軍的步伐。歐將軍的思路十分明確：先統計過去十年間航訓中心的訓練能量；其次，盤點TH-55當前的訓練負荷及問題；再考量建軍計畫將陸續接收百架新飛機的未來，除了每期完訓的人數，在基礎飛行時就要加入戰鬥部隊需要的訓練內容，才可能跟上需求。TH-67可以進行夜視鏡的訓練，並有儀器飛行的機型，跟OH-58D又都源自BELL 206機型，是美國陸軍航校使用的初級飛行訓練機種，操作簡易及低廉的維修成本，使其在國際市場上也有很好的銷售成績，因此建案計畫採購20架目視飛行機型(VFR)以及10架儀器飛行機型(IFR)以滿足訓練需求，取代已經服役相當時間的TH-55教練直升機。

歐將軍回憶，雖然已經完成建案，但國防部仍有長官觀念上不太相同。有長官建議：「用OH-58D來訓練就可以了嘛！」但經過溝通，長官最終理解OH-58D屬於作戰用機型，若用於基礎訓練，不僅損耗極高，且學員剛開始訓練時技

▶ 從民國67年就加入航訓中心初級教練機行列的TH-55，總共為陸軍航空培訓了27期的飛行學員，為中華民國軍方孕育了超過600位的飛行員，隨著物換星移，已經沒辦法支援新一代裝備的基礎訓練，這是在TH-67換裝典禮時展出的TH-55編號2121。

術尚不成熟，若發生事故，將嚴重影響戰力。長官因此有了清楚的概念也很支持這個建案。後續美方於民國85年5月，孫錦生指揮官任內，批准出售30架TH-67訓練直升機及30套夜視鏡。這批裝備於民國87年3月陸續運抵台灣，並在歸仁基地進行組裝。

然而，就在換裝計畫如火如荼進行之際，民國87年3月17日下午4時20分左右，航訓中心編號2114的TH-55，在歸仁基地空域進行航線訓練飛行，突然發生機械故障。在執行迫降時碰撞到障礙物，飛機失事，造成教官簡福陸與飛行軍官班學員賴明杰兩人殉職，這應該是整個TH-67換裝進行期間，最令長官同僚們扼腕的一件事。也因為這個事故，TH-67後續的組裝、教官換裝及航線熟飛、課程內容計畫等都更加速的進行，希望能夠提早讓TH-67上線開始投入訓練的行列，5月27日，航指部在歸仁基地為TH-67舉行了換裝典禮，由陸軍副總司令鄧祖琳主持，包含10架儀器型和20架目視型的TH-67正式取代TH-55，成為航訓中心的旋翼機教練機。

▶民國87年的5月27日，曾經擔任過空特部司令的副總司令鄧祖琳將軍站在講台前主持TH-67的換裝典禮，並檢閱航指部暨航訓中心的部隊與裝備，站在其後方的是張行宇將軍，他將在6月份開始接任航指部的指揮官職務，由於海軍飛行員一向都是由陸航代訓，因此也受邀觀禮。

◀與OH-58D系出同門的TH-67教練機，相較於TH-55，它有更大的機艙，可以在教官帶飛學員時讓其他學員也在機艙後座學習，並且陸軍為TH-67選配了電視螢幕，使後艙學員可清楚掌握正在習飛的飛行狀態，增加在後艙的學習效果。

TH-67教練直升機的換裝

◀ 在換裝典禮上，指揮部與航訓中心的部隊也列隊接受副總司令的檢閱，副指揮官顧永明上校在整隊完畢後正向副總司令敬禮，現場除了換裝的機種以外，陸航新成軍的戰鬥直升機AH-1W及OH-58D也在場排列整齊接受檢閱。

▶ 具有儀器訓練機型的TH-67，使未來受訓學員在同一個機型上就可以完成基礎、儀器及夜視鏡三種課目的要求，簡化訓練的過程，降低成本，但增加了效率，這是換裝TH-67所帶來的各項優點。

◀ 這棟掛上「陸軍航空指揮部教練直升機換裝典禮」字樣的大樓，已經是戰鬥直升機成軍時期整建過的大樓，事實上，在換裝典禮之後一個多月，航訓中心就要為「精實案」先成立教勤營，後續航指部也將進行改編，繼續往戰鬥兵種的方向前進。

為了使TH-67成軍後能順利展開新的訓練內容，除了教官要完成換裝飛行外，更重要的是立即建立夜視鏡飛行的種能教官，如此才能在飛行軍官班的訓練過程中導入夜視鏡課程。此外，飛行軍官班的飛行課程也做了相應的調整。由於飛鷹案成立初期，譚展之教官主要負責研發訓練計畫，因此，譚教官在TH-67成軍時被任命為主任教官，以協助建立飛行程序與流程。TH-67的飛訓內容基本上是從美國陸軍航校OH-58D訓練課目中，挑選適用於TH-67機種的部分，篩選出的課程約為原始O型機課目的1/8。課程包括：單飛、基本與緊急課目60小時、戰術20小時、儀器飛行30小時、夜視鏡10小時，總計120小時，因為TH-67有儀器飛行及目視飛行的機種，所有的訓練皆可在TH-67一種機型上完成。結訓後再分流至不同機種進行換裝訓練。跟以前比，現在的飛行軍官班訓練負擔更重，要求也更高，因為戰術與夜視鏡訓練是以往沒有的項目。

◀冬季寒冷低溫的早上，正在進行TH-67晨間檢查的飛行軍官班學員們，他們緊湊的一天在起床後就已經展開，第一件事就是來到停機坪為自己訓練用的飛機先做一次檢查，透過檢查手冊上面的項目逐步熟悉個別檢查的內容。

▶開飛前進行任務提示，要接受教官抽考各項安全程序及新頒佈的航情資訊。

▼飛行訓練前的任務提示之後，學員們整隊上場，接下來對飛機進行360度檢查之後就準備開車飛行。

TH-67教練直升機的換裝

▲ 這架 TH-67 215 剛做完一個航線，正要落在西側大坪方形標示的落地點，在落地後教官會給予一些指導，再起飛做後續的課目。

▼ 合格通過基礎訓練後，分流到下一階段的機種也是在歸仁訓練，照片中是分流後的學員在東側訓練區域進行 AH-1W 的換裝訓練。

▲ 正在滯空區練習滯空的 202，滯空是直升機飛行員的重要技能，但是要在順風、逆風、側風各種外在因素影響下及時修正，是要下功夫的。

基礎訓練合格後，學員將轉換至 A、O、U，甚至後來接裝的 CH-47SD 機型，依照機種特性完成基本飛行、儀器飛行、戰術飛行及夜視鏡等課目的訓練。當學員通過這兩個階段的訓練後，便可掛上飛行胸章，正式成為陸軍航空的飛行員。不過，後續仍需進一步接受部隊訓練，才能執行各項任務，成為真正具備作戰能力的陸軍飛行員。當初採購 TH-67 時，不僅考量其新穎的設計與配備，能夠滿足新一代航空兵的初級飛行訓練需求，也看重其具備觀測與聯絡的功能，能靈活支援救災、通聯、偵巡、空中偵搜及指揮管制等任務。事實上，在數次救災行動中，都能見到 TH-67 的身影，所以這些應用並非僅止於紙上的敘述而已。作為陸軍航空的初級教練直升機，TH-67 肩負著培育國軍直升機飛行員的重大責任。至今也已經服役超過 26 年，從培養飛行學員的基本直升機操控能力，到後續依據機種分配至各軍種的作戰機型，TH-67 可謂是所有旋翼機訓練的起點。其重要性如大廈之基石，無可比擬。

國土防衛的關鍵戰力

▲1993(民國82)年10月下旬，我國陸軍採購的AH-1W以及OH-58D兩型戰鬥直升機陸續運抵台灣，A、O型機的種子教官亦於當年的9月至10月間與BELL支援我方訓練的教官分批返國，雖然在當年7月1日就已經成立了航1大隊的攻擊和戰搜中隊，但是初期所有剛接收的裝備以及人員，都先集中在台南歸仁由指揮部統籌訓練，這是完成階段訓練後，在歸仁基地展現初步訓練成果的照片，這些超級眼鏡蛇在開車後，對媒體做了單機的性能展示以及編隊飛行。

1989（民國78）年元月，陸總部陸戰委員會的「航空督察組」正式納編成立。該單位定期依據標準化的量化規範與方法，對陸航部隊在戰術、飛行、訓練以及飛修補保等方面建立督考的機制，奠定了專業督考的雛型。民國80底，美國批准了新型戰鬥直升機的軍售案，陸軍的這項採購案終於在等待將近10年後花開結果。民國82年秋，AH-1W及OH-58D開始運抵台灣，面對全新的武器系統、航電設備及戰術戰法等過去從未涉足的領域，不同時期任職的指揮官都肩負著陸航戰鬥部隊建軍的成敗重任，尤其一切從零開始，大家無不戰戰競競。最終陸航部隊不負眾望，從支援兵種一步步紮實的邁向戰鬥兵種。

航空督察與基地訓練

在成立十二個年頭之後，陸軍航空指揮部剛經歷了三位來自陸軍官校29期、曾赴美國陸軍航校接受基本飛行訓練的指揮官：馬登鶴、林正衡與邱光啟。到了民國七十八年元旦，陸官正34期的謝深智晉任指揮官。他是第一位出身於陸軍航空訓練班（即航訓中心前身）飛行軍官班的指揮官，亦是俗稱「陸航黃埔一期」—航訓第一期的畢業學員。在航指部的歷史上，這是一個重要的里程碑。

謝指揮官上任時，正值陸軍總部在前一年以臨時編組方式設置的「陸軍總部陸戰委員會航空督察組」正式納編成立。該組織由對地空聯合作戰具有高度興趣的陸戰會主委馮濟民將軍於民國七十七年開始規劃成編，並於同年底獲得總司令黃幸強的同意。航空督察組的成員分別由陸戰會、作戰署、運輸署、空降特戰訓練中心以及陸軍航空訓練中心調撥

國土防衛的關鍵戰力

員額，以陸戰會第三組為基礎改編而成。

該組織的設立，就是在原來航指部兵監功能之上，於陸軍總部設立專業的航空督考單位，其職掌如下：

1. 負責陸軍航空部隊戰術飛行及訓練飛行之標準化督考。
2. 負責陸軍航空部隊之飛行安全檢查暨評比。
3. 策劃並推動各項促進陸軍航空部隊飛行安全的教育訓練活動。
4. 負責旅級（含）以上作戰演習中，陸航部隊飛行安全、補給、保修及飛行任務提示等實況督考。
5. 辦理長官交辦事項及突發飛行安全事件之調查處理。

航督組成立時的人員配置如下：主委為馮濟民中將，副主委為王仲超少將；顧其言上校擔任組長，衣復國中校擔任戰術考核官（不久後由王小齊中校接任），李自龍中校負責旋翼機及標準化考核，石添勝中校擔任飛安考核，梁永豐與莊寄萍少校則負責定翼機相關的考核。考

▶ 民國78年晉升航指部指揮官的謝深智將軍於龍潭基地（後排中間著軍便服者），指揮他上任後第一次的「僑泰演習」時，與觀測連絡中隊人員在軍官待命室前合影，當時謝指揮官還是上校，以前不是採出缺就晉升的模式，通常是在一年之後才晉升。(黃國明將軍提供)

◀ 民國78年8月28日，陸戰會航督組在一次聚餐時的合影，右1至右4分別是戰術考核官王小齊、直升機及標準化考核官李自龍、定翼機考核官莊寄萍及梁永豐，左1左2是飛安考核官石添勝及李好香，左5則是組長顧其言上校。

核方式為每月由各中隊將飛行員名冊送交航督組，考核官根據名單前往各中隊，進行排飛抽考。考核過程直接上機飛行，由考核官出課目並實施測驗。成績是否及格，皆有明確的量化標準。例如直升機的自轉課目（Auto Rotation），允許最多飛行三個 round，其中至少一次必須成功進場，並落在指定著陸點，誤差需在規定範圍內。由於原本中隊與大隊並無類似編制，加上任務繁重與人力不足，要長期執行此類考核實屬不易。航督組的設立，基本上建立了一個第三方的考核機制，涵蓋飛行、保養與飛行安全等面向，對於提升陸航戰力與效率具有重要督導作用。

民國 77 年 12 月，在航督組正式納編前夕，航訓中心發生 TH-55 與 O-1 的碰撞事件（詳見第 215 頁『TH-67 教練直升機的換裝』章節）。隔年 2 月，航督組隨即發出公文，提出對該事故及航指部其他改進事項的建議。其中包括 TH-55 須更換無線電等問題，並非航指部單獨可解決，需通信署協助。其他改進事項亦需綜合作戰署、陸勤部、運輸署與計畫署等單位共同協作。可以想像這樣的改善建議從陸總部內部發出，對

▶ 這是民國 78 年 5 月 8 日至 13 日的「長春二號」師對抗演習，航指部以兩個航空特遣大隊分別配屬甲、乙兩軍，擔任空偵（照）、心戰喊話、傳單散發、空中再補給、傷患後送、空中攻擊及空中機動作戰等任務，照片中是航 1 大隊大隊長居敏（面向鏡頭未戴鋼盔者）正在向陸戰委員會副主委王仲超少將做演習的說明。

師對抗演習中，由航 1 大隊所派出的直升機特遣隊，由於甲、乙兩軍都有同樣的 UH-1H 直升機，因此特別以三條白線標示做出差異，最靠近鏡頭的 331 及 374 是裝有火箭發射器的武裝機。

執行的效力是有一定幫助的。

民國78年6月，陸總部航督組頒布了「陸軍航空督察考核教則」。這份上百頁、以軍中十行紙撰寫的教則，詳細規範了航空督察的內容、方法、人員資格等細節，甚至包括各類表報的格式，可謂相當完整。此外，教則中亦規範航指部及各大隊應設立督察室與督察組，以建立上下一貫的督察體系。同年6月底，陸軍進行「陸精六號」編案，開始籌編戰鬥直升機等新興部隊所需之員額。航指部以此編案，調整人力編制，於7月1日成立指揮部督察室、研究發展室及基地訓練中心；各大隊同時成立督察組，進一步健全航指部之各項運作功能。

事實上，陸航部隊自民國76年3月起，就已經開始實施航空兵基地訓練。但在以陸軍部隊「下基地」的方式輪流到歸仁基地施訓後，發現基訓會影響到航訓中心日常訓練的空域使用時間。為解決此問題，改成由基訓中心之考官，前往各單位駐地實施督導與考核。而基訓中心的正式設立，象徵常態專責單位的建立，分工明確，穩定且有延續性。

基訓中心設有指揮官，還編制有少校及上尉督導教官。各中隊每年均排定駐地實施訓練之時程，採輪替方式執行。督導教官會前往各大隊，以中隊為單位

◀航督組的督考可以是戰術課目，也可能是飛地安全的要求，以照片中的吊掛來說，它本身就是機動中隊飛行員需要具備的飛行技能，但地面人員的配合對於吊掛的執行是不可或缺的，平常這方面的執行都有SOP，但實際執行時有沒有確實按照SOP，就是督察組可以督考的部分了。（廖彥淵教官提供）

▶實兵對抗演習除了空中機動作戰之外，還有空中偵察、運補、傷患後送等各種對直升機的運用，在平常的部隊訓練就會有這方面的基礎訓練，但是透過基地訓練及督察組的要求，平常的訓練才不容易出現便宜行事的情形，對課目訓練標準化的推動也有很大的助益。

◀ 為期三個月的基地訓練，在最後一週是以野營的方式完成期末的考測，在野營過程中考官也會出題由中隊的相關人員進行參謀作業，擬定執行計畫，並且安排兵力執行，這是觀測中隊在野營帳篷內的畫面。（薛遇安教官提供）

▶ 這是「長春二號」演習時陸航特遣大隊的指揮所，車輛都進行了偽裝，早年陸航的任務以支援為主，但獲得戰鬥直升機之後，就是會在第一線接敵作戰的單位，平常就培養前線的情境認知是很重要的。

實施督導，採取作戰想定的方式引導飛行與保養課目之執行。依據想定的內容，由中隊進行參謀作業、作戰與飛行計畫，地面人員亦需配合相應任務。參加基訓之單位在訓練期間，全力投入，不受其他勤務干擾，專注完成完整的飛行與保養訓練。期末，部隊將進行為期一週的野營演練，由督考官透過普測等方式，鑑定訓練成果，作為合格與否之依據。基地訓練專門針對飛行單位實施，而補保勤務單位則依據相同想定參加配訓，每次由三分之一兵力參與。當一個大隊的三個飛行中隊完成基地訓練時，其補保勤務單位亦同步完成訓練任務。每次基地訓練為期三個月，期間不需擔任戰備任務。訓練採取輪調進行，例如先在航1大隊三個月，接著轉至航2大隊某飛行單位三個月，然後再回到航1，依此方式持續輪替，使各單位的戰力得以不斷的透過模擬實戰的方式提升。

基訓中心負責培育陸航飛行與地勤的技能，建立標準化訓練制度，進而提升部隊整體戰力。航空督察則執行飛行安全監督、作業稽核與制度檢討，確保任務安全。兩者相輔相成，對陸航發展具有關鍵影響。特別是在後續戰鬥直升機建軍的歷程中，正是仰賴這兩個運作有年的系統作為基礎，結合新裝備的作戰和訓練需求，才能持續推動陸航部隊朝向戰鬥兵種的蛻變與進化。

國土防衛的關鍵戰力

飛鷹計畫組織調整

陸軍在郝柏村擔任總長期間暫緩的戰鬥直升機採購案（請參考第177頁『飛鷹專案–A、O機種能教官赴美訓練』章節），終於在將近十年後有了新的進展。民國79年底，美方傳回消息，將同意我國採購戰鬥直升機。翌年7月，陸官正36期，也是航1期第一名結業的杜勳民將軍接任航指部指揮官。適逢國防部在8月展開了戰鬥直升機的採購作業，正式向美國申購第一批戰鬥直升機，包含AH-1W 18架與OH-58D 12架，代號「陸鵬專案」。陸總部與航指部則以「飛鷹專案」作為此戰鬥直升機建軍案的代號。隨後，陸總部與航指部擬定了「飛鷹專案成軍訓練計畫」。對航指部而言，此計畫的成敗，關係著陸航部隊能否躋身戰鬥兵種的行列。不僅需要從各單位選出飛行、保養、武器等專業領域的優秀人員赴美受訓，成為種能教官；各基地的基礎建設亦需要配合建軍需求，增建武器儲備設施、兵工彈藥作業區、保養廠棚、航材庫房以及新建兵舍等。這些工程依照計畫的先後順序，分為數期執行，光在飛機抵達之前，已展開的工程規模就相當龐大，投入的資源不貲。

此外，各大隊的組織編制、員額配置與職能劃分，也需重新設想與調整，以符合新裝備作戰與運作的需求。對杜指揮官而言，這是一項龐大的計畫，執行面包含諸多細節，任何一處都不能出錯。相較當年UH-1H成軍時的規模與複雜度，此次工程更為浩大，且多有無前例可循的挑戰。尤其陸航以前只是支援單位，不是很重要的角色，在獲得戰鬥直升機後，需要有效的經營才可以讓大

▲ 同時獲得了兩種最新的戰鬥直升機固然是非常興奮的消息、然而，一口氣換裝兩架配備最先進航電、射控及武器系統的直升機可不是輕鬆的事，這是民國83年在歸仁基地展現初步訓練成果時的照片，真正能夠徹底發揮A、O機的戰力最少也要5年以上的投入。

▶ 這是航指部召開的送訓人員座談會，站立發表意見的是高勝利教官，座談會由杜勳民指揮官（國旗下方），坐在他左邊的參謀長張行宇上校及右邊的政戰主任孔岳中上校一同舉行。

家認同陸航在作戰能力方面的成長。

　　時序進入民國81年，航指部開始針對「飛鷹專案」甄選並送訓人員。為了能夠確實舉薦合適的人選，杜指揮官親自安排時間與甄試的人選面談，當面給予支持與鼓勵，以建立其信心，使其能擔負起接裝的重任；同時，也藉由實際對談，確認送訓人員是否具備面對挑戰所需的各項素質。這些肩負戰鬥直升機建軍重任的空、地勤人員，於民國81年8月起，分批前往美國接受各項專業訓練。與此同時，航指部所屬各基地內的相關建設工程也如火如荼展開。不僅須要確保工程品質、掌握施工進度不落後，

◀赴美接受保修訓練的種子教官們正在一架專門用來實施保修訓練的AH-1W旁按照技令手冊熟悉超級眼鏡蛇的保修細節，機身上的英文除了一些序號資料外，註明了這是保養訓練用的裝備，還特別設計了一個緊急斷電開關(紅色按鈕)以備不時之需。

▶這是正在美國德州福和市(Fort Worth, Texas) BELL公司接受AH-1W換裝訓練的8位種子教官與貝爾公司的高層在棚廠的合影，他們在通過在美國聖安東尼奧拉克蘭基地的語言學校訓練後來到貝爾公司，後續還要接受美軍陸戰隊的AH-1W部隊訓練，才能完成整個受訓的過程。(方家齊教官提供)

國土防衛的關鍵戰力

相關人員還需經常前往各基地施工現場督導、掌握狀況。期間，各級長官密集前來視察與關切，單是應對這些關心就需要耗費大量心力，例如準備簡報、進度報告、工程內容介紹等。除了接待長官外，航指部每兩週還需要向總部副總司令進行一次進度提報。由於當時航指部尚未使用電腦，為了準備提報資料，常常需要到陸軍總部旁的航1大隊加班，請打字小姐協助用中文打字的方式完成簡報的內容。到簡報當天，資料往往才剛印好，整晚未眠是常有的事。

民國81年春，「陸鵬專案」的戰鬥直升機採購數量大幅調整：AH-1W增加了24架，OH-58D則增加了14架，使總數達到A型機42架、O型機26架。除了先前所提的人員與基地建設外，整體建軍計畫將依照裝備抵台的數量與進

◀這是民國81年10月14日，副參謀總長程上將(右3)前來航指部視導時，正在聽取「飛鷹專案」近況簡報的畫面。執行簡報的是航指部研發室主任王威揚上校(右1)，在他左邊的是杜勳民指揮官，左2則是陸軍後勤司令張光錦將軍，「飛鷹專案」期間經常要為長官做這樣的簡報。

▶民國81年11月，空特部司令吳紀陞中將前來航指部聽取「飛鷹專案」進度報告的照片，吳司令(前排中)的左後方就是航指部第一副指揮官歐介仁將軍，也是航指部第一位少將編階的副指揮官。據杜指揮官回憶，那個時期，常常忙到晚上就寢時，才發現當天的報紙還好好的在辦公桌上，沒有機會翻開過。

度，分期完成各項編成與部署。為了滿足建軍需求，航指部的組織架構需同步調整。最早的計畫僅預定成立兩個攻擊中隊，但在美國批准的機型和數量都優於原先的預期下，成軍規模已擴展至兩個攻擊中隊與兩個戰搜中隊。事實上，為因應陸航部隊的重大變革，陸軍總部已先行做出人事調整：航指部除了原有的指揮官外，將第一副指揮官的職務提升為少將編制，這是陸航建軍35年來，首次出現第二位將官職缺。而第一位出任這個職務的是航訓4期第一名畢業，陸官39期的歐介仁將軍。在這段期間，他協助指揮官籌劃執行陸航史上最具挑戰的裝備建制任務，也成為下一任指揮官的當然人選，將接續推動建軍的工作。

根據種子教官赴美受訓的進度及BELL公司提供的交機計畫，航指部於民國82年7月1日進行組織改造，裁撤原航1大隊觀測連絡中隊、航2大隊第22中隊、觀測連絡分隊與戰鬥搜索分隊，並於航1大隊成立空中攻擊中隊、空中

▶ 民國81年5月26日，桃園縣婦聯分會前來航1大隊訪問，在觀測中隊O-1 604 (S/N:50-1509)前的合影，在後面同時展示的還有一架U-6A，此時距離觀測中隊解編大概還有一年，這張極可能是最後一次這兩架定翼機同台留下的影像紀錄，負責接待的是薛遇安少校(右1)和江振清少校(左1)。（薛遇安教官提供）

◀ 民國82年5月28日，參謀總長劉和謙上將(著海軍軍服者)蒞臨航指部視導，正在聽取王威揚上校「飛鷹專案」簡報的畫面，可以看得出各級長官對這個建軍案非常重視和關切，航指部在忙碌的情況下，仍要隨時準備好接待VIP的視導，照片最左邊的是陸軍總司令陳廷寵將軍。

國土防衛的關鍵戰力

戰搜中隊、軍械通電中隊、直接支援中隊；原勤務中隊更名為本部中隊，第10與第11空中機動中隊則改編為第10與第11空中突擊中隊，由於訓練能量無法短時間內迅速擴大，加上戰鬥直升機的飛行員養成訓練比 UH-1H 更加複雜，故各項訓練與建制需逐步推進，航2大隊在此階段先行裁撤舊有編制，待裝備陸續交付後再進行新單位的編成。7月1日的組織改造也進一步使陸航部隊從此變成純旋翼機的部隊，在裁撤部分單位的同時，O-1和 U-6A 兩種在陸航前期發展所使用的定翼機奉命除役，陸軍最早接收的 OH-6A 觀測用直升機也同時功成身退，人員及資源都經過重新的佈局和分配以迎接新的裝備和組織。

雖然陸航過去曾在 UH-1H 上使用2.75吋火箭，但從未接觸過反裝甲飛彈，乃至 AH-1W 所配備的響尾蛇空對空飛彈。加上其配備的先進索敵瞄準系統，保修、航電與武器系統的專業能力相較以前，要求都只有更高，而且，即使成立新的專職單位，部份相關專業仍需從零起步，逐步建構。以軍電中隊為例，

◀民國82年7月1日，陸軍航空部隊因應戰鬥直升機的接裝，進行組織調整，並且同時將定翼機 O-1、U-6A 以及 OH-6A 觀測直升機一起除役，從此與定翼機說再見，照片中的 U-6A 正轉移給中正理工學院作為展示用機。（李經緯教官提供）

▶陸軍從來沒有使用過 AIM-9 空對空飛彈，民國82年8月，杜指揮官特別率隊前往空軍台南一聯隊參訪，對響尾蛇飛彈的組裝、掛彈、維護、運輸、卸彈及保養補給儲存等作業進行了解。另外，陸航以前也沒有反裝甲飛彈，民國82年7月織調整後，軍械電通中隊就是專門負責這些飛彈、火箭等空用武器的各類作業，以滿足戰鬥直升機的建軍需要。（中央社照片）

其第一批專業人員多由通訊人員轉任；軍械人員則是從保修部門中選出，再由赴美受訓的教官重新培訓而成。當航1大隊的新組織架構正式生效時，A、O機的種子教官仍在美國受訓。據教官們回憶，當時尚在美國便已接到新單位成立與職務任命的公文，幾乎無暇喘息。但憑藉著強烈的使命感，即便疲憊，大家仍滿懷熱血，全力向前推進。

民國82年，在美國受訓的O機教官大約在9月中，A機教官則是大約在10月下旬陸續回到台灣，準備後續的接裝作業。10月19日，「飛鷹專案」依照計畫正式開始接收AH-1W與OH-58D直升機，陸航正式邁出了成為戰鬥兵種的步伐。當時貝爾公司已經生產出一些批量，後面則以每三個月交付兩架的方式分批交機。例如在國外訓練時使用的AH-1W就已經是我方的飛機，所以種子教官回國時，那批受訓時使用的飛機經由拆解、運送、組裝和試飛交付給攻擊中隊，後續貝爾公司完成生產的飛機也依循相同程序，先運抵歸仁基地，在基地內分批組裝，並由貝爾的顧問協

▶ 這是大約在民國82年10月下旬，自美國以大部零件拆運的方式運回來的AH-1W在歸仁棚廠內進行組裝的情形，參謀長張行宇(右2)正在現場檢視組裝的情形，照片中站在最左邊的林國強教官，是當時被遴選出來第二批要換裝超級眼鏡蛇的飛行官。(張行宇將軍提供)

◀ 這張畫質比較不理想的照片是後來續購的OH-58D交機時，陸軍航空部隊在接收來自貝爾公司空運送到台灣的OH-58D，這些以大部零組件分解方式運送來台的OH-58D。正在歸仁基地飛修大隊的棚廠進行組裝。

國土防衛的關鍵戰力

▶▲▼ 航指部為因應戰鬥直升機的接裝成軍,於民國82年7月1日做了組織的調整,成立了攻擊、戰搜中隊等單位,同時也將所有飛行員的頭盔更新為可以安裝夜視鏡的SPH-4B型號,顯示未來夜戰能力將是陸航戰力非常重要的一環,除此以外,飛行服裝也是新的樣式,沿襲以前右臂上有大隊隊徽外,左臂添加了機種臂章。

▲ 航1大隊改編的新單位成軍檢閱時，直屬航指部的空運分隊也參加了檢閱，除了飛行員個裝的變化之外，可以看到排列在後面的M978加油車，另外空運分隊也添加了新的機種臂章(如右上角)。

助組裝，經過試飛合格後再撥交至攻擊或戰搜中隊。初期種子教官們的飛行內容主要是以美國受訓的課目為主。由於在美受訓期間是進行短期且多課目的密集訓練，只足夠達到6-7成的熟悉程度，因此飛機運抵台灣的初期，其實是先在歸仁基地進行種子教官們的銜接和精進訓練，以累積飛行經驗與時數，尤其是AH-1W，因為不是美國陸航的制式機種，種子教官並不是在美國陸軍航校接受訓練，在BELL公司的飛行訓練並沒有像在美國陸軍航校區分為合格班(換裝訓)及教官班兩個等級的訓練，因此必須待有足夠的飛機完成組裝，飛行時數補足後，才能進行帶飛換裝訓練，至於在美軍陸戰隊接受的戰術訓練，回台灣後種能教官都不算有這些課目的教官資格，後來是經由張怒潮和高勝利兩位資深的受訓教官先互相帶飛，相互認証教官資格，後續再帶飛其他6為種子教官，由他們認證其他成員的資格，事實上，第一梯次的AH-1W和OH-58D換裝班是在翌年的1月10日開訓的(AH-1W 10週8員參訓，OH-58D 6週10員參訓)這兩種機型後來開設的班隊除換裝班以外，還有戰術合格班(民國83年3月開辦)，就這樣逐步建立訓練作戰能量，而且建立過程是以「年」為單位計算，並非一開始就能立即放大能量展開大批量的訓練。為加速人員的擴訓，已遴選的第二批受訓飛官則先在貝爾派駐教官的協助下展開基礎及帶飛訓練。這個時期，航1大隊組織上已經成立攻擊與戰搜中隊等單位，但人員與裝備仍暫時在歸仁基地統一訓練。攻擊中隊的首任隊長是高勝利中校，戰鬥搜索中隊的首任隊長則由後來升任航特部指揮官的潘其岳中校擔任。當時雖然上級長官們殷切期盼儘早見到成效，實際上，航1大隊攻擊中隊是在接機半年後，才由方家齊少校率領一個分隊進駐到龍潭，真正展現戰力的過程還需要歷經多番的努力與挑戰。

國土防衛的關鍵戰力

「飛鷹演習」- 李總統視導

民國82年11月4日，航指部歸仁基地正持續組裝剛運抵台灣的戰鬥直升機，同時由赴美受訓的種子教官利用已完成組裝與試飛的飛機，先開始銜接在美期間所接受的各項訓練。當天，指揮官杜勳民接到陸總部的命令，總統李登輝先生將於11月15日14:00親赴歸仁，主持陸軍總部的「飛鷹演習」。此次演習旨在展示A、O兩型直升機的性能、武器裝備及飛鷹計畫的成軍狀況，並展現國軍戰力。演習分為動態與靜態兩部分：靜態展示於基地六號棚廠，展出兩型直升機的武器裝備及技令書刊；動態展示則在基地東跑道實施，藉由媒體報導向國人展現戰鬥直升機的建軍成果。

由於總統視導時正值接裝初期，第一批飛機運抵台灣尚不足一個月，所以此次展示動用了當時所有可用飛機數量：AH-1W 四架，OH-58D 三架。陸軍總司令李禎林對此次視導高度重視，並在短時間內親自前往歸仁多次預檢。其中地面靜態展示內容除武器裝備外，最前排特別擺放了翻譯完成的技令手冊。李總司令在預檢時，親自翻閱了這些資料，事實上，這些手冊是經過多次翻譯與校

▲陸軍總司令李禎林在「飛鷹演習」之前，曾經多次到航指部預檢，這是預檢時杜指揮官(左1)在呈展各類技令手冊的區域，向總司令說明花費許多心血才翻譯出的最終版本，藉著比較初期翻譯不到位的版本，以便突顯對訓練和作業息息相關的文件是如何產出的，也藉此建議總部未來將翻譯手冊技令的需求列入採購合約中。

▶這張照片是預檢時，AH-1W 在歸仁基地棚廠內的地面展示情形，為了表現超級眼鏡蛇的武器酬載，包含響尾蛇飛彈在內的各型武器彈藥都整齊的擺放在飛機的前面，展示機則是分別在左右掛有拖式飛彈及地獄火飛彈的發射架，以及9發裝和19發裝的火箭發射莢。

正才得以完成,將技令與手冊擺放在展示的第一線,目的就是強調其關鍵性。

當時陸軍已確定採購A、O型直升機共68架(後於民國86年再追加A型21架、O型13架)。為使裝備能有效發揮戰力,不論飛行、保養或武器操作,都需要迅速培養大批的專業人員。然而,即便種子教官全力以赴,其能量仍然有限;而原文技令與手冊更是訓練推展的瓶頸。畢竟要讓大量人員在短時間內精通英文並不切實際。為此,航指部動員具英文能力的官兵及赴美受訓的地勤教官,投入時間進行技令翻譯。為不影響空勤教官的訓練銜接,杜指揮官亦向總部請求支援,總部後來派遣一批外文系的大專兵協助翻譯,雖然他們態度認真,但因為不熟悉軍事術語,翻譯工作進展不易,需要航指部人員進行大量校對與潤飾,最終仍然動員了空勤種子教官來支援。從另一個角度來看,單靠語言專業難以勝任軍事技令的翻譯,技令手冊的翻譯不單是語言的轉換,更須結合飛行、軍事與機務保修等專業知識,方能確保內容的正確性及良好的品質。這項看似不起眼的工作,其實是影響換裝進度的關鍵環節。在總統來視導的地面展

▲ 這是OH-58D預檢時的地面展示畫面,飛機前方擺放了O型機可以掛載的各式武器彈藥,包含的地獄火飛彈、2.75吋火箭及50口徑的機槍子彈,飛機則是一邊掛了7發裝的火箭發射莢以及另一邊的50口徑機槍莢艙。

▶「飛鷹演習」正式的裝備展示場地是這個添加有標語看板的棚廠,看板上寫著「現代化國防武力,立體化陸軍戰具」,也就是陸航第二代兵力成軍對國防戰力的宣誓,AH-1W 502除了前方整齊排列的超級眼鏡蛇彈藥之外,駕駛艙旁邊加了鋪上紅地毯的階梯,準備讓總統進入駕駛艙參觀。

示內容中，杜指揮官特別保留了初期的翻譯版本以供比較，以便用對比的方式呈現最終譯本的成果。事後，他向總部建議：飛機公司有責任提供技令的中文版本，應該將此條件納入採購合約中，若因翻譯錯誤導致嚴重後果，究竟誰該負責？因此，杜指揮官在總部會議中強烈建議：未來技令之中文版應由飛機公司負責提供，以確保品質與責任歸屬。

在動態展示部分，AH-1W的飛行性能表演由高勝利教官執行，OH-58D則由譚展之教官操演。據教官們回憶，當時A型機的展示內容大致包括滯空展示飛機各個角度，接著以大馬力快速通過後拉升，執行迴旋動作。譚教官操控的OH-58D則進行快速起飛、爬升至失速後倒轉，接著飛往遠方掩蔽物後方，模擬使用桅頂偵蒐儀（MMS）進行偵蒐任務。杜指揮官親自核准AH-1W採取一條極為貼近司令台的航線，進行低空衝場，期望讓總統與前來現場的長官貴賓們能夠親身體驗「戰鬥直升機」的震撼，留下深刻印象。雖然裝備展示部分已有萬全準備，上級長官如空特部司令、總部副總司令、後勤司令等仍然高度關注準備工作，輪番前來督導演習前置作業。

▶ 李總統來到歸仁基地之後的第一個行程，就是聽取簡報，內容主要是戰鬥直升機獲得的過程及陸航的簡介，為了慎重起見，特別考慮如果由別人做的簡報，自己提報起來可能會不順，杜指揮官親自上陣提報由自己完成的整份簡報，而且事先還曾對總長劉和謙做過預習。

◀ 這個「飛鷹演習」的司令台就搭建在地面裝備展示的棚廠大門前方不遠處，以便所有的行程都在步行就可以到達的距離，這是貴賓們都就位後，準備開始操演的時刻，在李總統左邊第一位穿著西裝的是當時的立法院長劉松藩，隔壁則是監察院長陳履安。

由於歸仁基地有關「飛鷹計畫」的新營舍尚在建設中，空特部吳紀陞司令於預檢時特別向杜指揮官詢問：「工地的環境是否需要加強整理？」，施工中的場地確實顯得較為雜亂，總統即將蒞臨視導，若未以高標準整理工地，實屬不妥。然而陸航部隊因特性使然，官多於兵，缺乏足夠人力執行整理的任務，尤其才剛開始接收飛機，很多相關工作正同時在展開，又因為要準備總統的視導，部隊已經是全體動員，所以人力極為吃緊。指揮官遂向司令報告，若空特部能支援一個營，絕對能在總統前來視察之前妥善處理工地環境。吳司令果然調派一個營前來協助整理，並於總統來訪前一日再度親赴歸仁檢視現場狀況。見場地已徹底清理，吳司令這才放心。

總統此行雖然是專程為戰鬥直升機而來，但也可以同時深入了解陸航部隊狀況。因此演習內容的安排包含了操演前簡報、人員與裝備的地面校閱（包含陸航其他機型）、空中動態表演、總統致辭以及參觀地面武器裝備展示等項目。11月15日下午14時，李登輝總統抵達歸仁基地，「飛鷹演習」正式展開操演。這是陸軍航空部隊成軍以來，首次有國家元首親臨視導，可以說是陸航建軍史上的重要時刻。當天來到歸仁的貴賓除

▶ 李登輝總統正在對陸軍航空指揮部接受檢閱的參演隊伍回禮，總統後方是杜指揮官，杜指揮官後方則是陸軍總司令李楨林，照片右1是參軍長陳廷寵，他的左邊是參謀總長劉和謙，對陸航來說，這是建軍以來最大陣仗的長官視導。

◀ 即將要在民國83年1月晉任航指部參謀長的顧永明上校在「飛鷹演習」中擔任陸航地面受檢部隊的指揮官，這是部隊已經集合好準備向總統敬禮的時刻，照片中空勤人員的飛行衣已經更新，新的飛行衣是由聯勤製作完成，配合組織改動的時機一併更新。

「飛鷹演習」當天動態展示中的 AH-1W 506，航 1 大隊攻擊中隊首任隊長高勝利駕駛該機執行各項超級眼鏡蛇的性能展示，包含震撼人心的低空衝場。此任務的前座飛官為張立全教官。

▲OH-58D 除了展現靈活的飛行性能，最重要的是讓在場貴賓了解其頂上的桅頂偵蒐儀(MMS)，能夠讓 OH-58D 在掩蔽的情況下索敵。

▲ 當天 AH-1W 落地後，還開放新聞媒體拍了一系列飛行員在駕駛艙內的照片，這是 506 落地後準備要關車的畫面。

由航 1 大隊戰搜中隊首任輔導長譚展之少校所駕駛的 OH-58D 601 正從歸仁基地的東跑道起飛準備進行性能的展示。

國土防衛的關鍵戰力

◀AH-1W赴美的種子教官王翼瑤正在向李總統介紹AH-1W可以掛載的各型武器，站在總統右邊的杜指揮官則是正在跟當時的宋楚瑜省主席做詳細的說明，跟隨總統前來視導的還有一些監察委員和立法委員，只是時間久遠，沒辦法都說得出個別的姓名。

▶李總統正在聽取OH-58D說明官對奇歐瓦戰士所做的講解，背對著鏡頭正在專心解說的就是航1大隊的首任戰搜中隊長潘其岳中校，O型機搜索目標的能力對當時的陸軍部隊來說，是很難想像的，後來在演習中大顯身手，才讓存疑者見證其強大的戰力。

◀「飛鷹演習」當天，攝影單位有照了許多李總統參觀A、O機的照片，後來被收錄在李總統的回憶錄裡面，杜勳民指揮官的友人收集了那本回憶錄，還特地在照片出現的地方請杜將軍簽名，見證這個陸航建軍的重要時刻。這是參觀OH-58D掛載的50口徑機槍夾艙時的照片。

李登輝總統進入 AH-1W 的後座之後，對著媒體豎起大拇指比讚的畫面。

▲ 隨著杜指揮官 (左4) 的任期即將屆滿，戰鬥直升機建軍的棒子即將交給歐介仁將軍 (左3)，其餘的演習執行成員由左至右分別是顧永明、孫錦生、張行宇、孔岳中及唐小威。

總統本人外，尚包括省主席宋楚瑜、行政院長連戰、立法院長劉松藩、監察院長陳履安、監察委員康寧祥、參謀總長劉和謙、參軍長陳廷寵、陸軍總司令李楨林等，加上幕僚人員及中外媒體，現場共有五十餘人，場面盛大。李總統在致辭中表示：現代戰爭勝負的關鍵，取決於雙方意志與科技水準的高下，唯有建立一支高素質、高科技的精銳武力，方能確保國家安全。武裝直升機具備高速機動能力與強大火力，未來在作戰時，若能與地面機械化部隊密切協同，將能充分發揮立體化作戰的優勢，並大幅提升陸軍整體戰力。

「飛鷹演習」的圓滿成功，象徵陸軍航空部隊正由戰鬥支援單位，逐步蛻變成為國土防衛的關鍵戰力。然而，在成功完成演習任務後，杜指揮官的任期也即將屆滿。他在任內承擔了陸航戰鬥部隊成軍的規劃選訓等重任，展現出知人善任、實事求是、以國家利益為重的精神。可以說，陸航戰鬥部隊之所以能在初期奠定穩固基礎，杜將軍有非常重要的貢獻。事實上，他的任期內不僅肩負戰鬥直升機建軍的艱鉅任務，航指部的日常運作也從未間斷，包括師對抗訓練、協訓任務、中科院支援，以及航訓中心各項飛行訓練等。期間還支援過中科院於台北三芝地區執行天龍陣地測試（與天弓飛彈相關），可以說任務非常繁重。民國82年12月1日起，歐介仁將軍接任航指部指揮官，承接起戰鬥直升機的建軍重任，將接續推動 A、O 機換裝和戰術訓練、空用武器射擊和不同機種之協同作戰等戰力建置工作，為陸航的建軍歷史發展新的篇章。

漢光及長泰演習 A、O 機出擊

A、O 機運抵台灣的初期，種能教官統一集中於歸仁基地進行銜接與精進訓練。教官們優先加強各項課目的熟悉與精進，並累積飛行經驗。初期甚至仍有部分時間是在摸索尚不熟悉的操作。雖然這些教官已累積足夠的 UH-1H 飛行時數，但由運輸直升機轉換為攻擊直升機，其操作理念與觀念差異極大。因此，在未達到一定機種時數前，是不能擔任教官進行帶飛的。當時第二批遴選出的教官，如林國強、吳昆釗等人，在完成語言課程後，由 BELL 的外籍教官負責帶飛，分別由 Dale 帶飛 AH-1W、Andy 帶飛 OH-58D，期望培訓更多飛行員加速開枝散葉的成果。這第二批的教官是在民國 82 年 1 月至 7 月間，至大直國防語文中心參加為期半年的英文儲訓特別為 A、O 機接裝人員開設的「飛鷹班」，班上約 22 人，其中三分之一為保修人員，其餘為飛行員。1994（民國 83）年 1 月，新飛機抵台後的第三個月，A、O 機的第一梯次換裝訓練正式展開，建立起初步訓練能量。簡單來說，每位 A、O 機飛行員必須先完成換裝訓練，再針對機種特性進行戰術飛行訓練，並熟練其武器射控系統，透過實彈射擊累積經驗。之後，還包括夜視鏡夜間作戰訓練，以及與其他機種、兵種的協同作戰演練。這是一項極為艱鉅的任務。

◀ 雖然已經開始接收裝備，人員的擴編訓練並沒有辦法立刻就展開，赴美受訓的種子教官們還需要投入一些時間將美國受訓的課程複習熟悉之後，才可以開始帶飛的訓練，期間還要翻譯技令手冊，剛成立的中隊業務也需要有人處理，可以說是每個人都應接不暇。

▶ 這是第二批種子開始上線之後的訓練場面。原計畫航指部甄選的第二批種子教官，是在通過英文培訓後就到美國訓練，後來新飛機來到台灣並且有 BELL 公司派出教官來台灣支援之下，調整了計劃，直接在歸仁接受訓練，由 BELL 的教官們協助帶飛。

國土防衛的關鍵戰力

歐介仁指揮官上任後，從不同角度著手爭取更有效率且務實的建軍方式。他以長遠的眼光向上層提報購買 TH-67 教練直升機的作需，讓夜視鏡飛行等課程能從基礎訓練階段就導入，加速後續分流至各機種的銜接訓練。(請參閱第 215 頁，『TH-67 教練直升機的換裝』章節) 同時，也推動飛行教官聘用制度，使退伍的優秀飛行員得以延續其專業，為國貢獻多年累積的經驗。此舉亦有助於航訓中心聚焦基礎訓練，與作戰部隊的人力資源能有效的調配。除了這些長遠的規劃，眼下的各種空地勤相關訓練也沒有停歇的持續在進行，到了3月中，AH-1W 戰術合格班也開始施訓。當時所有訓練都集中在歸仁基地，歐指揮官特別將航訓中心的部分訓練調整至新社基地，以便讓歸仁的空域優先提供戰鬥直升機的訓練使用。當時，新加坡的星光部隊也進駐在歸仁基地，同時需要使用一些基地的資源進行訓練。可以說南臺灣的好天氣，已經發揮了最大化的效用。

1994 年 4 月 16 日，星光部隊於台灣執行「94 年優略峙」演習，編號 285 的 AS-332 美洲獅直升機於凌晨 03:50 自歸仁基地起飛，執行前往彰化地區的

▶ 這是航特部飛行訓練指揮部大約在民國 104 年辦理航訓 62 期結業典禮時，部分畢業學員與教官的合影。照片中的三位教官右至左分別是譚展之 (航 21 期)、王廷源 (航 20 期)、紀金柱 (航 18 期)，他們都是在陸航服務多年退伍後被延攬回來的聘僱教官，而這個制度的起草者就是歐介仁指揮官。
(譚展之教官提供)

◀ 星光部隊 AS-332 美洲獅直升機漆上中華民國徽誌在左營海軍基地進行訓練的畫面。該單位在台灣常駐，主要使用兩個基地，陸航歸仁基地和海航的左營基地，執行訓練或演習任務時，我方都會派出一位空勤的連絡官坐在後座，如果需要提供連絡上的協助可以馬上由我方人員介入。
(海軍張明華教官提供)

任務,卻於05:00在田中鎮平和里山區撞山失事,機上4人全數殉職,包括3名新加坡人員與擔任新光部隊連絡官的航指部林志賢上尉。歐指揮官身為進駐基地的主官,亦前往空軍嘉義基地參與事故調查。他回憶當時調查的結果,推測該機在夜視鏡飛行中進入疏雲區時,因雲層不明顯,而未能及時警覺,最終進雲後撞山失事。譚展之教官則回憶,在田中失事的飛機當晚的任務是由該部隊的隊長執行,據了解任務當天隊長非常忙碌的處理隊務,可能已經很累,後面又半夜開飛,真是令人婉惜,譚教官在赴美受訓前曾擔任過新光部隊美洲獅直升機的機上連絡官,那是他第一次接觸到夜視鏡,也藉由與新加坡飛行員的交流,學習到他們嚴謹與專業的態度。

6月底,OH-58D於歸仁基地旁的虎山靶場進行50口徑機槍的射擊訓練。其實,最初AH-1W也曾嘗試利用這個地理位置最便利的靶場進行機砲射擊訓練。但由於虎山靶場原為砲兵專用靶場,砲陣地與目標區之間仍有民宅,機砲射擊時的流彈曾誤擊民眾的狗籠。基於安全考量,最終乃決定不在虎山靶場實施A、O機的空用武器射擊訓練。後來,虎山靶場反而因為其夜間的光線較理想,常被用於夜視鏡的訓練。另外,湖口台地也曾被考慮作為空用武器(如火箭)的射擊靶場,但基於同樣的安全理由,最終還是協調改至恆春三軍聯訓基地實施。對戰鬥直升機飛行員而言,駕馭各型武器的能力,唯有透過靶場實彈射擊才能真正掌握。儘管留美的A機教官曾

◀民國82年7月底,還仍在杜勳民指揮官時期,雖然新飛機還沒有運抵台灣,航指部已經派員到恆春的三軍聯訓基地勘查,為將來的空用武器射擊協調理想的場地,這是杜指揮官與揹著大聲公的孫錦生參謀長在保力山現場正在向陸軍副總司令丁之發進行簡報的情形。

▶在恆春保力山進行空用武器射擊訓練的航1大隊OH-58D,在「漢光11號」演習之前,航1大隊的A、O機,大約有近一個月的時間在這裡進行實彈射擊的訓練,要熟能生巧,只有不斷的練習。

國土防衛的關鍵戰力

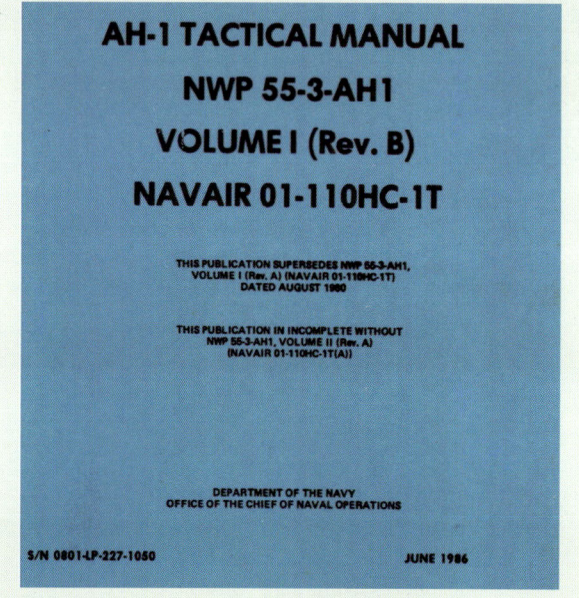

◀ 相較於以前 UH-1H 使用的國造 2.75 吋火箭，A、O 機使用的是九頭蛇(Hydra)火箭系統，一般的火箭將彈頭引信裝好，設定觸發引信後裝到管子裡面，飛機起飛後就不能調整了，九頭蛇系統的彈頭還有一條引線接到系統裡，飛機起飛後仍然可以設定引信，比如延遲引信的參數設定。

▲ 當年這本 AH-1 Tactical Manual Volume 1 是教官們無法從正式管道取得的重要手冊，還得靠私下的關係去獲得，這些過程如果沒有披露，沒有人會了解箇中的艱辛，多年以後，筆者從網路就可下載到這本手冊，真有啼笑皆非的感覺。

在陸戰隊基地接受戰術與武器相關訓練，但因受訓時間短暫，加上美方授課往往點到為止，因此許多訓練內容仍需教官們返國後群策群力，一邊訓練一邊摸索，是一段相當艱辛的過程。超級眼鏡蛇直升機配備多種武器，但赴美教官歸國時，美方提供的技令手冊僅涵蓋飛機系統操作，武器系統的資料極為有限。例如響尾蛇已經是很成熟的對空作戰武器，但是拿到的技令裡面只有兩頁是介紹響尾蛇，大略涵蓋了構型、彈頭、火箭馬達、彈翼、導控段、射程及一些諸元，至於怎麼用、怎麼去追瞄、會出現有音響這些實際使用的部分，幾乎沒有任何細節，最終是由教官去九棚射擊，累積經驗後，才撰寫出使用的 SOP。教官們後來透過關係取得了「Tactical Manual Volume 1」，內容涵蓋地貌飛行技巧、夜間作戰策略、對地攻擊、飛彈的選擇與應用、隱蔽技巧等，對陸航而言如獲至寶，堪稱秘笈。不過教官們也了解一定還有 Volume 2，這些無法取得的部分，只能靠自己舉一反三，並根據國軍的需求，發展出適切的戰術。民國83年7月1日，依據A、O機獲得的數量及人員擴訓的進度，航2大隊下轄的空中戰搜中隊、軍械通電中隊、直接支援中隊及本部中隊，連同第20、21空中突擊中隊依計畫成立或改編。由於 AH-1W 擴編訓練所需時間比較長，航2大隊的空中攻擊中隊則是在民國84年7月1日才正式成立。

在上級長官期盼見證戰鬥直升機戰力的情況下，民國83年9月的「漢光11號」演習安排了航1大隊成軍剛滿一年的 AH-1W 與 OH-58D 機隊進行火力示範。8月初，陸航的A、O機就已經安排先前往恆春三軍聯訓基地，執行實彈射擊的任務。歐指揮官親自在航指部主

國土防衛的關鍵戰力

持了任務提示，對陸航部隊而言，這是第一次到保力山進行空用武器射擊，雖然已多次勘查，但畢竟未曾實際執行過，除了確實按照SOP作業之外，這次任務也是寶貴經驗的累積。最重要的是，在執行過程中確保人員與裝備的安全。後續整個8月份，便在保力山進行多次實彈射擊，逐步建立飛行員對武器的熟悉度。受限於保力山的場地限制，這個階段尚未進行空對空及反裝甲飛彈的實彈射擊，主要仍以機槍、機砲與火箭為主。

「漢光11號」演習是陸航二代兵力成軍後的首次火力展示。9月12日，參演的裝備與人員進駐台東豐年機場。這不僅是A、O型直升機首次進行長程機動，也是首次將龍潭的裝備、武器彈藥與保修料件運到基地以外的場地。而且要在野戰環境中實施武器彈藥整備與飛機保修，等於藉本次演習驗證飛行員與保修人員的訓練成果。其他如海上佈靶等繁複且高風險的工作，當時也都是由陸航參演單位自己執行，這些海上的靶標是用來供地獄火及地式飛彈射擊使用。

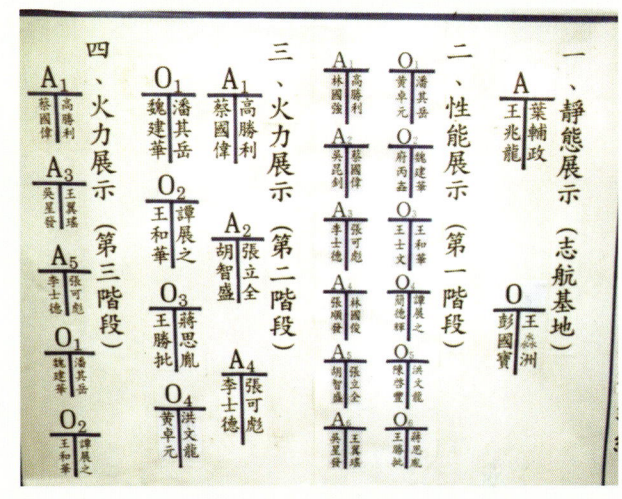

▲漢光11號演習的任務人員編組，幾乎就是赴美受訓的種能教官加上第二批種子教官的組合。

◀漢光演習之前曾擔任航指部總教官的董劍城正在利用牆上的圖表及操演區域的模型，向視導的長官簡報A、O機火力示範的計畫。民國85年9月，董劍城晉任航1大隊大隊長，成為「精實案」組織改為空騎601旅之前的最後一任大隊長。

▶歐介仁指揮官正在台東知本溪出海口海灘，用望遠鏡仔細關注陸航部隊的操演動態。他後方是航1大隊的第二任攻擊中隊長陳銘同，陳隊長任內正逢建軍的重要時刻，貢獻良多，但後來在擔任601旅旅長任內，搭機南下執行任務時，因飛機失事而殉職。英年早逝。

國土防衛的關鍵戰力

其實當時的資源並不足以涵蓋如此龐大的範圍，加上是首次實施，資源並未完全整合、經驗亦不足，只能靠自己克服。許多本不該由飛行單位處置的事項，最後也都親自承擔，但經過這次的經驗累積後，後續都得到改善。

正式演習訂於 9 月 29 日，提前進駐的陸航部隊安排了多次預演與試射。由於豐年機場並無設置備炸區，歐指揮官特別圈選一處安全區域，並叮囑裝填彈藥確實依照技令執行，以策安全。預演期間有時序配合不夠精準、編隊隊形不夠整齊、機砲卡彈、甚至還有機砲在電門開啟時 (ARM)，發生走火的情事，儘管完全依照技令與程序處理，仍發生自動發射的情況。後續調查發現，某個未

◀ OH-58D 601 在台東豐年機場整備中，不論是空勤還是地勤人員，為了這次火力展示，事先雖已做好萬全準備，現場還是可能會碰到沒有想到的狀況，這些寶貴的經驗累積到現在，航特部每年的空用武器射擊已是例行訓練。

▶ 每次預演或是射擊之後，歐介仁指揮官以及 A、O 機的空地勤人員，加上 BELL 公司的技術代表，大家一起檢討任務執行需要改善的地方，照片中大家正在觀看錄影檢討問題，以便研擬解決的方案。

◀ 這張是 9 月 29 日正式操演當天，部分的參演人員在豐年機場停機坪空軍 C-130H 運輸機前的合影，由右至左分別是林國俊、潘其岳、董劍城、譚展之以及蔣思胤。（譚展之教官提供）

▲9月29日「漢光11號」正式展開操演,陸航的參演隊伍由6架OH-58D及6架AH-1W的基本隊形空中分列式打開序幕,領隊是潘其岳中校。

◀AH-1W在「漢光11號」演習當天,發射地獄火飛彈的畫面,這個時期的AH-1W還沒有自帶的雷射標定設備,必須透過OH-58D或地面人員標定,進行地獄火飛彈的射擊。(中央社照片)

▶OH-58D在演習當天發射地獄火的畫面,目標是海上的標靶,模擬對海上舟波射擊,在尚未協調到九鵬場地的時期,「漢光11號」演習提供了一次大量射擊反裝甲飛彈的機會。(中央社照片)

▼其實「漢光11號」演習期間,AH-1W也有執行拖式飛彈射擊,但沒有看到影像紀錄,這張是另一次射擊的場合拍攝的。目前為止,只有看到這張珍貴的照片。

國土防衛的關鍵戰力

▶ 編號501和504的兩架AH-1W正編隊通過演習區域的上空，根據隊史的紀錄，當時參加漢光演習的A型機共有501、504、508、509、510、511和512，O機則有601、602、605、608、609、610、611及612各8架。

◀「漢光11號」演習時期，航1大隊攻擊中隊的參演陣容，由左至右分別是李進田、李士德、胡智盛、張立全、吳星發、林國強、王翼瑤、張可彪、BELL技術代表包柏考林斯、陳銘同隊長、蔡國偉、林益淇、張順發、保防官林世正、林國俊、吳昆釗。其中陳銘同、林國俊、張順發以及林益淇後來分別在601旅、空中勤務總隊及中興航空的飛機失事意外中殉職。
（張可彪教官提供）

被技令提及的開關若未關閉，當遇到殘餘電流時便可能引發此類異常。因此，這次演習累積的經驗也促成技令程序的修正，避免日後重演。每次檢討、改進與精進流程後，隔日便立即驗證成效。

依據「漢光十一號演習三軍聯合火力展示計畫」，陸航參演兵力的安排在裝備展示部分包含A、O機各1架與1部野戰機動氣象台，性能展示安排了A、O機各6架編隊通過操演區；火力展示則派出A、O機各2架執行海上與突擊舟波區射擊任務。9月29日正式操演圓滿達成任務，操演期間成果統計如下：

1. 拖式飛彈：射擊10發，命中7發，命中率70%(部分飛彈儲存太久)
2. 地獄火飛彈：射擊17發，命中17發，命中率100%
3. 執行277架次，時數225小時05分

對陸航部隊而言，第一次的火力示範演習表現相當優異。即使面對許多首次遭遇的狀況，最終仍順利完成任務，並累積了寶貴經驗。但就整體「漢光11號」演習而言，因為9月17日預演時，隸屬金鷹航空的拖靶機遭到海軍成功級巡防艦上的方陣快砲誤擊，於空中解體爆炸，造成四位參演機員不幸罹難，使得整體演習的成果並不能稱得上成功。

「漢光11號」演習對剛成軍的戰搜與攻擊中隊提供了絕佳的戰力驗證機會。特別是在預演階段，有機會累積反裝甲飛彈的射擊經驗，並根據這些寶貴經驗持續厚植戰力。在這個時間點，擴編訓練已初步達成了階段性的目標。對於陸航的戰鬥部隊而言，極為重要的夜間作戰能力，也隨之將以夜視鏡飛行訓練展開。但是當初首批赴美接受夜視鏡訓練的種子教官，在返國後因相關裝備未能即時到位，沒有能夠及時執行夜視鏡飛行訓練。根據美軍規定，若在45天內未累積任何夜視鏡飛行時數，原有資格就無效了。為了恢復資格，特別協調貝爾公司於民國83年10月間，自新加坡調派一架飛機與具夜視鏡資格的教官前來支援。初期由種子教官先恢復夜視鏡飛行資格（相當於複訓），待時數累積完畢後，再進行教官班（資深人員）的帶飛訓練，逐步建立整體能量。當時這批返國的留美種子教官，也希望能將美軍嚴謹的夜視鏡訓練精神原汁原味地在台灣建立起來。然而隨著時間推移，為了配合環境，不得不做出妥協。在台灣，很難在深夜一、兩點進行夜視鏡訓練，往往只能在晚上六、七點或七、八點飛一段，之後就因避免"擾民"而無法繼續。這樣的情況自然對訓練會造成一定的影響。在美國，雖然也會有民眾抗議，但軍方的訓練關係到國家軍事戰力，其優先權不會輕易被撼動。

除了展開夜間作戰的訓練，A、O機的協同作戰也進入了初期的發展，由於OH-58D屬於陸軍機種，在美軍陸戰隊

▲貝爾公司專程派教官與飛機來台灣協助種子教官們恢復夜視鏡資格後，這位貝爾的教官還出具了信函來證明當時夜視鏡的時數，這是張立全教官的收藏，注意貝爾當時派來進行夜視鏡訓練的機型是UH-1H II，就是UH-1H的升級版。

◀當初赴美受訓時，這4位超級眼鏡蛇的種子教官：張立全、張怒潮、高勝利和王翼瑤，因為我方有爭取到4個員額而優先到美國陸軍航校接受夜視鏡的訓練，他們也就是民國83年10月BELL派教官來協助恢復夜視鏡資格的受訓教官。

國土防衛的關鍵戰力

◀ O 機與 A 機聯手出擊的畫面，由於 AH-1W 是美國陸戰隊使用的機種，要如何與 O 機協同作戰，需要種子教官們自行研究探索。
（張行宇將軍提供）

▼ 下面右邊的 AH-1W 是還沒升級到 NTSF-65 的第一批 A 機，左邊這架則是後來已經有裝上 NTSF-65 的 A 機。看得出來機首瞄準裝具的左半部有了新的裝置，增加了雷射標定等能力。

的直升機作戰體系中並沒有 OH-58D 的角色，因此當初 A、O 機的種子教官在美國接受戰術訓練時，並未涵蓋 A、O 機協同作戰的課程。回國後，這部分的運作功能都是由教官們自行研究與測試，才能夠在初期就完成一定程度的訓練。其實，包括美軍陸戰隊的 AH-1W 在內，A、O 機的電腦都配備有 ATHS，能夠在飛行中進行目標資料的傳輸，只是美軍陸戰隊沒有 OH-58D，所以也就沒有與 O 機的協同作戰，陸軍則是從 AH-1G 到 AH-1F，都依靠 O 機進行目標鎖定。

我國第一批購買的 18 架 AH-1W，其目標鎖定系統屬於基本款。1993 年，新出廠交付給美軍陸戰隊的 AH-1W 以及陸戰隊已經上線的超級眼鏡蛇，都升級加裝了 NTSF-65 夜間標定射控系統，使 AH-1W 具備完整夜戰能力，也能獨立進行地獄火飛彈的目標鎖定。我國亦從民國 84 年中（約 1995 年）開始，隨第二批交機進行升級，並採購相當數量的套件，用於已交付飛機的升級改裝。這項升級大幅提升了 AH-1W 的作戰能力。但是透過 O 機協同作戰的戰術仍有其優勢。桅頂偵蒐儀（MMS）可以在敵人毫無察覺的情況下完成目標鎖定，而 AH-1W 要進行目標鎖定時無法像 O 機一樣藉地形掩蔽，且由於其雙旋翼設計，噪音較大。當 MMS 完成鎖定後，便可透過 ATHS 系統將目標資料傳遞給 AH-1，進行精確打擊。相較之下，O 機具備更高的隱匿性與較低的聲響，能夠在不暴露自身的情況下搜尋目標，並將資訊傳給 AH-1W 攻擊。這種協同攻擊方式可有效降低自身風險。A、O 機在必要時可獨立作戰，協同時則能發揮「一

加一大於二」的戰力效果。

民國84年3月，在「漢光11號」演習約半年後，陸軍於中部地區舉行代號「長泰13號」的裝甲旅對抗演習，這是陸航A、O機成軍後首次參與師、旅級對抗演習。當時陸航已不再使用過去UH-1H加裝火箭的攻擊方式，而是根據戰場實況，靈活組成攻擊兵力執行任務。本次演習中，由甲、乙軍各配備1架OH-58D組成戰搜分隊，搭配2架AH-1W構成攻擊分隊，並結合3架UH-1H組成突擊分隊，共同組成陸航特遣隊進行實兵對抗。透過兩種機型的偵察能力與武器系統，發揮快速機動、隱蔽偵蒐與精準打擊的空中火力。藉由實兵演練，不僅驗證訓練成果，也進行了務實的戰術檢討，為未來從小型特遣隊擴展為更大規模的作戰單位建立基礎，使陸航成為陸軍掌控戰場的核心力量。

長泰13號演習是首次運用A、O型機於實兵對抗中的演習，也是地面部隊首次接觸戰鬥直升機的運用，陸航部隊當然希望藉此實兵演練中展現其強大的機動力、偵蒐力與攻擊力，因此演習還安排了夜視鏡偵蒐與攻擊能力的驗證。其中，AH-1W與OH-58D協同執行的

▼ 航1大隊的攻擊分隊進駐台中七星崗營區後，保修人員再三對機務的狀況做仔細的檢查，以確保飛機能夠在演習期間妥善順利的執行任務。

▲ 航1大隊董劍城大隊長(右1)正在對長官簡報「長泰13號」演習的相關資訊，歐介仁指揮官(左1)也在旁邊聽取簡報，這個地空整體作戰的示意圖表正是陸航這次演習，針對戰鬥直升機所要驗證的內容，包含了一些戰術和戰法。

這是紅軍(乙軍)的陸航特遣部隊進駐的情形，遠方的UH-1H後艙貼有紅色標記代表紅軍，機首部位也有貼上紅色的色塊，甲軍是使用藍色，A、O機則以航行燈閃爍及落地燈開啟與否及來區別甲軍和乙軍。

編號509的A機掛了4枚拖式及4枚地獄火的發射架，再加上火箭跟機砲，遭遇起來不知道裁判官怎麼計算！

▼航1大隊空中攻擊中隊的姜偉劍少校正在對陸航的特遣隊進行任務提示，其中3架UH-1H的突擊分隊是第11空中突擊中隊的飛機。

▲正在利用地形地物偵察敵情的OH-58D，在「長泰演習」中，O機初試啼聲，就以桅頂偵蒐儀加上夜視鏡讓各級長官大吃一驚，原來現代化的目標搜索標定已經如此進步。

重點任務之一，是實際操作空中雷射源電碼的傳遞作業。當戰搜直升機透過目標傳遞系統傳送雷射標定源碼後，A型機的武器官能迅速透過射控系統，將該源碼輸入至地獄火飛彈的導引單元中，並立即可以進入發射程序，精準攻擊由O型機雷射標定的目標。

此外，演習期間也執行了夜視鏡作戰。譚展之少校執行了首次實兵對抗中的夜視鏡飛行任務，全程進行空中偵搜錄影。任務完成後，直升機飛抵成功嶺附近的統裁部，並於夜間利用夜視鏡成功降落於一處空間狹小、旁邊還有懸崖的落地點，小心翼翼落地後。隨即將偵蒐的空中錄影畫面呈現給統裁部的長官，影片中可清楚見到所有"敵人"的裝備、人員與活動，且因O型機旋翼聲音較小，在7至8公里外進行拍攝時均未被察覺，令在場所有長官為之震撼。此次A、O及UH-1H突擊中隊首次編成分遣隊參加實兵對抗演習，雖為初露鋒芒，已使在場長官見證陸航戰力的大幅進展。然而，地空立體作戰的概念仍須持續且漸進地向各部隊灌輸。各單位應摒棄本位主義，抱持學習其他兵種戰法的態度，讓陸航與其他兵種的協同作戰逐步邁向常態化與標準化。唯有互相融合與持續改進，方能實現陸軍整體戰力的加乘效果。

空用武器射擊與 A、O 機組合戰術

航 1 大隊的空中攻擊與戰搜中隊在「長泰 13 號」演習之後，針對 A、O 型機的作戰模式，甚至與 U 機的聯合作戰，積累了相當的經驗。不僅為陸軍航空指揮部未來針對不同機型的組合訓練奠定了初期的基礎，也幫助飛行人員在提升個人飛行技能的同時，增強了整體戰力的整合能力和戰術素養，尤其是在面對多變的戰場環境時，能夠迅速調整戰術以應對不同任務的需求。民國 84 年 7 月 1 日，航 2 大隊的攻擊中隊在台中新社成軍，這是戰鬥直升機建軍架構中最後成立的一支中隊，也象徵著階段任務已經完成。由於航指部的戰鬥直升機於接裝後參與了幾次重點演訓，以優異的表現，讓國防部及陸軍高層看到了陸航戰力的顯著提升及未來發展的無限潛力，因此決定更進一步的擴大戰鬥直升機建軍規模，在歐介仁指揮官任期的尾聲，再次啟動了 A、O 型機的續購作業，並於民國 84 年 10 月初進行了續購的作戰需求的提報，由總司令李楨林上將親自主持。隨後，民國 85 年元月，歐指揮官的任期結束，轉任陸總部航督處，而航指部的指揮官一職則由孫錦生將軍接任。孫將軍上任後，除了繼續推動 A、O 型機的續購計畫外，也開始著手進行通用

▶▼ 航 2 大隊的空中攻擊中隊是所有「飛鷹專案」組織中，最後成軍的隊伍，可以想像 A 機的擴編訓練需要相當的時間，至此，攻擊中隊以及戰搜中隊都從歸仁的集中訓練移回新社基地開始進行駐地訓練，駐地訓練期間，每一位飛行員按規定在每個月須要完成一定的飛行時數，內容則側重在戰術、夜視鏡及 A、O 機的組合訓練。

國土防衛的關鍵戰力

直升機的籌補及中運量運輸直升機（CH-47SD）的採購案，這些工作取得高層的支持後，在財務規劃、廠商交期等方面都已經明確訂定建案的時間表。可以預期隨著新裝備的逐步到位，陸航的作戰能力和機動性將繼續成長提升，為未來國土防衛作戰提供關鍵的整合戰力。

當然新的裝備和更強的戰力並非一蹴而就，要發揮其最大效能，還需要飛行人員進行有效且持續的訓練。民國85年，航1大隊在改編後第一次實施A、O機的基地訓練，其中包含了前往恆春保力山進行空用武器射擊的訓練，這樣的訓練不僅能夠累積實彈射擊經驗，也有助於提升飛行員的實戰應變能力。陸航的戰鬥直升機共有三大類武器：第一類是機槍、機砲與火箭，第二類是反裝甲飛彈；第三類則是空對空飛彈。在恆春的保力山，能夠執行的射擊訓練，其實僅限於第一類武器。反裝甲飛彈與空對

◀ 民國85年3月初，孫錦生指揮官親自前往龍潭基地主持航1大隊A、O型機的基訓開訓典禮，並且聽取航1大隊針對A、O型機小部隊組合戰鬥教練作法提報，這是開訓典禮前，航1大隊A、O、U三型飛機都整齊排列，準備接受指揮官的檢閱。

▼ 民國85年4月下旬，基訓中的航1大隊前往恆春的保力山進行空用武器射擊訓練，大隊長張怒潮與受訓人員正在聽取射擊訓練的任務提示。

▼ 陸軍航空部隊的戰鬥直升機初來到恆春時，所有的飛機就停放在三軍聯訓基地裡面的一塊空地，聯訓基地平常並沒有部隊進駐，所以還要派出機前哨警戒，人員則是住在附近的營區，由於還沒有固定落腳的地方，包含油車、地面裝備、料件以及彈藥都需要長途跋涉來到恆春，在大家的努力和熱血投入之下，逐步克服這些初期的挑戰，下左是AH-1W執行火箭射擊的畫面，下右則是火箭命中目標區的畫面。

空飛彈在保力山是無法進行射擊的。有鑑於此，航指部也積極與相關單位協調，未來將使用九鵬基地的飛彈試射場地，以進行各類型飛彈的射擊演練。即便如此，初期在恆春進行空用武器訓練，仍面臨諸多挑戰。在缺乏完善飛機整備場地的情況下，彈藥整補與野戰保養所需的裝備與人員，只能暫時駐紮在友軍營區中，採取權宜之計。此外，恆春聯訓基地在此之前從未進行過直升機射擊演練。當兩片旋翼（聲音較大）的超級眼鏡蛇直升機在低空執行射擊航線時，立刻在恆春地區造成了「轟動」，民眾的抗議聲浪四起。幸好，因緣際會之下，陸航長官董劍城與井延淵在與地方民眾溝通的過程中，結識了洪清德先生。洪大哥深刻體認到部隊建軍對國防的重要性，尤其全台灣僅有恆春這塊場地能讓陸航部隊持續進行各類實彈演練。他一方面協助軍方，也一方面也顧慮到地方居民的困擾，尤其針對實質受影響的地點，希望軍方能夠配合調整，甚至曾帶領飛行員實地勘察，針對可能與居民活動牴觸的飛行路線進行調整，在他的居中協調下，逐步建立起軍方與在地居民之間的良好互動。洪大哥為人謙讓有序，雖貢獻良多，卻從不居功。因為他的幫助，陸航的空用武器射擊訓練得以順利展開。

其實在台南歸仁的陸航指揮單位所在地，也有一位長期敬軍愛國、貢獻良多的蔡登雲先生。他號召許多民間友人，成立了「台南市後備之友會」，長期參與各項敬軍與勞軍活動，並且擁有豐富的民間人脈資源，為位於歸仁的陸航部隊提供了強大的民間支持，深受軍方肯定。這兩位先生可說是陸航之友，也是民間成為部隊堅強後盾的典範。

熱忱歡迎國防部陸軍副司令黃國明中將暨幹部蒞臨107.4.3

▲曾經在歸仁基地擔任過飛訓部及航特部指揮官的黃國明將軍，在擔任陸軍副司令任內，親自來到台南探望陸航的老友蔡登雲先生，並致贈匾額以答謝他多年來對軍方的貢獻。

◀民國87年元旦晉任空降特戰司令的賈輔義將軍，特別邀請洪德清夫婦(左2及右2)以及家眷前往屏東空特部參訪，以感謝這位民間的友人對航指部在恆春地區進行射擊訓練提供的大力協助。

國土防衛的關鍵戰力

▲這是正在進行戰術飛行訓練的 OH-58D。對 O 機飛行員來說，最基本的技能，就是要能發揮 MMS 的隱蔽偵蒐能力，掌握地形地物運用的要領格外重要。由於赴美受訓的教官並未接受到 A、O 機協同作戰的訓練，這部分的戰術戰法，幾乎完全仰賴第一批教官們自行透過實測與摸索逐步建立，可說是得來不易的成果。

▲OH-58D 與 AH-1W 連袂出擊的畫面，據當年成軍時就在攻擊中隊的教官表示，開始是由教官們使用兩邊的空中目標傳遞系統先互相傳送一般的文字訊息來確認 A、O 機之間的資料傳輸，再逐步進入其他如目標資料、接戰指示等作業，這是一段不為人知的艱苦過程。

除了前述的空用武器射擊訓練，A 機與 O 機協同作戰的組合訓練也持續的在進階，訓練過程中，作戰模式的掌控尤為關鍵，必須根據任務、敵情、兵力配置、地形以及時機等多重條件進行調整，這就是所謂的 METTT（Mission、Enemy、Troops、Terrain、Timing）原則。作戰的兵力和隊形則可以根據任務需求調整為戰鬥隊、特遣隊或小分隊等多種形式。由 O 機作為前導，進行路線、地帶偵察和區域偵察。在桅頂偵蒐儀 (MMS) 的幫助下，可以採用 MMS 配備的偵蒐模式或以手動方式進行偵蒐操作，提高了任務的完成效率。而整個過程中，OH-58D 無需暴露自己的位置，只要在隱蔽處執行偵察，提供精確的定位報告，隨後引導 A 機進行有效的打擊。偵蒐過程中，TIS（熱顯像）和 TV（電視攝影）系統的配合使用，能夠有效地擴大偵察範圍，達到 8 至 10 公里，對於快速變化的戰場情況，提供及時的情報支援。在 A、O 機教官們忘卻艱難，邊作邊學，邊做邊改進之下，戰法與戰術逐漸成熟而且內容隨著運用經驗的累積逐步優化，能夠應對各種複雜的戰術情境。為了進一步提高飛行人員的戰術層次，民國 86 年 3 月，航指部在新社基地開辦了 A、O 型機的小部隊戰法戰術師資班。這一課程以過去幾年來的演練成果為基礎，將 A、O 型機的整合作戰方式系統化。課程內容包括如何根據敵情進行偵搜與研判，如何根據地形等因素選擇最佳戰術，武器選擇的考量，目標鎖定的技巧及射擊要領等，這些內容都被標準化，目的是在幫助飛行員快速掌握並運用到實際任務中，進而提高作戰效率提升戰力。

「精實案」-空中騎兵旅

1996（民國85）年10月，國防部支援全國各界十月慶典活動的「國祥演習」展開。陸航部隊奉命藉由空中分列式，「以嚴整軍容展現精湛戰技，藉此鼓舞民心士氣、宣揚軍威」。這將是陸航的戰鬥直升機首次在國慶日總統府前廣場以空中分列式亮相。事實上，自民國80年定翼機進入尾聲一直到民國84年之間，陸航仍持續參與國慶空中操演。其中，以民國80年舉行的「華統演習」規模最大，共出動27架UH-1H直升機參加空中分列式，之後的國慶典禮，即使未舉行閱兵，也仍安排直升機進行空中分列式，為慶典增添光彩。這些活動均以「國祥演習」為代號，自民國82年至84年間，陸航分別出動6、9及12架UH-1H參與操演。至於接收戰鬥直升機後，首次參與國慶相關活動，應為民國84年10月5日舉行的「華興演習」。該演習於左營軍區舉行，由三軍部隊接受總統李登輝校閱，內容分為空中分列式與地面展示兩部分，主要藉由各項演練與裝備展示，呈現國軍訓練精實、戰力堅強與效忠國家的精神，以提振民心士氣。當時參演兵力包括：UH-1H × 8、OH-58D × 8、AH-1W × 8。但若以總統府前廣場的空中分列式為準的話，民

▶ 除了閱兵大典外的國家慶典活動，陸航部隊一向是排出定翼機編隊拉煙幕的操演，但是在定翼機確定要除役之後，不管是閱兵還是一般的慶祝活動，從民國78年開始，調整成為由UH-1H來擔綱，直到戰鬥直升機成軍後，陸航的編隊中才又出現了新的機型。

▼ 三架AH-1W編成基本隊形的畫面，民國85年「國祥演習」，航1大隊攻擊中隊派出了505、507、508、509、511、513、515、517、518、520、524、527共12架A機參演，但是最終因為天候的影響，任務被取消。

▼ 民國85年10月7日，「國祥演習」參演人員及裝備進駐空軍松指部，期間陸軍副總司令曹文生中將也前來精神講話，這是攻擊中隊的第3任隊長姜衛邦正在進行任務提示，本次任務由航1大隊空中攻擊中隊及第11突擊中隊負責執行。

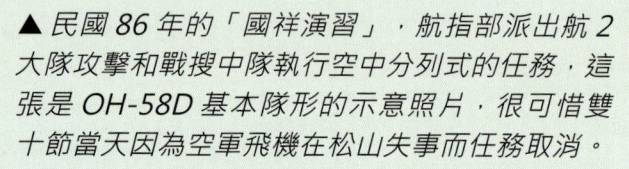

▲ 民國 86 年的「國祥演習」，航指部派出航 2 大隊攻擊和戰搜中隊執行空中分列式的任務，這張是 OH-58D 基本隊形的示意照片，很可惜雙十節當天因為空軍飛機在松山失事而任務取消。

▶ 民國 86 年 10 月 10 日早上，筆者大約在接近 9:00 時，趕到松山機場的 10 跑道頭（所謂的飛機巷），看到濱江街塔台後方濃煙密佈，那就是 C-130H 的失事現場，從 10 跑道頭一直到停機坪，有超過 10 架民航機正在等待進跑道起飛的許可，但是機場已經暫時關閉，遠遠看過去，陸航的機群並沒有準備要開車執行任務的跡象，大概就已經可以想像到當天的任務取消了。這是 A、O 機在歸仁集中訓練時期所進行的編隊演練，正在跑道上準備起飛的畫面。

▲ 民國 85 年「國祥演習」任務提示的畫面，孫錦生指揮官與張怒潮大隊長與所有的任務組員正在聽取任務提示，大隊長也安排了自己與林國俊 (左2) 同一機組，擔任編隊其中一個梯隊的領隊。

國 85 年國慶才是陸航戰鬥直升機真正的國慶首秀。當時出動 AH-1W 12 架與 UH-1H 3 架，所有人員與裝備在 10 月 7 日就已經提前進駐松山機場。可惜當日因天候不佳，空中分列式被迫取消。

民國 86 年，陸航再度奉命執行「國祥演習」空中分列式，這次共出動 AH-1W 22 架、OH-58D 15 架。計畫由松山起飛執行分列式。雙十節當日清晨，低雲並且陰雨，8 時 31 分，一架編號 1310 的空軍 C-130H 運輸機自屏東飛抵松山機場，因偏離下滑航道，墜毀於跑道左側空軍防砲警衛營區旁，機上五名機組員全數殉職，地面亦有五人受傷。此次事故導致陸航空中分列式再度被取消。戰鬥直升機的國慶首度正式亮相最終延至「精實案」組織改編完成之後方才實現。真可謂一波三折、好事多磨。

1997（民國 86）年 7 月，國軍開始推動「國軍軍事組織及兵力調整規劃案」，簡稱「精實案」。該案的主要構想包括：配合新式武器裝備，調整部隊結構與指揮層級，朝向聯合作戰方向發展，並貫徹「精簡高層、充實基層」的政策。其實在「精實案」推動之前，陸軍航空指揮部納入空降特戰司令部已有 20 年歷史，在民國 86 年 8 月第二次戰鬥直升機續購案獲得批准之後（包含 21 架 AH-1W 與 13 架 OH-58D），陸航部隊預計將擁有 63 架 AH-1W 與 39 架 OH-58D，總數超過百架，使得空特部的戰力大幅提升。藉由快速的航空機動打擊能力，成為決勝戰場的重要力量。尤其是台灣地形複雜、交通易於受阻的環境下，這種不受地形限制、能迅速部署的機動戰力，無論在災害應變或防衛作戰，均可發揮關鍵的作用，因此陸航被視為防衛作戰的重要關鍵，並被納入「精實案」的組織改造重點。為此，陸總部、空特部與航指部等相關單位展開了新的

民國 86 年 10 月 30 日，陸軍第一支新銳的空中騎兵旅在龍潭基地亮相，整齊劃一的人員及裝備完成列隊，接受李登輝總統的校閱。

編裝規劃，依據任務特性，導入戰鬥直升機的戰力加上原來的戰鬥支援等功能，推動陸航轉型為新型戰鬥兵種。

經過多次研究與討論，首先制定了「空中騎兵旅」的組織架構，據此進行編裝及裝備更新等期程規劃，並以航 1 大隊為基礎，展開為期近一年的編裝實驗，透過實際運作來檢討優化。司令薛石民、指揮官孫錦生、航 1 大隊長董劍城及多位幕僚幹部投入大量心力參與。期間，副參謀總長唐飛、總司令湯曜明、副總司令曹文生等高層長官多次親赴龍潭基地關注進度，並主持預校典禮，以確保陸航首支空騎旅能順利成編。同年 10 月 30 日，李登輝總統親自前往龍潭基地校閱新編成的「航空騎兵旅」，正式為陸軍新一代戰鬥兵種揭開了序幕。

▲ 李總統校閱當天，空騎旅戰搜營由譚展之中隊長（仍屬實驗編裝）率領接受校閱，這是各級幹部與營旗、連旗的合影。（譚展之教官提供）

▼ 民國 86 年 10 月 30 日，李登輝總統到龍潭基地校閱空騎 601 旅，李總統正在閱兵敞篷車上向部隊回禮的鏡頭，在旁是閱兵指揮官孫錦生將軍，這是陸航蛻變的重要時刻。（中央社照片）

國土防衛的關鍵戰力

李總統校閱後不久，空特部司令一職由賈輔義將軍接任，繼續督導空騎旅實驗編成的優化工作。1998（民國 87）年 5 月 27 日，TH-67 正式取代使用多年的 TH-55，成為陸航新一代的初級教練機（請參閱第 215 頁『TH-67 教練直升機換裝』）。隨後於 6 月，孫錦生指揮官任期屆滿，由張行宇將軍升任指揮官。

7 月 1 日，航 1 大隊正式編成為空中騎兵 601 旅。大隊部改編為旅部，本部中隊改為旅部連，攻擊中隊與戰搜中隊分別改編為攻擊營與戰搜營，第 10 中隊改為第 1 突擊營，第 11 中隊改為第 2 突擊營，支援中隊則改編為支援營。軍械、通電與補給保養中隊併編為飛機保修廠，通信排與支援中隊的飛航管制組則合併為通信航管連。另編入空降特戰 62 旅特戰第 5 營及憲兵 205 指揮部憲兵排。同時，空運分隊改編為空運營，TH-67 教練直升機營亦於歸仁基地編成，負責培養陸軍新一代飛行員的重任。同年 9 月 16 日，新上任的參謀總長唐飛前往龍潭，校閱正式成立的空騎 601 旅。10 月，美國同意出售 CH-47SD 運輸直升機 9 架，並提供備用渦輪引擎、相關零附件及後勤支援。自從飛鷹案建軍以來，陸航部隊的組織持續朝向發揮最大戰力的方向調整，裝備更新的速度亦大幅加快。

1999 年（民國 88 年）4 月，賈輔義司令與張行宇指揮官多次前往九鵬基

◀ 民國 87 年 9 月 16 日，上任剛滿半年的參謀總長唐飛前往龍潭校閱空騎 601 旅，其實在前一年的 10 月 28 日副參謀總長任內，唐飛已經主持過空騎旅實驗編裝的預校。

▼ 空騎 601 旅正式成軍後的第一次大陣仗校閱，人員及裝備整齊排列在龍潭基地的停機坪，接受參謀總長唐飛的校閱，這個編制達到 2000 人的騎兵旅是以航空與特戰部隊兵力結合的模式編成，右上角佩掛手槍的是空騎 601 旅第一任旅長顏至成於受校當天所攝，顏旅長後來曾晉升到航空特戰司令部時期的司令職務。

▲ 民國88年航指部改編為陸軍航空訓練指揮部，陸軍總司令陳鎮湘在歸仁基地主持了成軍典禮，並授予軍旗及印信給首任指揮官張行宇將軍的畫面，航指部正式走入了歷史，完成了階段性的任務。

地勘查，並責成相關單位就地獄火飛彈進駐九棚進行射擊訓練進行規劃，朝著戰鬥直升機常態執行反裝甲及空對空飛彈射擊訓練又邁進一大步。7月1日，陸軍持續推動「精實案」組織變革，飛修大隊與航補庫併編為陸軍航空基地勤務處，並改隸陸軍後勤司令部。8月1日，航2大隊依照航1大隊模式改編為空騎602旅。不幸的是，於602旅成立前夕，7月17日，隸屬航2大隊空中攻擊中隊的AH-1W 526在德基水庫上空進行訓練時失事，造成兩位飛行官殉職。由於水庫底部泥濘混濁，影響打撈進度，飛機與殉職人員的打撈工作耗時近一個月。

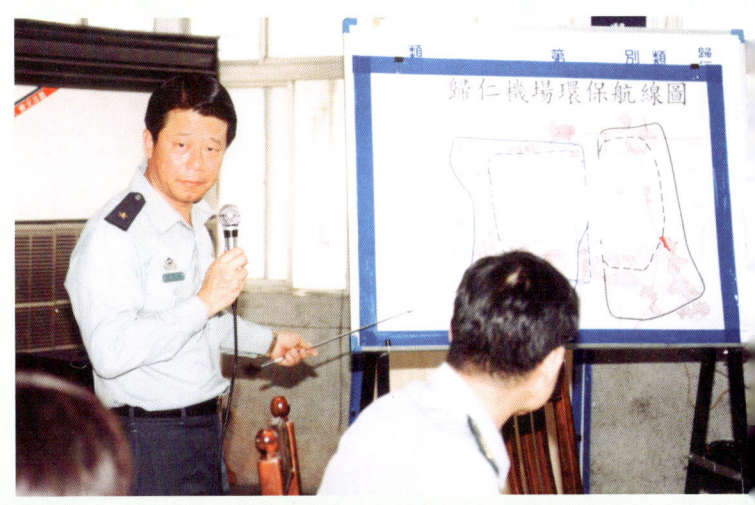

10月1日，「精實案」組織變革的最後一步：將陸軍航空指揮部的指揮功能併入空降特戰司令部，原航指部則調整為以航訓中心為核心的陸軍航空訓練指揮部，戰時編制則為空騎603旅，首任指揮官即由張行宇將軍出任。至此，陸軍航空指揮部正式走入歷史。回顧航指部的歷程，可以說是陸航在戰鬥支援單位時期的勤奮發展史，尤其在升遷、裝備、經費皆相對匱乏的情況下，依然持續努力，為這塊「終將閃耀的真金」不懈奮鬥。終於在獲得戰鬥直升機後，

▲ 張行宇將軍，民國62年航訓畢業加入11中隊，航指部成立不久即擔任三科首席作戰官，直到擔任航指部的指揮官。軍旅生涯與陸航的發展關聯密切，也見證了航指部的發展歷程，這是張指揮官正在說明航指部規劃的環保訓練航線。

發展迅速，跨越無數重要里程碑。不過，航指部的改編只是陸軍航空壯大的初步；後續「精進案」的推動、新裝備的陸續到位以及陸軍航空特戰指揮部的編成（請參閱第266頁『天鷹案成軍與天鳶案接裝時航特部架構圖』）更使陸軍航空特戰部隊成為國軍戰力最堅強的精銳勁旅。不論是平時救災，或是戰時作戰，當旋翼機轟隆震天、臨空而至之際，便是保家衛國最堅實戰力的展現。

天鷹案成軍天鳶案接裝時航特部架構圖

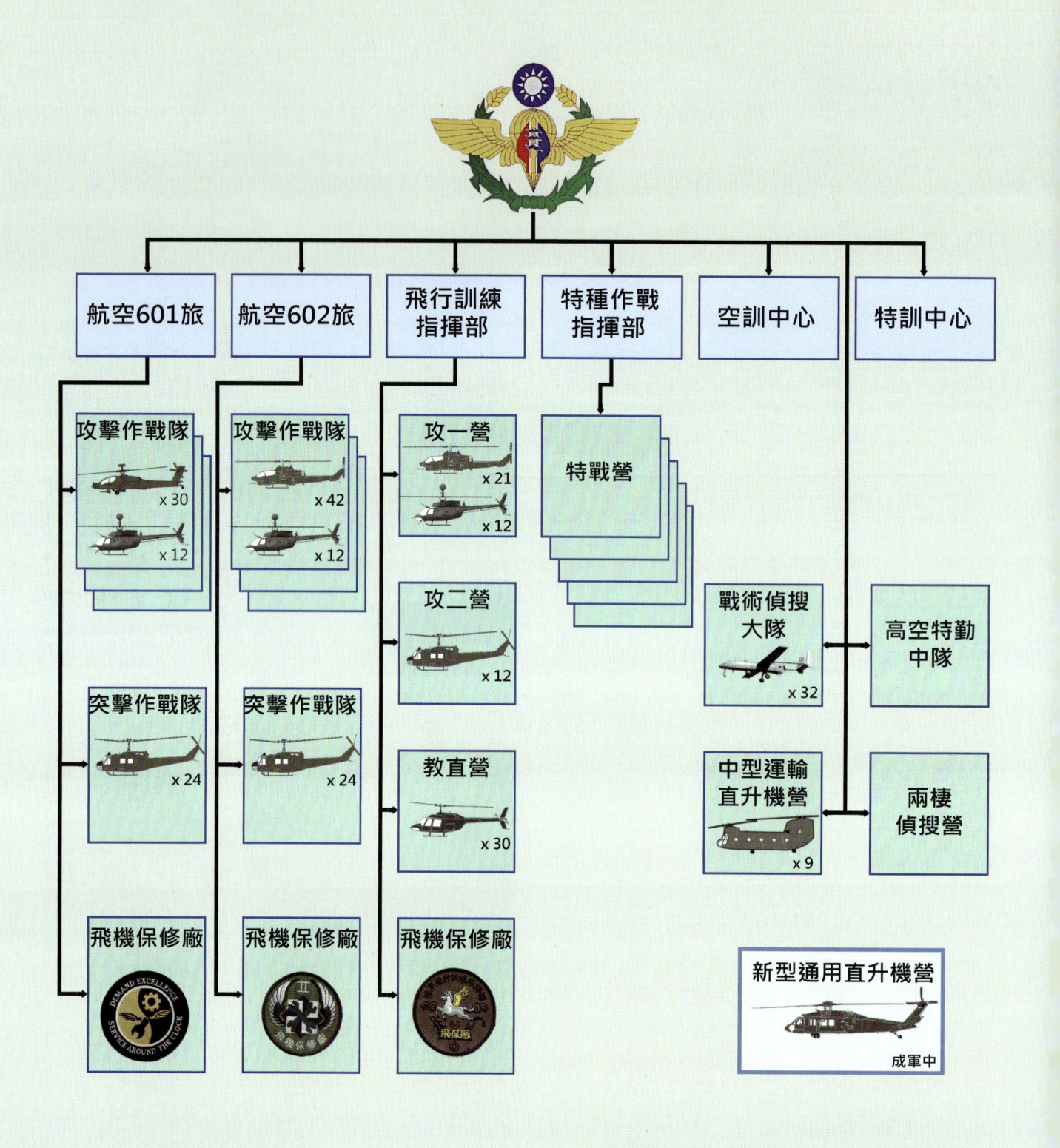

組織架構

- 航空601旅
  - 攻擊作戰隊 x 30、x 12
  - 突擊作戰隊 x 24
  - 飛機保修廠
- 航空602旅
  - 攻擊作戰隊 x 42、x 12
  - 突擊作戰隊 x 24
  - 飛機保修廠
- 飛行訓練指揮部
  - 攻一營 x 21、x 12
  - 攻二營 x 12
  - 教直營 x 30
  - 飛機保修廠
- 特種作戰指揮部
  - 特戰營
  - 戰術偵搜大隊 x 32
  - 中型運輸直升機營 x 9
  - 新型通用直升機營（成軍中）
- 空訓中心
  - 高空特勤中隊
- 特訓中心
  - 兩棲偵搜營

天鷹案成軍天鳶案接裝時的機型數量

機 型	數 量	備 註
UH-1H	60	此表所呈現之各機型數量為編配數量，因為事故或其它原因損毀的數字並沒有被計算在內
AH-1W	63	
OH-58D	36	
CH-47SD	9	
AH-64E	30	
UH-60M	30	
銳鳶	32	
TH-67	30	

附錄 1 前國安會秘書長高華柱先生談 1227

▲ 民國 113 年 12 月 21 日,高華柱先生在 601 旅的旅部接待室,正在講述 1227 事故當天的細節,筆者就坐在照片中最左邊的座位,往右分別是郭力升將軍,張行宇將軍以及高華柱的夫人。

2022(民國 111)年「陸航建軍史話」出版後,許多前輩、長官及熱愛軍史的朋友提供了寶貴的意見、指導與資料。前國安會秘書長高華柱先生閱後,不僅對資料整理與求證工作給予肯定與鼓勵,還陸續提供了關於 1227「昌平演習」事故的一些細節。其實每年的 12 月 27 日前後,高先生都會前往 601 旅龍城紀念公園,向事故中的陣亡將士致祭,2024(民國 113)年,這起事故已發生整整 50 周年,12 月 21 日高先生依照往例前往龍潭 601 旅,並在事故 50 周年感慨地回憶了事發當天許多尚未公開過的情節。特此節錄其內容,以更完整正確的呈現這段歷史。

民國 63 年的 12 月 26 日,原定為「昌平演習」視察的日期,但當年正好陸總部主辦每年派遣國劇及演藝團體赴美慰勞僑胞的活動,總部長官在確定表演團將於 26 日返國的行程後,決定將「昌平演習」的視察日期順延至 27 日,並且由于總司令與張雯澤主任親自在三軍軍官俱樂部迎接表演團隊回國。高華柱先生回想起 26 日當天的天氣非常好,但晚上開始下雨。當晚,總司令正在官邸內設宴款待陸戰隊司令孔令晟,因為孔令晟即將受命前往高棉,擔任軍事代表團團長。兩人又曾是陸戰隊的同事,因此特地提前設宴餞行。就在宴席進行時,已經進駐松山機場的總司令專機 342 機長,也是航 1 大隊 11 中隊的隊長邱光啟來電,通報天候狀況不佳,建議先為翌日的行程準備替代方案,也就是說,若天氣持續惡化,則更改為乘車的行程。結果,27 日天氣確實不佳,邱光啟隨即通知侍從官高華柱,後續他會將飛機調到龍潭待命,隨時應對接下來的行程需求。

「昌平演習」其實是新竹軍軍長馮應本所轄兩個師的指揮所高司演習,由 17 師與 68 師進行攻防對抗。17 師擔任北軍,師長為孟憲庭少將;南軍則由 68 師師長劉迪忠少將指揮。由於馮應本曾參與東山島戰役,並在戰鬥中負傷,擁有豐富的實戰經驗,因此受到于總司令的器重與提拔。當天受天候影響,總司令早上的行程改為乘車前往北軍 17 師的指揮所視察。孟師長為了完整呈現演習的構想,非常詳細的向總司令說明,因此花費較多時間。由於下午還需視察南軍,總司令一行隨後驅車趕往楊梅高山頂的統裁部,中午用餐時,統裁部長官

們討論後續的行程，為了爭取時間，馮應本軍長建議改搭飛機視察南軍68師的演習狀況。就在此時，總司令辦公室主任朱世祺從總部來到統裁部，這位通常不離開辦公室的朱上校，帶著剛收到由國防部核准，將要在元旦晉升的中將和少將名單，現場就馬上請總司令過目。後續朱主任並未返回辦公室，而是隨同總司令一起搭機，繼續參與行程。但因座位的安排，他不可能搭乘總司令的座機327，於是改搭347繼續行程。正準備前往登機時，高華柱路過管制官王煥都（陸官36期、航訓4期）身邊，特別詢問：「學長，今天天候狀況怎麼樣？」王煥都回覆：「能見度三浬，有霧。」這確實符合放行的天氣標準，總司令特別向327正駕駛梁臺生再度確認天氣是否可飛行，得到了正面的答覆。於是大家陸續登機，327機上搭載了總司令于上將、總部政戰主任張雯澤中將、一軍團司令苟雲森中將、第十軍軍長馮應本少將、國防部聯訓部督考官張兆聰中將。此外，總司令侍從官高華柱上尉與政戰主任侍從官李明典中校也在機上，按當時陸航部隊的規定，總司令專機包含機組人員，最多只能搭載10人，但由於327不是沙發機，而是帆布座椅配置，因此機上仍有兩至三個空位。儘管如此，侍從官高華柱十分清楚限乘10人的規定，因此在機艙門口勸說苟司令的侍從官錢家城上尉不要登機，錢家城與高華柱是陸官同期同學，他因此沒有登上327，但也未選擇去搭347，而是改搭汽車前往，因而躲過一劫。

327和347就在這個狀態下，於下午13:00左右起飛，起飛5~6分鐘後，天氣突然變化，兩架飛機都飛入雲霧中。因為總司令對天氣變化有豐富經驗。民國58年，陸航首款直升機OH-6A來到台灣後，于總司令便經常搭乘直升機，

▲11中隊為「昌平演習」所派出的統裁部行政機327和347是採用照片中的帆布座椅配置，登機的陸軍將領就以職級的高低前排坐三位，後排坐四位，機工長則是坐在機艙側面與正駕駛同側的雙座椅子上，如果沒有人制止的話，這樣座椅佈置的飛機可以搭載超過10人以上(包含機員)。

期間多次因天候因素臨時改降陸軍營區，調整為座車行程。民國 60 年起，陸航第 10 中隊開始以 UH-1H 執行專機任務，因天候導致的改降或延誤情況更是屢見不鮮，因此總司令可以說是非常有經驗的。飛機進入雲層後，總司令迅速請張雯澤主任轉告高華柱，讓機工長王世清透過耳麥向正駕駛梁臺生傳達：「天氣不好，立刻回頭，或就近降落。」，梁臺生的回覆是：「沒問題。」，繼續又飛行一段時間後，總司令再次詢問：「是不是要趕快處理？」從梁臺生那得到的回答仍然是：「沒問題。」

大約 13:15，新竹空軍基地塔台曾與 327 取得聯繫，試圖以 GCA（雷達引導方式）協助降落。但由於陸航的任務主要依賴目視飛行，美國陸軍在越戰期間亦以 Ground-to-Ground 作戰模式為主，因此當年的陸航飛行員僅受過基本儀器訓練，未學習雷達引導的高級儀器飛行，無法配合執行 GCA 降落。接下來，總司令第三度指示梁臺生：「應該往海邊飛，抵達海面後，貼著海面飛回沙灘降落。」梁臺生還是專注在他的飛行，並沒有實際的回應，(事後調查發現飛機正是朝著觀音海邊飛行) 就這樣飛機持續在雲層中飛行，高華柱越發的感覺不對，想起在華航工作的妻子經常提醒他「安全帶的重要性」，所以他其實在登機時便已繫好安全帶，接著飛機開始劇烈震動，高華柱再次確認安全帶是否牢固，並用雙腳緊頂機艙地板，雙手緊握固定物。隨即，飛機衝向地面。穿出雲層的瞬間，他驚見前方有一座民房，旁邊則是草漯的漢聲電台，一開始以為主旋翼已撞上電台，但其實並未發生碰撞。飛機高速接觸地面，滑行於水田之中，雖然沒有翻覆，但是在猛烈衝擊下解體。高華柱倒臥於泥濘中，感覺四周的雲霧彷彿下沉，現場一片死寂，沒有任何聲

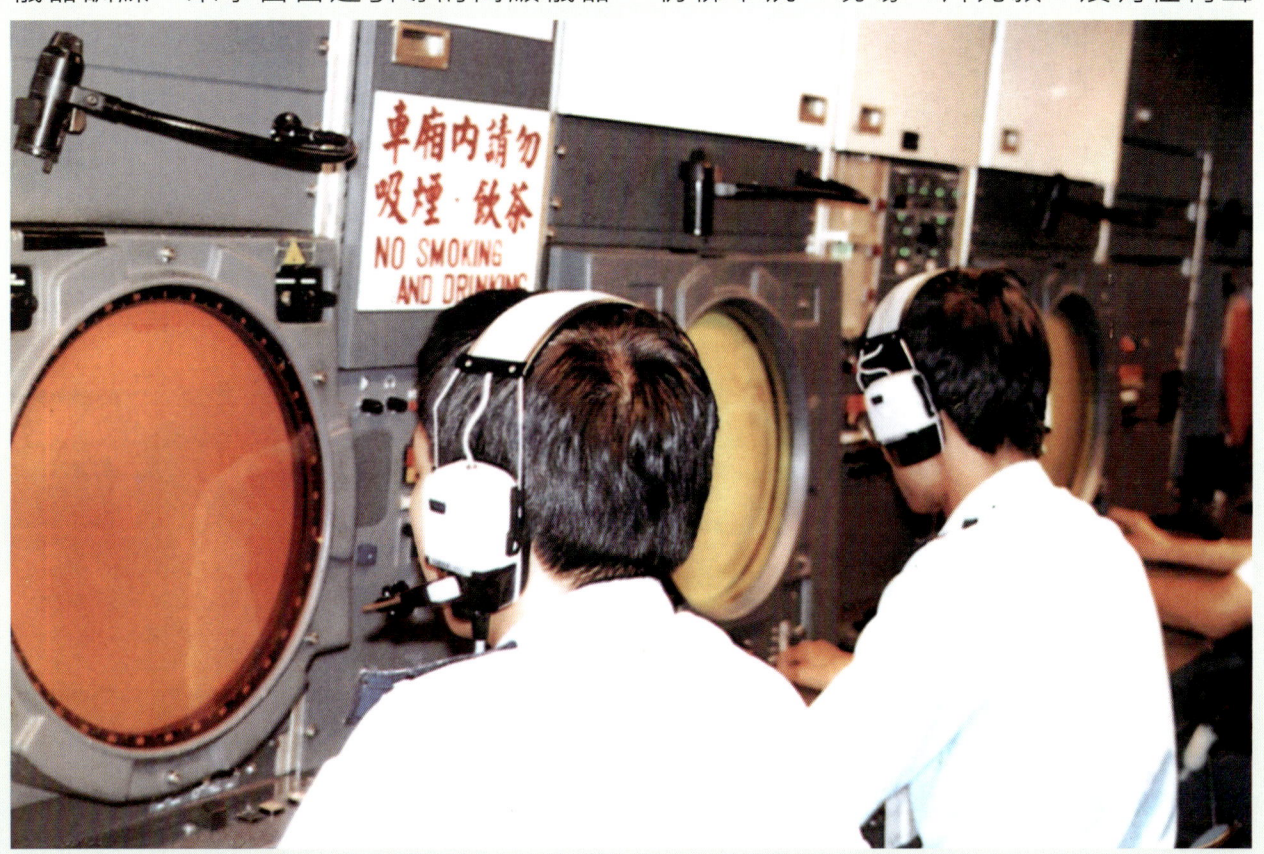

▲ 空軍戰管單位平常負責引導在空域執行任務的空軍飛機，陸航部隊的飛機也會因為不同任務的屬性有時被交由戰管管制，GCA(Ground Control Approach) 則是設在空軍機場，利用雷達來引導飛機返降的機制，引導時飛行員無須覆誦，管制官會不斷的下達高度和航向的指示，直到飛行員目視跑道為止。陸航的機場沒有這樣的設備，任務性質也不同，因此早年沒辦法訓練或執行 GCA 落地。

音，但是自己卻異常的清醒，他的座椅已不知去向，前方的兩名駕駛員也不見蹤影，機艙中間這一排座位，總司令的右邊是主任，左邊是苟雲森司令，只看到苟司令仍坐在座位上，彷彿睡著了一般，而其他人則摔落至不知何處。

高華柱先生回憶，那天的情景宛如電影一般，他看到自己因為開放性骨折正流著鮮血，但腦海中想到的是如何立刻援救長官。在一片死寂中，他大聲呼救，喊到嗓子都啞了。他分別用國語、台語呼救，但無人回應，最後甚至也嘗試了用英文，依然沒有任何回音。他竭力大喊，希望盡快能得到救援。直到最後，一位老士官恰巧從田埂經過，這才被發現，並立刻去尋找人手和車輛展開救援。當人員到達後，高華柱立刻指引搜救人力先營救總司令及長官，自己則憑藉過去學過的急救知識，開始在現場嘗試自行處理骨折的雙腿，先尋找合適的固定物，在殘骸中找到一片很平的旋翼破片，但過於沉重，無法使用。後來，他靈機一動，發現了一大塊直升機蒙皮，便一邊流著血，一邊用手捶打，使其呈現凹槽狀，再將腿包覆其中，並用鞋帶、皮帶和領帶牢牢綁住。隨後被送往中壢的新國民綜合醫院救治，由於飛機墜落在草漯附近，是屬於陸軍第9師的防區，後續由第9師派員進行善後處理。師長羅本立並在稍後前往醫院探視，高華柱向他報告，請求務必尋回自己隨身攜帶的手提箱，因為內有機密文件、手槍及子彈。幸運的是，這些重要物品最終都被找回。而且倖存的人員都已經被送達醫院救治，援救行動也就此告一段落。

在此，特別感謝前國安會秘書長高華柱先生提供這段珍貴的內容，使1227的事故紀錄得以更加詳盡。然而，高先生最語重心長的，仍是對飛行安全的關切，他指出，現今有些飛安事故的發生，依然是因為飛行員重蹈過去的錯誤，實在令人痛心。希望飛行部隊能夠更落實

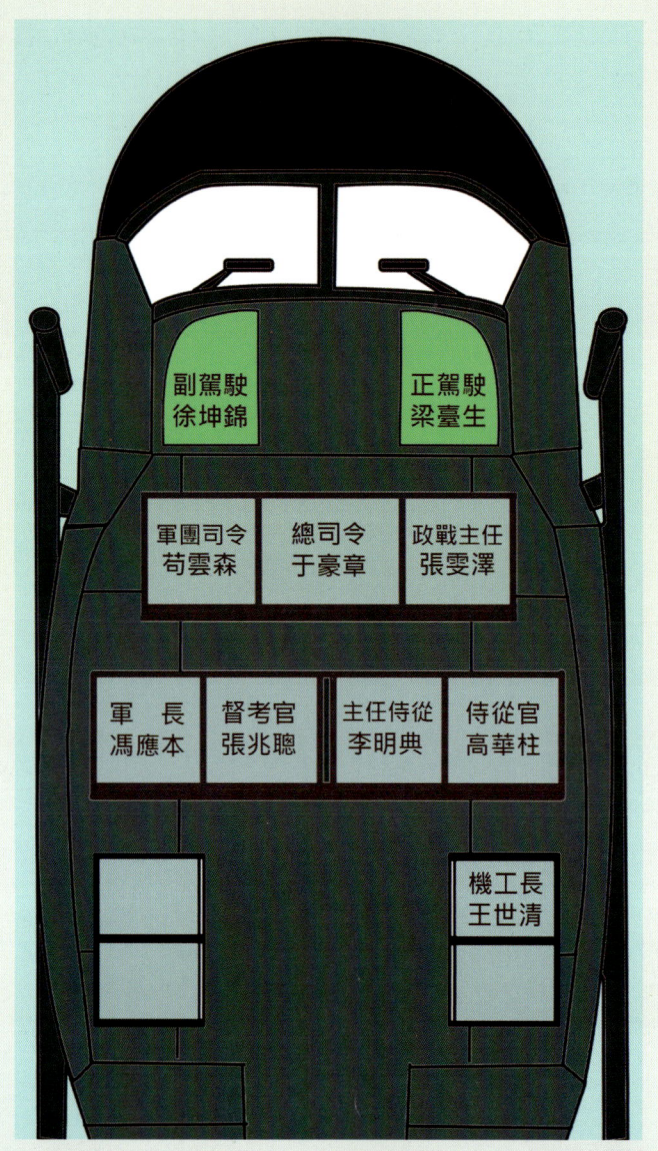

▲ 根據收集的資料，筆者繪製了327當天的座次圖，因為這是一架帆布椅配置的UH-1H，機上尚有三個空位分佈在機身兩側，但因為總司令在座，這架飛機就比照沙發機包含機員限乘10員（這兩排七個座位在沙發機上只有佈局四張沙發），其他嘗試要登上這架飛機的人員就在機門邊被侍從官高華柱阻止了。飛機進雲後，總司令及主任曾經給了回航或往海邊方向飛行等指示，從這張圖就可以了解，指示是先下達給侍從官，再從侍從官高華柱的位置轉頭傳達給了機工長王世清，由他利用耳機麥克風告知正駕駛梁臺生。

飛行安全的紀律及相關措施規定，「往者不可諫，來者猶可追」，這次事故促使陸軍航空部隊大幅提升儀器訓練的比重，並對專機及任務的管制制定了更嚴謹的規範。此外，部隊持續強化飛行安全與飛行紀律，尤其是牢記這次血淚教訓，以時刻保持警惕，避免悲劇重演。

附錄2 除役旋翼機編號序號資料

　　本章節主要以陸航部隊已經除役的旋翼機資料為主,其中 OH-13 及 TH-55 兩個機型的相關資料,經過非常多的努力之後,發現完整的原始資料已在除役後被銷毀,所以序號部份只有從照片中認定的資料,日後若有新的發現會再將資料補充呈現。

OH-6A 機號序號資料

陸軍航空部隊於 1970(民國 58) 年 7 月 18 日接收 901-902,民國 59 年 3 月再接收 903-908,民國 65 年之後編制在航 2 人隊觀測連絡分隊,最終在民國 82 年正式除役。

編號	序號	備註 (日期資料均為民國年)
901	66-7900	60.10.15 歸仁,教官帶飛換裝學員,於航線三邊練習迫降,教官關油門後學員即按程序操作,至五邊時教官覺得飛機姿態、測場等一切執行正確,乃決定落至地面,不料著陸的草地區域欠平整,落地時黃色主旋翼尖端碰及機尾蒙皮。
902	66-7924	61.06.22 歸仁,教官對航五期學員實施單飛考試,作滯空自動旋轉課目,學員操作錯誤,集體桿反向操縱,教官不及防範,肇成失事,飛機重損人安。 76.02.11 新社,從新社起飛執行陸空通聯任務,於苗栗大坪頂營區上空因機件故障執行迫降,迫降於不平整地面,副駕駛曾赫文上尉脫離駕駛艙後不慎遭旋翼擊中頭部殉職。
903	69-17205	66.06.12 歸仁,14:10 由中校隊長帶飛少校副隊長,實施 OH-6A 教官訓練,在西航線實施峯頂落地課目,15:56 轉入東航線實施峯頂起降訓練,當飛至第二個航線進入峯頂區時,因測場不當,導致機尾撞擊峯頂邊緣,造成尾旋翼失效,飛機失去操縱,成順時針水平旋轉觸地掉落峯頂東面草叢墜毀。(序號資料來自航訓中心成立周年特刊照片)
904	69-17206	序號沒有任何依據,以 903~908 的序號連號推論
905	69-17207	序號資料來自照片
906	69-17208	60.02.23 新竹青草湖,少校飛行官擔任專機任務,由苗栗到新竹至青草湖西南兩浬處引擎停車,警告燈突然亮起,滑油溫度亦超過紅線,主旋翼轉數減低,乃緊急迫降於旱田中,因稻田不平(梯田),並且土質鬆軟,飛機左起落架扭斷向左側,主旋翼碰地,機尾折斷,人安,飛機後來有修復。(序號資料來源同 907)
907	69-17209	序號沒有任何依據,以 903~908 的序號連號推論
908	69-17210	序號資料來自航指部內部刊物的照片

◀這是在中台灣天空編隊飛行的 4 架 OH-6A,民國 65 年從航訓中心教練機的行列轉為觀測用直升機後,OH-6A 就被編入航 2 大隊的觀測連絡分隊,除役時分隊最後的駐地是頭料山。(劉蒞中教官提供)

OH-13 機號序號資料

陸軍航空部隊自 1971(民國 60) 年 6 月接收 OH-13 22 架，取代了 OH-6A，在陸軍航空訓練中心擔任旋翼機初教機的任務，民國 67 年 9 月除役，由 TH-55 取代。

編號	序號	備註（日期資料均為民國年）
1101	N/A	
1102	N/A	
1103	N/A	
1104	57-6223	序號資料來自劉蒞中教官照片
1105	N/A	
1106	N/A	
1107	N/A	
1108	N/A	65.04.26 歸仁，少校教官帶飛學員執行起落航線訓練，飛機滯空滑行至跑道，實施起飛前滯空檢查，此時感覺旋翼受外物撞擊，繼而聽到有碰撞聲音，隨即發現有物體被旋翼拋出，緊接著飛機開始橫向劇烈震動失去平衡，急速下降，教官即採取緊急處置，用迴旋桿保持水平姿態，集體桿減速，穩定飛機下降，接觸地面後方向偏右 45 度，原地關車，下機檢查發現為旋翼配重脫落。
1109	N/A	
1110	N/A	65.04.19 歸仁，上尉教官帶飛學員，實施歸仁西區滯空練習，10:32 飛機開始往右側偏移，使用左舵修正沒有反應，飛機繼續右轉，同時聽到卡卡的聲音，原以為尾旋翼被鋼絲或繩索纏住，使用左、右舵均無效，飛機仍往右 180 度，立即減小油門，將飛機順風落下，關車檢查，發現尾旋翼短軸失效，人機安全。 65.08.14 歸仁，上尉教官帶飛學員實施低空長途訓練，於 08:05 從歸仁起飛，08:30 循航線途經旗山南勝湖村莊附近，撞斷高壓線三根，飛機墜落溪中人員輕傷，飛機全毀。
1111	N/A	
1112	N/A	
1113	N/A	
1114	N/A	
1115	58-1549	序號資料來自張大偉及李金安教官照片
1116	59-4957	65.07.14 歸仁，少校教官帶飛學員，飛機未加滑油即行開車致使發動機損壞。(序號資料來自高勝利及楊宗松教官照片)
1117	N/A	
1118	N/A	
1119	N/A	
1120	N/A	
1121	N/A	
1122	N/A	65.08.14 上尉教官帶飛學員實施低空長途訓練，08:35 時發現 1110 號機失事，立即選擇在失事現場附近落地，協助救護工作，將受傷教官送至 UH-1H 312 號機上，再返回落地點將學員接返基地，於起飛離地約 10 呎上空，突然失去升力，飛機墜落地面造成失事

註:在整理照片過程尚發現 58-1532、58-1536 及 58-5376 三個序號，但是照片沒照到機號。

TH-55 機號序號資料

TH-55 於 1978(民國 67) 年 9 月取代 OH-13 開始擔任航訓中心旋翼機教練機，直到民國 87 年 5 月由 TH-67 取代，下表序號欄位中的資料是 TH-55 機門漆上的白色號碼

編號	序號	備註（日期資料均為民國年）
2101	N/A	
2102	N/A	
2103	N/A	
2104	N/A	67.08.18 歸仁，中校組長帶飛上尉教官於 10:25 起飛，先轉至東航線練習定點落地，約半小時後練習「90 度場邊進場自動旋轉動力改出」課目，經示範一個航線後，繼續由教官學員共同操作六個航線，以改正學員之錯誤，第七個航線由學員自行操作，對正跑道後，空速過小，且高度過低，於是教官立即接手改正，但為時已晚，尾旋翼打地，造成失事
2105	780708	序號資料如下面放大後的照片（吳盛茂教官提供）
2106	N/A	
2107	780711	序號資料來自照片
2108	N/A	
2109	N/A	
2110	N/A	
2111	N/A	78.11.15 歸仁，下午 14:05 由上尉教官帶航訓 32 期中尉學員先在西航線進行起落航線課目，後續在西側滯空區實施滯空課目練習，於 14:53 開始轉往滯空區進行滯空課目練習，15:20 實施直線迴轉課目，欲左轉 180 度時，飛機轉到大約 90 度及下沉墜地，主旋翼打地，飛機受損人安。
2112	N/A	
2113	N/A	
2114	N/A	87.03.17 歸仁，下午 16:20 左右，由教官帶飛學員在歸仁基地空域進行航線訓練飛行，因為發生機械故障，在執行迫降時碰撞到障礙物，飛機失事，造成教官簡福陸與飛行軍官班學員賴明杰兩人殉職。
2115	N/A	
2116	N/A	
2117	N/A	
2118	N/A	
2119	N/A	
2120	N/A	
2121	N/A	
2122	N/A	

◀ 這是航訓中心吳盛茂教官正在操作 TH-55 進行閉塞場地的起落示範，這架 2105 的艙門下方漆有 7807082 的數字。

（吳盛茂教官提供）

UH-1H 機號序號資料

陸航部隊於民國 59 年 12 月 14 日～民國 65 年 12 月 14 日接收 UH-1H 301-418，民國 75~76 年海鷗部隊移交歸還 UH-1H 後機號增加到 425，於民國 108 年 10 月 30 日除役

陸軍	序號	空消隊	空勤隊	空軍	備註（日期資料均為民國年）
301	59-2001	NFA-901			92.03.01 15:47，編號 NFA-901 空消隊直升機，執行阿里山鐵路車禍傷患運送任務。於祝山觀日平台旁停機坪起飛，搭載機組員 4 人、傷患 9 人（含兒童 3 人）計 13 人，在離地高度約 30 呎時，尾旋翼擊中起飛位置東方之樹梢後，失控墜落於斜坡樹叢內，造成人員死亡 2 人，重傷 5 人，輕傷及無傷 5 人，飛機全毀。
302	60-2002	NFA-904			
303	60-2003				83.11.01 龍潭起飛實施夜間空域飛行訓練，起飛將近一小時後，金屬屑警告燈、滑油警告燈亮起，引擎動力消失，迫降於龍岡機場，更換引擎後飛回。
304	60-2004				
305	60-2005				88.09.21 於 921 地震時，在棚廠中遭到受損的天車砸毀。
306	60-2006	NFA-918	NA-518		97.07.11 08:35 空勤隊 NA-518 由花蓮機場起飛，執行組合訓練任務，載有空勤機組人員 3 員及消防署特搜隊員 4 名，於 09:38 執行訓練過程中，因故迫降於馬太安溪訓練場地，飛機遭受實質損壞，機上人員均安。
307	60-2007				62.01.05 歸仁，上尉教官帶飛學員練習提起放下動作，學員操縱不當，教官改正過遲肇成失事，教官重傷，學員輕傷，飛機全毀。
308	60-2008	NFA-903	NA-503		
309	60-2009				
310	60-2010				
311	60-2011				77.10.06 編隊由新社基地起飛至苗栗卓蘭執行空中機動協訓，開車不順，延遲起飛，飛機到達落地高度時，疑似機件故障，主旋翼與引擎離合器失效，無法傳送動力，於蘭勢大橋旁滯空滑行，最後瞬間由於落地位置有葡萄園障礙，飛行員拉集體桿，蹬左舵使飛機左傾觸地，起火全毀人安。
312	61-2012				
313	61-2013	NFA-905	NA-505		
314	61-2014				
315	61-2015				
316	61-2016				
317	61-2017				
318	61-2018				

陸軍	序號	空消隊	空勤隊	空軍	備註（日期資料均為民國年）
319	61-2019	NFA-913	NA-513		
320	61-2020			9511	
321	61-2021			9512	
322	61-2022			9513	
323	61-2023				
324	61-2024				
325	61-2025				
326	61-2026				62.02.13 長途飛行訓練，從歸仁基地起飛，到龍岡轉場，再飛返歸仁時，於苗栗火燄山附近遭遇天候變化撞山失事，3人殉職。
327	61-2027				63.12.27 昌平演習失事，6人殉職4人受傷
328	62-2028			9515	
329	62-2029			9516	
330	62-2030				
331	62-2031				
332	62-2032				
333	62-2033				62.10.13 龍潭本場，由教官對受訓飛官進行換裝訓練，執行模擬自轉課目，教官示範時發生機械故障，無法加回油門使得原本的示範成了真正的迫降，於大溪附近田地迫降，人員輕傷平安，飛機重損。
334	62-2034				75.05.03 嘉賓演習執行空中分列式時，與345碰撞失事，機上11人殉職。
335	62-2035				
336	62-2036	NFA-908	NA-508		62.12.21 執行偵察大崗山地形任務 11:00 龍潭起飛，12:25 歸仁落地加油，實施飛行後檢查，發現尾衍傳動軸包皮破裂，42度齒輪箱包皮損壞，經打開檢查，發現尾旋翼傳動軸下放置一魚尾鉗，造成損壞。
337	62-2037				
338	62-2038	NFA-909	NA-509		
339	62-2039				
340	62-2040	NFA-919	NA-519		
341	62-2041	NFA-915	NA-515		
342	62-2042				75.07.29 於新社機場，本場飛行訓練時，因傳動箱輸出套軸磨損，造成尾旋翼失效於航線四邊實施迫降，機體翻覆失事人安。
343	62-2043				88.09.24 921地震期間，執行大雪山救援任務，在鞍馬山失去動力迫降山區，人安。
344	62-2044				
345	62-2045				75.05.03 嘉賓演習執行空中分列式時，與334碰撞失事，機上11人殉職。
346	62-2046				

陸軍	序號	空消隊	空勤隊	空軍	備註（日期資料均為民國年）
347	62-2047				63.12.27 昌平演習失事，7人全數殉職。
348	62-2048				
349	62-2049				
350	62-2050				
351	63-2051	NFA-917	NA-517		
352	63-2052				84.02.09 起飛高度達200呎時，動力突然消失，緊急處置迫降於稻田中。
353	63-2053				
354	63-2054				63.08.14 龍潭起飛空域訓練，本場四邊航線上，發動機空中停車，於凌雲崗營區附近迫降，飛機受損後修復。
355	63-2055				96.04.03 執行601旅神鷹操演，於高雄中寮山區撞及電台天線電塔，8人全數殉職。
356	63-2056				
357	63-2057				66.08.17 龍潭至歸仁進行儀器長途訓練，10:30 於彰化正西七浬發動機失效，安全迫降於鹿港鎖頭崙里埔尾巷稻田中，人安。
358	63-2058				
359	63-2059				
360	63-2060				
361	63-2061				
362	63-2062				
363	63-2063				
364	63-2064				
365	63-2065	NFA-916	NA-516		
366	63-2066				
367	63-2067				
368	63-2068				
369	63-2069				
370	63-2070				
371	63-2071				
372	63-2072				85.03.26 精進飛行訓練，於自轉課目400呎加油門改出時，發現引擎動力無法傳送至主旋翼，進行自轉落地，人機平安。
373	64-2073				68.04.07 執行專機任務，於天山營區起飛高度20呎時尾管噴火，發出爆音，引擎失去動力，自轉迫降，人員受傷飛機損毀。
374	64-2074				
375	64-2075	NFA-911	NA-511		
376	64-2076	NFA-920	NA-520		
377	64-2077				77.01.14 進行儀器訓練，高度約5000呎引擎故障動力消失，迫降亞哥花園停車場

陸軍	序號	空消隊	空勤隊	空軍	備註（日期資料均為民國年）
378	64-2078				
379	64-2079				
380	64-2080	NA-914	NA-514		82.09.25 進行滯空練習時，受順風陣風影響後飛行員操作失當導致重落地滑橇橫管內陷機身受損。
381	64-2081				
382	64-2082				
383	64-2083				
384	64-2084				
385	64-2085				
386	64-2086				
387	64-2087				
388	64-2088				
389	64-2089				
390	64-2090				
391	64-2091				
392	64-2092				77.10.26 執行高空跳傘任務後，返場新社五邊400呎發動機油控器不良，緊急迫降。
393	64-2093				
394	64-2094				
395	64-2095				
396	65-2096				
397	65-2097				
398	65-2098				
399	65-2099	NFA-912	NA-512		
400	65-2100	NFA-902	NA-502		98.08.11 空中勤務隊 NA-502 執行救災任務，於屏東縣霧台鄉飛往伊拉部落時失事，3人殉職。
401	65-2101				
402	65-2102				70.08.01 從九鵬基地起飛執行中科院演習靶機吊掛回收任務，因機械故障海上迫降，機上4人殉職，2人生還
403	65-2103				72.11.28 於歸仁基地進行飛行訓練時，發生操縱系統問題，迫降時飛機重損人安。
404	65-2104				74.10.10 於龍潭進行試飛任務時，發動機失效，三邊轉四邊航線選擇場地迫降，成功迫降於稻田中，由 B234 吊掛回龍潭。 78.04.28 進行教官班訓練峰頂落地，在落地前遭遇發動機失效，自轉迫降。 90.08.05 執行桃芝風災運補南投任務，返航新社時發生機械故障，於果園中迫降飛機重損，人員平安。
405	65-2105	NFA-906	NA-506		
406	65-2106				

陸軍	序號	空消隊	空勤隊	空軍	備註（日期資料均為民國年）
407	65-2107				
408	65-2108				
409	65-2109	NA-914	NA-514		
410	65-2110				66.04.09 歸仁基地航訓中心執行低空長途訓練，起飛後向南飛行，09:10 在旗山鎮附近撞高壓電失事，2 人殉職。
411	65-2111				
412	65-2112				
413	65-2113				
414	65-2114				
415	65-2115				66.07.08 龍岡機場起飛至花蓮換防，於宜蘭礁溪上空機械故障墜毀，8 員全數殉職。
416	65-2116				65.12.31 交機剛滿一個月，於執行龍岡飛往歸仁的長途訓練任務時，發動機空中停車，成功安全迫降。
417	65-2117				
418	65-2118				83.03.15 歸仁航訓中心進行滯空訓練時，操作不慎，機身翻覆受損，人安。
419	69-2119			9504	
420	69-2120			9507	
421	69-2121			9501	
422	69-2122			9502	
423	69-2123	NFA-910	NA-510	9506	
424	69-2124			9508	
425	69-2125			9509	81.07.18 於新社基地實施本場飛行訓練，於航線二邊發生動力消失，在基地南面迫降墜毀，機上 3 員全數殉職。

◀ 這是在高雄縣中寮撞上電台天線的 UH-1H 355 於龍潭 601 旅執行訓練任務時的照片，包含正、副旅長、攻擊營營長等 8 位長官都在這民國 96 年 4 月 3 日的事故中殉職，當年對 601 旅的衝擊是難以想像的，起飛時高雄和台南機場都是 2500 呎裂雲的天氣，並非不能飛行，但在途中面臨天氣變化就非常挑戰。

附錄 3 陸航建軍史話勘誤表

因為個人經驗不足，在上一本陸航建軍史話的編撰和校對等作業過程中有所疏失，出現不少錯別字等需要修正的內容，造成不便和困擾甚為抱歉，特此提供修正內容及索引表，另外在該書出版後，陸續收集到更多的資料（如 O-1 的序號資料），也一併補充在下表中以供參考，感謝讀友的包涵和指教。

頁碼 - 位置	修正前內容	修正後內容
P1- 第 6 行	低空偵查	低空偵察
P25- 右第 5 行	陸軍通訊學校	陸軍通訊兵學校
P35- 右第 7 行	Mig-15 和 Mig-17	MiG-15 和 MiG-17
P36- 右上照片	兩架 Mig-17	兩架 MiG-17
P45- 左第 5 行	杜倫元	杜倫沅
P52- 左下圖片	(民國 59) 年	(民國 49) 年
P67- 照片說明	1961(民國年 60)	1971(民國 60)
P71- 左第 1 行	的確認後	確認後
P71- 右第 19 行	(包含一位專修班畢業的學員)	(其中一位青年軍比敘 30 期)
P75- 照片說明	美國海軍陸戰隊	美軍陸戰隊
P78- 註解三	龍岡、衛武機場兩機場	龍岡、衛武兩機場
P83- 下照片	捲土從來	捲土重來
P87- 右下照片	杜倫元，王曉暉	杜倫沅，王曉輝
P88- 下照片	王彼得	王彼德
P95- 右下照片	王曉暉，杜倫元	王曉輝，杜倫沅
P110- 左第 13 行	海軍陸戰隊	美軍陸戰隊
P118- 左上照片	1957	1967
P127- 左第 10 行	做一些立體動作，學員因安全帶沒有穿戴好，直接	做一些立體動作時，教官突然覺得無法改出而讓
P129- 左第 1 行	從飛機的座艙摔出去的紀錄，還好該學員有正確拉傘安全的降落。	學員先跳傘的事件，學員跳出後教官奇蹟似的從螺旋改出落地。
P130- 上照片	歸仁基地上	在歸仁基地
P141- 上照片	杜倫元	杜倫沅
P146- 上照片	王曉暉，杜倫元	王曉輝，杜倫沅
P148- 左第 3 行	杜倫元	杜倫沅
P154- 左第 10 行	十軍團	第十軍
P185- 中間照片	每一架出場	每一架出廠
P195- 右第 4 行	AH-1T	AH-1T(Plus)
P197- 下照片	張行宇參謀長來到組裝現場關切進度	張行宇參謀長正與站在對面的杜勳民指揮官到組裝現場關切進度
P201- 第 5 欄	二軍團航空組組長	二軍團輕航空組組長
P201- 第 14 欄	陳台特….	整欄移除
P202- 第 16 欄	民國 48 年秋加入陸航)	民國 48 年秋加入陸航
P206- 第 10 欄	季國熊，鄧小屏，劉聰傑，王建新，高照三，張漢儀，程文海，羅于綱，吳楚平，曹汶華，李臺浦，郭文煌，黎綱發，張小澎，方加壽，羅志豪，萬嘉瑞，林榮達，韓榮生	季國熊，鄧小屏，劉聰傑，王建新，高照三，張漢儀，程文海，羅于綱，曹汶華，李臺浦，郭文煌，黎綱發，方加壽，羅志豪，萬嘉瑞，林榮達，韓榮生

P208- 第 4 欄	劉明圖	劉明圖
P208- 第 8 欄	蔡忠霖	蔡宗霖
P208- 第 10 欄	姜偉劍，吳星發，李鵬程，劉毅源，周遠明，孫宜先，游祥魁，黃健誠，楊健康，陳修善，王和華，謝運生，陳志豪，呂五龍，黃卓元，黃華彥，鄒重光，梁晉銓，汪良福，劉豐荃，周立邦，徐榮福，蔡玉筆，溫振東，黃明宮，傅克聖，徐自強，劉南岳，塗國京，寸中庸，毛志成，魏永豐，鄭旭峰，陳秀明	姜偉劍，吳星發，李鵬程，劉毅源，周遠明，孫宜先，游祥魁，黃健誠，楊健康，陳修善，王和華，謝運生，陳志豪，呂五龍，黃卓元，黃華彥，鄒重光，梁晉銓，汪良福，劉豐荃，周立邦，徐榮福，蔡玉筆，溫振東，傅克聖，徐自強，塗國京，寸中庸，毛志成，魏永豐，鄭旭峰，陳秀明
P209- 第 14 欄	1979/??/?? 落地失事	1980/05/25 落地重飛墜毀
P210- 第 2 欄	機工長魏德昌	機工長田岱晉
P210- 第 3 欄	機工長田岱晉	機工長魏德昌
P210- 第 6 欄	O-1 9305	O-1 9304
P220- 第 4，5 欄	第 4 第 5 欄備註資料錯置	第 4 第 5 欄備註欄內資料互相對調
P222- 第二行	1973(民國年 62)	1973(民國 62)

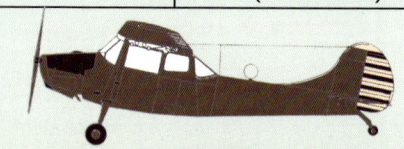

O-1/L-19 機號序號資料補充

編號	序號	備註
510	61-2956	增加序號資料
517	62-12285	增加序號資料
605	51-12762	增加序號資料
9306	51-15024	增加序號資料，來自空軍
9308	51-07402	增加機號序號資料，來自空軍
9310	51-15024	增加序號資料，來自空軍
9313	N/A	增加機號資料，來自空軍
9315	N/A	增加機號資料，來自空軍，於民國 74 年撥交後執行拆零
9317	N/A	增加機號資料，來自空軍
118	N/A	增加機號資料，來自陸戰隊
123	N/A	增加機號資料，來自陸戰隊，於民國 74 年撥交後執行拆零
126	N/A	增加機號資料，來自陸戰隊

U-6A 機號序號資料補充

編號	序號	生產序號	備註
8013	58-2000	1326	增加序號及生產序號資料
8019	53-7937	752	更正序號及生產序號資料
8022	56-4401	N/A	增加序號資料
8025	53-7946	0764	更正序號及生產序號資料

感謝芳名錄

　　非常感謝前輩和教官給予指導並撥空接受訪問，尤其提供資料以及珍貴的照片，在各方大德的協助下，使得本書可以順利的完成，陸航的各位前輩，因為無法周全掌握所有長官的軍校期別，故以航訓期別的先後次序呈現，請見諒

高華柱先生	李金安教官	趙雲海教官
龍可宗教官	孫文得教官	彭金城士官長
杜勳民將軍	廖彥淵教官	施養和士官長
周雪黎教官	薛遇安教官	李世雄士官長
郭光國教官	潘其岳將軍	李經緯士官長
張台生教官	方家齊教官	蘇文台先生
巫滬生教官	譚展之教官	羅星珞教官
歐叡禮將軍	張立全教官	葉明祥教官
張行宇將軍	黃國明將軍	王閩雄教官
張大偉教官	王翼瑤教官	張明華士官長(海軍)
武德勝教官	魏建華教官	李適彰先生
孫錦生將軍	傅煥祥教官	傅鏡平先生
王湘洲教官	蔣思胤教官	何漢嘉先生
梁永豐教官	李子強教官	高瑞隆先生
吳盛茂教官	王和華教官	林冠宏先生
劉蒞中教官	林國強教官	林克修先生
馬　傑教官	張可彪教官	陳玥彤小姐
馬國驊教官	吳昆釗教官	竺定宇先生
張怒潮將軍	楊嘉彬教官	陸軍航空總會
黃一鵬教官	施及人教官	空軍救護隊
		國防部史政編譯局
		尖端科技雜誌

陸航 建軍史話 II

圖書目錄：590215

作　　者	徐仲傑
董 事 長	黃國明
發 行 人	黃國明
總 經 理	詹國義
總 編 輯	楊中興
執行編輯	吳昭平
美編設計	徐仲傑

陸航建軍史話 II - 航指部篇
Story of ROC Army Aviation/ 徐仲傑作
-- 初版 -- 台北市：黎明文化事業股份有限公司
2025.06　　　面　　　公分
ISBN 978-957-16-1049-8
1.CST: 中華民國陸軍航空特戰指揮部 2.CST: 歷史
596.6　　　　　　　114005363

出 版 者	黎明文化事業股份有限公司
	臺北市中正區重慶南路一段 49 號 3 樓
	電話：(02)-2382-0613
發 行 組	新北市中和區中山路二段 482 巷 19 號
	電話：(02)2225-2240
臺北門市	臺北市中正區重慶南路一段 49 號
	電話：(02)2382-1152
	郵政劃撥帳戶：0018061-5 號
公司網址	http://www.limingco.com.tw
總 經 銷	聯合發行股份有限公司
	新北市新店區寶橋路 235 巷 6 弄 6 號 2 樓
	電話：(02)-2917-8022
法律顧問	永然聯合法律事務所
印 刷 者	先施印刷股份有限公司
出版日期	2025 年 6 月初版
定　　價	新台幣 700 元

版權所有·翻印必究 © 如有缺頁、倒裝、破損，請寄回換書
ISBN：978-957-16-1049-8